냉장고를 여니 양자역학이 나왔다

읽을수록 쉬워지는 양자역학 이야기 ——— 박재용 지음

냉장고를 여니 양자역학이 나왔다

읽을수록 쉬워지는 양자역학 이야기 ——— 박재용 지음

글을 시작하며

과학 중에서도 물리학은 진입장벽이 꽤 높은 편입니다. 다른 학문에 비해 수학에 대한 의존도도 높고 또 기대야 할 수학의 수준이 높은 편인 것이 한 이유이지요. 더구나 현대물리학으로 들어오면 진입장벽이 더 높아집니다. 기대고 있는 수학적 수준이 훨씬 더 높아지는 것이 중요한 이유입니다만 그 외에도 직관적으로 이해하기 힘든 현상을 다루고 있기 때문이지요.

양자역학도 마찬가지여서 입자이면서 파동이기도 하다는 이야기도 그렇고, 존재의 거처가 확률적으로 나타난다는 말도 언뜻 쉽게 다가오지 않습니다. 하지만 20세기 이후 과학기술의 발달은 양자역학의 기반 위에서 이루어졌습니다. 그리고 우리가 일상에서 겪는 각종 현상에서도 양자역학에 의해서만 설명되는 것이 꽤나 됩니다. 양자역학을 조금이라도 안다는 것은 이런 일상에 대한 이해를 더 깊게 한다는 의미이기도 합니다.

이는 기존에 양자역학에 대한 대중과학서들이 있음에도 불구하고 책 하나를 더 얹고자 했던 이유이기도 합니다. 사소한 일상하나에 숨어 있는 양자역학의 원리를 파헤치고, 그 과정에서 양자역학에 대한 이해를 더 깊게 하고 싶었습니다. 2020년의 꽤 오랜 기간을 이 책 원고와 함께 보낸 까닭이기도 하지요.

4

이 책은 크게 세 부분으로 나뉩니다. 앞쪽에서는 우리가 일상적으로 만나는 다양한 현상이 어떻게 양자역학적 원리에 의해 설명되어지는지를 살펴봅니다. 다양한 물리적, 화학적 현상의 이면에는 언제나 양자역학이 숨어 있다는 걸 보여주고 싶었습니다. 현대 과학기술 중 우리가 쉽게 접하는 전자현미경, 반도체, MRI 등에서 양자역학을 만나게 될 것입니다.

두 번째로는 지구의 생명들이 진화하는 과정에서 이 양자역학적 현상을 어떻게 이용하고 있는지도 살펴봅니다. 특히나 우리는 대부분의 정보를 얻을 때 시각에 의존합니다. 시각은 빛을 느끼는 감각이지요. 빛은 양자역학이 나오게 된 기반이기도 하거니와 빛이 만드는 다양한 현상이 항상 양자역학과 함께 하기도 합니다.

마지막으로 1부에서 미처 이야기하지 못했던 좀 더 깊숙한 이야기들이 나옵니다. 스핀이라든가 초전도체, 자석의 원리 등 평소 양자역학에 관한 대중서에 빈번히 등장하지만 그 개념이 확실히 잡히지 않던 것들을 설명합니다. 원래 1부에 같이 있었던 부분이지만 편집과정에서 따로 분리하는 것이 좋다는 의견들이 많아서 3부로 모았습니다.

각 파트의 중간중간에는 양자역학이 걸어온 길을 살펴봅니다. 19세기 말의 물리학적 난제에서 힉스 입자에 이르기까지 고전 양자역학에서 현대적 표준모형으로 발달하는, 20세기 전체를 관통하면서 이루어진 그 역사를 살펴보는 것은 양자역학을 이해하는 데 많은 도움을 줄 것입니다.

책을 쓰는 과정에서 넣고 싶었던 더 많은 사례들을 포기해야 하는 것이 많이 안타까웠습니다. 따뜻한 커피에서 시원한 아이스크림, 그리고 자전거에서 비행기에 이르기까지 우리가 만나는 모든 곳에 있는 양자역학을 지면의 한계 때문에 포기해야 했지요. 하지만 이 책에 실린 다양한 사례만으로도 양자역학으로 이루어진 우리 세계를 파악하는 데는 큰 무리가 없을 듯합니다.

2021년 여름
저자 박재용

이 책을 잘 읽는 방법

서문
천천히 읽어보기

서문을 천천히 읽어보며, 양자역학이 우리의 일상을 이해하는 데 어떤 도움이 되는지를 알게 되면 책을 읽는 재미가 더해질 것 입니다.

용어사전
살펴보기

과학, 특히 양자역학에 대한 배경지식이 많지 않으신 분은 12페이지의 '용어사전'에 나오는 양자역학 기본 개념을 미리 익혀보는 것을 추천합니다.

배경정보
활용하기

각 파트에는 'Quantum Leap'이라는 제목의 배경정보가 중간중간 삽입되어 있습니다. 양자역학이 발전되어 온 과정과, 각 파트에서 다루는 콘텐츠들에 대한 배경지식을 채워주는 데 도움이 되는 정보들입니다. 순서대로 함께 읽으면 이해에 도움이 될 것입니다.

❶ 책을 읽는 중에 낯선 개념이 나온 경우, 다른 파트에서 이 개념을 다루고 있는 경우가 있습니다. 이런 경우 각주로 해당 페이지를 표시해 두었습니다. 해당 개념이 궁금할 경우 잠시 읽고 돌아오는 것도 한 방법 입니다.

❷ 내용이 조금 어렵게 느껴지더라도, 책을 가볍게 1독한 뒤 다시 읽어보면 생각보다 양자역학을 조금 더 이해한 내 자신을 만나볼 수 있을 것입니다.

목차

서문

1부. 일상에서 만난 양자역학

2부. 자연에서 만난 양자역학

3부. 양자역학의 세계로

"

양자역학을 한 마디로 정의하자면,
한 마디로 정의되지 않는 학문이다.

아주 작은 세계에서 일어나는 납득할 수 없는
현상이 이 우주를 구성한다.

양자역학은 이 세계가 시간에 대해서도
공간에 대해서도 애초에
연속적이지 않다는 걸 보여준다.

행위자와 관찰자를 포함하여 우주가 구성된다.
관찰자는 더 이상 객관적 타자가 아니다.

"

파동

한 지점의 에너지가 매질의 진동을 통해 전달되는 현상

기본입자

❶ 고전역학의 입장: 질량은 가지지만 공간은 차지하지 않는 역학 운동의 기본 단위. 공간을 차지하지 않기 때문에 점입자$^{point\ particle}$라 부른다.

❷ 양자역학의 입장: 모든 입자는 입자성과 파동성을 가지며 입자의 위치와 운동량은 일정한 범위를 갖는 값으로만 나타난다.

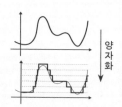

점입자

질량O
공간차지X

입자성

파동성

양자

에너지, 운동량 등의 물리량은 연속적이지 않다. 최소값이 존재하며, 그 최소값의 정수 배만 가질 수 있다.

양자화

분자

특정한 물질의 성질을 가진 최소 단위. 원자들이 공유결합을 통해 구성한다.

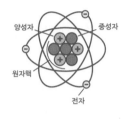

원자

일상적인 물질을 구성하는 기본 단위로 원자핵과 전자로 구성된다. 원자핵은 양성자와 중성자로 이루어지며 원자의 질량 대부분을 차지한다. 전자는 원자핵 주변의 공간에 확률함수로 존재한다.

전자

원자를 구성하는 입자로 음의 전하를 가진다. 양성자와 부호는 반대지만 전하의 크기는 1eV로 같다.

양성자

원자핵을 구성하는 입자로 양의 전하를 가진다.

중성자

양성자와 함께 원자핵을 이루는 입자로 전하를 가지고 있지 않다.

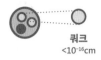

쿼크
<10⁻¹⁶cm

쿼크

강한 상호작용을 하는 기본입자. 양성자와 중성자는 3개의 쿼크로 이루어져 있다.

반입자

주어진 입자와 모든 주어진 성질은 같지만 전하가 반대인 입자. 모든 입자는 반입자를 가진다. 전자에 대해 반전자, 쿼크에 대해 반쿼크 등이 있다.

양전자

전자의 반입자. 반전자라고도 하며 기호로는 e+로 나타낸다. 입자 물리학의 표준모형에 따르면 양전자는 더 작은 입자로 쪼개지지 않고 그 자체로 가장 근본적인 입자다.

서문

신은 주사위를 던질 뿐만 아니라
주사위를 아무도 보지 않는 곳에
던지기도 한다.

God not only plays dice with the universe,
but sometimes throws them
where they can't be seen.

스티븐 호킹
Stephen William Hawking

물리학은 양자역학 이전과 이후로 나뉜다

현대문명, 특히나 20세기 후반 이후의 문명은 양자역학의 기초 위에 서 있습니다. 가장 먼저는 반도체가 되겠지요. 휴대폰, 컴퓨터 등에만 쓰이는 줄 알았던 반도체는 이제 자동차에도, 냉장고나 세탁기 같은 가전제품에도 쓰입니다. 그뿐만이 아니죠. 사물인터넷Internet of Things, IoT이라고 해서 우리 주변의 다양한 사물이 인터넷을 통해 연결되는데, 핵심 소재는 반도체입니다. 그리고 반도체는 양자역학을 기반으로 합니다. 물론 누구나 반도체의 원리를 알아야 하는 건 아닙니다만 그 원리를 알고자 한다면 양자역학에 대한 일종의 상식이 필요하지요.

화석연료 시대가 저물고 신재생에너지 시대가 시작되는 21세기, 그 중심에 있는 게 태양광발전입니다. 이 역시 양자역학의 광전효과가 그 기초입니다. 그리고 태양광발전에 필요한 여러 소재들을 개발하는 과정에서도 양자역학은 중요한 이론적 토대가 됩니다. 물론 우리 집 베란다에 태양광 패널을 설치한다고 해서 양자역학을 알아야 할 이유는 없지만 말이지요.

레이저도 마찬가지입니다. 흔히 강연할 때 쓰는 레이저 펜이나 자율주행 자동차의 핵심기술인 라이다^{LIDAR}, 그리고 금속 절단 등에 널리 쓰이는 레이저는 그 기본 원리 자체가 양자역학의 탄생 과정에서 발견되었습니다. 물론 레이저 펜을 사용할 때 그 원리를 알아야 할 이유 또한 없지요.

요사이 우리는 시계보다는 휴대폰 등을 통해 시간을 확인하는 경우가 더 많습니다. 이런 휴대폰 등은 기본적으로 나라마다 있는 표준원자시계와 인터넷을 통해 연동되어 우리에게 시각을 알려줍니다. 그런데 전 세계에 퍼져 있는 원자시계들이 서로 시간을 동기화시켜 확인해야 할 때도 양자얽힘을 이용합니다. 이를 통해 전 세계 시계는 항상 같은 시각을 유지합니다. 또 기존의 현미경으로는 볼 수 없는 세포 내의 기관을 파악하기 위해 도입된 전자현미경은 전자터널링이라는 양자역학적 현상을 이용합니다.

화학에서도 마찬가지입니다. 학교에서 우리는 수소나 질소, 산소 등을 두 개의 원자로 이루어진 분자라고 배웠습니다. 그런데 이때 각각의 원자가 가지고 있던 전자는 분자 상태에서는 양자중첩 상태라는 기묘한 상태로 안정성을 유지합니다. 결국 화학의 가장 기본이 되는 분자 자체도 양자역학적 원리를 알아야 제대로 이해할 수 있는 거지요.

생물학에서도 새롭게 각광받는 분야로 양자생물학이 있습니다. 광합성이나 시각의 성립, 후각이나 미각 같은 감각이 이루어지는 데 있어서도 양자역학적 현상을 파악해야 한다는 사실이 점차 밝혀지고 있기 때문이지요. 그뿐 아니라 현재 병원에서 진단에 널리 쓰이고 있는 MRI 같은 경우도 양자역학에 기초하고 있습니다.

이처럼 양자역학을 기초로 발전을 거듭한 기술과 학문은 우리 일상 곳곳에서 많은 편의와 도움을 주고 있습니다.

양자역학이 바꾼 세계관

이렇게 고마운 양자역학이 기존의 고전물리학을 뛰어넘어 또하나의 물리학적 관점으로 인정받기까지는 많은 과정이 있었습니다. 하지만 과학의 묘미는 이처럼 '언제든 뒤집힐 수 있다'는 것에 있지요. 양자역학이 이끌어 낸 '과학'적 관점의 변화는 '세상'을 바라보는 관점의 변화로도 이어집니다.

마치 뉴턴역학이 17세기 유럽에서 계몽주의 탄생에 커다란 기여를 한 것처럼, 그리고 진화론이 19세기에서 20세기에 걸쳐 서구 지성에 커다란 영향을 끼친 것처럼 새로운 과학은 세계를 보는 눈을 바꿉니다. 20세기에는 양자역학이 그 역할을 했지요. 그 과정에서 대략 세 가지 양자역학의 기본적 원리가 사람들을 당혹스럽게 만듭니다.

양자역학의 태동에 가장 큰 역할을 했던 것은 빛이나 물질이 파동의 성질도 가지고, 입자의 성질도 가진다는 '이중성duality'이었습니다. 이러한 이중성은 사물과 세계를 보는 새로운 시각을 제시했고, 이는 철학 등에도 큰 영향을 주었습니다.

빛은 보통 파동처럼 행동합니다. 두 빛이 만나면 더 밝아지는 것은 파동의 중첩이라고 볼 수 있죠. 또 많이는 아니지만 경계에서 휘기도 합니다. 두 손가락 끝을 아주 가까이 그러나 붙지는 않게 대고 전등을 보면 손가락 사이가 선명하지 않고 경계선이 희미해지는데 이는 파동의 회절이 만든 현상입니다. 기본적으로 안경이나 현미경, 망원경 등은 파동으로서의 빛을 전제로 만든 것이죠. 하지만 태양광발전이나 자동문 등의 기술은 빛이 가진 입자성만으로 설명할 수 있습니다.

한편 입자라고만 생각했던 전자도 파동성을 가지고 있습니다. 화장실 변기에 자주 보이는 나프탈렌은 전자의 파동성이 아니면 존재할 수 없는 물질입니다. 요사이 각광받고 있는 2차원 물질인 그래핀graphene의 경우도 전자의 파동성으로 이해할 수 있지요.

그런데 전자의 파동성은 우리에게 존재에 대한 깊은 고민을 갖게 합니다. 전자는 우리가 흔히 생각하는 물이나 공기의 파동과는 달리 존재의 확률이 파동성을 가집니다. 즉, 전자는 한 곳에 존재하는 것이 아니라 일정한 범위에 퍼져 있는데, 그 퍼진 정도가 그곳에 전자가 있을 확률이 되는 것이죠. 이렇게 우리의 기존 상식을 깨는 양자역학이 존재론에 깊은 영향을 끼치는 건 어찌 보면 당연한 일이라 할 수 있습니다.

유명한 하이젠베르크의 불확정성 원리도 마찬가지지요. 불확정성 원리의 하나는 아주 작은 물질, 가령 전자나 양성자 같은 입자들의 경우 그들의 속도나 위치를 확정적으로 알 수 없고 일정한 범위만 알 수 있다는 것인데 이는 이전까지 사람들이 생각했던 세계와는 아주 다른 것이었죠. 거기에 더해 불확정성 원리는 이렇게 작은 입자의 운동량과 위치가 서로 굉장히 밀접한 관계가 있어 하나를 정확히 알려고 하면 할수록 다른 하나의 값이 가질 수 있는 범위가 넓어지는, 즉 더 불확실해진다고 말합니다. 이 역시 마찬가지로 기존의 세계관에 커다란 파열을 내고 말았습니다.

가령 가로와 세로의 높이가 1세제곱미터인 상자 안에 전자가 있다고 생각해봅시다. 우리는 전자가 어디에 있는지 정확히 알 수는 없지만 상자 안 어딘가에 있다고는 알고 있습니다. 이를 전자의 위치에 대한 확률로 나타낼 수 있지요. 확률의 범위가 상당히 넓습니다. 이 경우 우리는 전자의 속도에 대해 아주 좁은 범위 안에서 예측할 수 있습니다. 그런데 상자의 크기를 점점 줄이면 전자가 가질 수 있는 속도의 범위가 넓어집니다. 즉 속도의 정확도가 줄어드는 것이죠. 반대로 우리의 관측이 속도의 정확도를 높이는 방향으로 이루어지면 이제 전자의 위치를 파악하는 정도가 느슨해지게 됩니다.

중요한 것은 이것이 우리의 관측도구와 무관한, 존재의 본질적인 성격이라는 사실입니다. 우리가 아무리 좋은 관측도구를 가지고 있더라도 존재의 모든 것을 아주 명징하게 파악하는 것은 불가능하다는 뜻이죠. 이전에는 달랐습니다. 인간이 가진 도구의 불완전성에 대해선 인정하지만 만약 도구만 제대로 갖춘다면 인간이 이 우주의 모든 것을 완벽하게 알 수 있다고 생각했지요. 하지만 이제는 세계 자체가 대략적으로만 인식 가능한 것으로 바뀌었습니다. 이렇게 우린 철학의 존재론, 그리고 인식론에서도 새로운 시각을 가지게 되었습니다.

양자역학은 또한 관찰자와 대상 간의 문제에 대해서도 새로운 시각을 보여줍니다. 이전까지 우리는 관찰자가 대상에 손을 대지 않고 멀리 떨어져 관찰할 경우, 관찰이라는 행동 자체가 대상에게 어떤 영향을 끼치지는 않을 거라고 생각해왔습니다. 이런 믿음이 있기 때문에 다양한 조건에서의 관찰이 모두 같은 결과를 얻을 거라고 생각했지요. 하지만 양자역학은 이런 믿음을 완전히 부수어 버렸습니다.

흔히 드는 예가 전자의 이중슬릿 실험이지요. 슬릿 두 개를 전자들이 뒤에 놓인 막에 닿게 하여 어떤 무늬를 만드는지를 알아보는 실험입니다. 원래는 전자의 파동성을 확인하려는 의도로 설계된 실험으로, 실제 실험을 해보면 뒤쪽 막에 밝고 어두운 그림자가 연속적으로 생겨 전자가 과연 파동이라는 걸 보여줍니다. 그런데 이 슬릿 두 개 중 하나에 전자를 감지할 수 있는 장치를 달아놓으면 뒤에 놓인 막에 만들어지는 무늬가 '입자로서의 전자'를 보여줍니다. 말이 되지 않는 거지요. 그런데 실제로 그런 일이 일어납니다. 관찰자의 의도에 따라 전자는 자신이 파동임을 보여주기도 하다가 반대로 입자임을 보여주기도 하는 것이죠.

이 외에도 다양한 양자역학적 현상이 관찰자와 대상 사이의 관계에 따라 우리가 관측할 수 있는 사실이 변한다는 걸 보여줍니다. 이제껏 철학은 세계를 나와 분리시켜, 세계를 있는 그대로의 존재로서 바라보게 했습니다. 하지만 양자역학은 '세계는 그것을 보는 나와 따로 떨어져 존재할 수 없다'라는 것을 증명합니다.

양자역학을 알아야 하는 이유가 있을까?

물론 양자역학의 이중성이나 불확정성의 원리를 물리학이 아닌 철학이나 사회학, 심리학 등의 다른 학문에 유비類比*하는 건 문제가 있겠지요. 그러나 양자역학이 드러낸 세계의 모습은 우리가 이전에 직관적으로 알고 있던 것과는 너무 다른 존재였습니다.

양자역학은 기본적으로 아주 작은 물질, 아주 작은 공간, 아주 짧은 시간에 대한 이론입니다. 우리가 볼 수도 없는 작은 곳에서 느낄 새도 없이 지나가 버리는 아주 짧은 시간에 벌어지는 일들에 대한 이야기지요. 그래서 어떤 이들은 양자역학이 다루는 세계는

* 맞대어 비교한다는 뜻으로 어떤 사물이나 사건의 유사성을 근거로 결론을 내리는 추리

우리가 살아가는 세계와는 좀 다른 곳이라고 치부해버립니다.

하지만 이 작은 녀석들이 아주 짧은 시간에 벌이는 일들 때문에 우리가 겪는 일상이 이루어지고 있다는 건 참 신기한 일이기도 합니다. 햇빛에 간판이 누렇게 변하는 것도, 하늘이 파랗고 구름이 하얀 것도 양자역학을 배경으로 합니다. 우리가 살아갈 에너지를 주는 태양 또한 양자역학적 원리에 의거해 불타오르고 빛을 내놓죠. 즉 양자역학이 우리와 동떨어진 곳에서 이루어지는 일만은 아니라는 겁니다.

그래서 왜 양자역학을 알아야 하냐고요? 여러 가지 이유를 댈 수 있겠지만 저로선 '재미있기' 때문입니다. 제가 양자역학을 공부한 것도 그 때문이고요. 사물과 세계의 장막 한 구석을 젖히고 그 비밀의 일부를 알게 되는 재미지요. 마술쇼에서 칼로 사람의 몸이 들어간 상자를 반토막 냈는데도 나중에 보니 사람이 멀쩡하게 나오는 걸 보고 신기해 하다가 이내 그 비밀을 알고 싶어 했던 어린 시절처럼 말이죠. 역사를 공부하고, 경제를 공부하고, 혹은 진화론과 심리학과 천문학을 배우는 것과 비슷합니다. 물론 실용적 쓰임새도 없는 것은 아니지만요.

수학적으로 대단히 복합한 학문이 양자역학이어서 수학적 엄밀성까지 따지며 이해하는 것이 힘들기도 하지요. 하지만 양자역학의 기묘한 세계가 우리의 일상과 어떻게 연결되고 있는지를 이해하는 과정은 우리의 직관을 배신한 세계의 비밀을 한 겹 정도

벗겨내는 짜릿함을 가져다 줄 것입니다. 그리고 주변 사람들과 이야기를 하다가 좀 안다는 듯이 한마디 툭 던져주는 거죠. "반도체는 말이야, 밴드갭이 다른 물질과는 좀 다르거든." 밴드갭이 뭐냐고요? 이 책을 읽다보면 저절로 알게 될 것입니다.

양자역학의 문을 연 세 가지 난제

19세기 말이 되자 많은 물리학자들이 이제 물리학에서 밝혀내야 할 중요한 문제는 없다고 생각했습니다. 당시 대표적인 물리학자였던 윌리엄 톰슨^{William Thomson}은 그저 사소한 문제 몇 가지만 해결되면 끝이라고 생각했지요. 그도 그럴 것이 당시 알려진 우주의 근본적인 힘은 중력과 전자기력 두 가지뿐이었습니다. 그중 중력에 대해선 뉴턴이 아주 멋지게 해결해주었고, 전자기력도 패러데이^{Michael Faraday}와 맥스웰^{James Clerk Maxwell}이 깔끔하게 정리해주었습니다. 중력과 전자기력을 이용해 물체의 운동을 기술하는 문제 또한 뉴턴의 운동법칙으로 충분했습니다. 200년의 시간 동안 당시 과학자들이 고민했던 문제 대부분이 풀린 것이지요.

해결할 문제가 별로 없다고 생각했던 물리학자 윌리엄 톰슨 경

그러니 더 고민할 중요한 문제가 없다고 생각하는 것도 무리가

아니었습니다. 마치 큰 공사는 다 끝내고 건물의 내부 인테리어만 하면 된다는 식이었지요. 그 내부 인테리어에 해당하는 '사소한 문제'는 대략 세 가지 정도였습니다. 흑체복사 문제와 광전효과, 그리고 러더퍼드 원자모형 문제였지요. 그런데 이 세 문제를 푸는 과정에서 기존의 물리 법칙을 완전히 뒤엎어버리는 결과가 발생합니다. 양자역학의 탄생이지요.

흑체복사 문제

우선 흑체복사 문제를 들여다보겠습니다. 가령 빛을 비추면 그 빛을 모조리 흡수하는 물체가 있다고 합시다. 이를 흑체^{black body}라고 합니다. 빛을 흡수하면 흑체의 온도가 올라갑니다. 그러면 흑체는 다시 주변으로 전자기파, 즉 빛을 내놓습니다. 흑체가 내놓은 빛의 파장은 온도에 따라 다릅니다. 물론 한 가지 파장만 내는 건 아니지만 그중 어떤 범위의 파장을 집중적으로 내놓는가가 다른 거지요. 온도가 낮을 때는 진동수가 적은 파장의 빛을 주로 내놓지만 온도가 올라갈수록 점차 진동수가 많은 쪽의 빛이 더 강하게 나오게 됩니다. 그래서 쇠젓가락을 불에 달구면 처음엔 빨갛게 빛나지만 온도가 올라가면 하얗게 빛납니다. 백열이라고 하지요. 하얗게 빛나는 이유는 빨간색부터 파란색까지 여러 진동수의 빛을

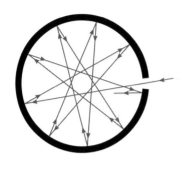

실제 흑체는 존재하지 않으나 그림처럼 흑체를 상상할 수 있다. 작은 구멍으로 들어온 빛은 나가지 못하고 흑체 안에서만 존재하게 된다. 빛이 계속 구멍으로 들어오면 흑체가 가열되고 전자기파를 내놓게 된다.

같이 내놓기 때문입니다. 그리고 우리 눈에 보이지 않는 자외선 등도 나오지요.

그런데 문제는 빛의 진동수에 한계가 없다는 것입니다. 아주 많은 쪽에서 아주 적은 쪽까지 무한대입니다. 따라서 흑체가 전자기파를 이 무한대의 영역 모두에서 내놓는다면 흑체가 발산하는 에너지가 무한대가 되어야 하는 곤란한 문제가 발생합니다. 실제론 그렇지 않다는 걸 다들 알고 있지요. 들어가는 에너지가 일정한데 어떻게 나오는 에너지가 무한대가 될 수 있을까요. 이에 대해 모두가 골머리를 썩고 있을 때 막스 플랑크Max Planck가 해답을 내놓습니다.

플랑크 상수(h)*라는 값과 진동수를 곱한 값이 그 진동수에서 내놓을 수 있는 최소 양이고, 그 양의 배수로만 에너지를 내놓을 수 있다고 선언한 겁니다. 식으로 쓰면 다음과 같습니다.

* 플랑크 상수는 간단히 말해 여러 에너지 값의 공약수라고 보면 됩니다. 예를 들어 4, 6, 8은 모두 2의 배수이지요. 이 때 2를 4, 6, 8의 공약수라고 합니다. 막스 플랑크는 여러 가지 에너지 값들을 비교해보면서 이들이 모두 어떤 수의 배수라는 것을 파악하고 이 수를 플랑크 상수라고 정합니다.

$$E = h\nu$$

(E는 전자기파가 가질 수 있는 에너지, h는 플랑크 상수, v는 진동수)

진동수가 아주 높은 전자기파의 경우 그 진동수에 플랑크 상수를 곱한 값이 흑체가 가지고 있는 에너지보다 높아지기 때문에, 에너지를 내놓고 싶어도 내놓을 수 없게 됩니다. 원래 어떤 물질이든 자신이 가지고 있는 에너지보다 더 큰 에너지를 내놓을 순 없기 때문입니다. 물리학의 가장 기본적인 원리죠. 이전까지 풀리지 않던 흑체복사의 문제는 이렇게 막스 플랑크에 의해 깔끔하게 정리가 됩니다.

하지만 문제는 왜 에너지에 최소 단위가 있어야 하는지, 왜 그 값이 플랑크가 선언한 그 정도인지는 아무도 모른다는 겁니다. 그렇다고 그렇게 선언한 것만으로 모든 문제가 말끔히 풀려버린 것에 만족할 수만은 없는 것이지요.

그리고 또 전자기파, 즉 빛을 다들 파동이라 여겼는데 파동이 입자처럼 최소값을 가진다는 것이 여간 이상한 일이 아니었습니다. 파동에너지는 원래 최소값이라는 개념이 없고 무한대로 작게 쪼갤 수 있는 것이거든요. 플랑크 스스로도 이를

양자 개념을 도입하여 흑체문제를 해결한 막스 플랑크

임시방편으로 여겼을 정도지요. 그런데 아인슈타인이 두 번째 사소한 문제인 광전효과를 해결하는 데 이를 이용합니다.

광전효과 문제

　광전효과란 빛이 금속의 표면을 때리면 전자가 튀어나오는 현상입니다. 전자가 빛에너지를 흡수해서 원자핵의 인력을 뿌리치고 튀어나가는 것이죠. 그런데 뭔가 좀 이상한 일이 발생합니다. 과학자들은 빛을 이전부터 파동이라고 생각해왔었죠. 파동이 가지는 에너지는 두 가지 요소에 의해 결정됩니다. 하나는 진동수고 다른 하나는 진폭이지요. 파동이 진동하는 정도가 더 잦을수록, 즉 진동수가 높을수록, 그리고 파동의 진폭이 더 커질수록 에너지가 커집니다. 빛의 경우 진동수는 고유의 색깔로 드러나고, 진폭은 얼마나 밝은가로 나타납니다. 즉 파란색 빛은 빨간색 빛보다 에너지가 크고, 밝은 빛은 어두운 빛보다 에너지가 큽니다.

　그런데 광전효과 실험을 하다 보니 파란색 빛에서는 아무리 밝기가 약해도 전자가 튀어나오는데 빨간색 빛은 아무리 세기를 더해도, 즉 밝게 해줘도 전자가 튀어나오지 않는 겁니다. 또 같은 파란색 빛을 비췄을 때는 빛의 밝기와 무관하게, 튀어나오는 전자의 속도는 변함이 없고 전자의 개수만 변했습니다.

이처럼 빛의 진동수는 전자가 튀어나올 경우 그 전자의 속도에만 관계를 하고 전자의 개수에는 아무런 역할도 하지 못합니다. 또 진폭은 튀어나오는 전자의 개수에만 관여하고 전자의 속도에는 아무런 역할도 하지 못합니다. 둘 다 전자에 에너지를 전달하는 것은 똑같은데 말이지요. 에너지를 파동의 형태로 전달하는 경우 이런 현상이 나타나는 것은 말이 되지 않습니다.

아인슈타인은 여기서 빛이 입자라는 개념을 도입합니다. 이전에는 진동수가 색깔을 결정한다고 여겼지만 아인슈타인은 빛 입자(광자) 하나가 가지는 에너지에 따라 색깔이 결정된다고 주장한 것이지요. 그는 입자 하나가 가진 에너지가 크면 파란색, 작으면 빨간색이 된다고 주장했습니다. 전자가 파란색 빛과 충돌하면 그만큼 큰 에너지를 가지니까 튀어나가는 속도가 빠른 것이고, 빨간색 빛과 충돌하면 가질 수 있는 에너지가 적어서 튀어나가는 속도가 느리다는 것이지요.

또 빛의 밝기는 진폭이 아니라 빛 입자의 개수에 의해서 정해진다고 주장했지요. 그래서 밝은 빛은 빛 입자가 많은 것이니 더 많은 전자와 충돌해서 튀

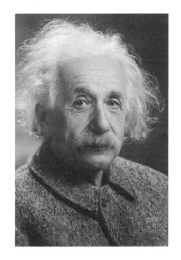

광양자설로 노벨상을 받은 알버트 아인슈타인

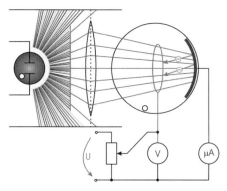

광전효과 모식도. 왼쪽의 전극에서 발생한 빛이 렌즈를 통과해 오른쪽 빨간 금속에 닿으면 전자가 방출된다. 방출된 전자는 원의 가운데 전선에 가서 닿고 전체 회로에 전류가 흐르게 된다. 빛의 파장을 필터를 통해 조절하면 전자가 방출되는 파장의 한계를 확인할 수 있다.

어나가게 하고, 어두운 빛은 빛 입자의 개수가 적어서 튀어나가는 전자의 개수도 적어진다고 주장합니다. 이런 아인슈타인의 이론을 '광양자설'이라고 합니다.

하지만 빛이 파동이라는 것은 이미 수천 번의 실험을 통해 확인되었습니다. 빛은 입자라면 가질 수 없는, 파동만의 고유한 '간섭'*이라는 성질을 가지고 있습니다. 그래서 아인슈타인도 빛이 파동이 아니라고 하지 못하고, 파동의 성질도 가지고 입자의 성질도 가진다고 했습니다. 이것을 빛의 이중성이라고 하지요.

---

* 간섭은 파동에서 고유하게 나타나는 현상입니다. 파동을 전달하는 매질은 파동의 힘에 따라 위 또는 아래로 내려가려 합니다. 두 파동이 한 지점에서 만난다고 생각했을 때, 두 파동이 모두 매질을 위로 올리려고 하면 매질은 합한 만큼의 힘으로 더 높이 올라가게 됩니다. 이를 보강간섭이라고 합니다. 그러나 한 파동은 매질을 위로 올리려고, 다른 파동은 매질을 아래로 내리려고 하면 매질은 두 파동의 힘이 서로 상쇄되어 가만히 있거나 두 힘의 차이만큼만 움직이게 됩니다. 이를 상쇄간섭이라고 합니다.

이를 바탕으로 프랑스의 물리학자 드 브로이^{Louis de Broglie}는 빛이 파동이면서 동시에 입자라면 물질이라고 안 될 것이 무엇이냐며 물질도 동시에 파동의 성질을 가진다고 주장하는 물질파 이론을 제안합니다. 그리고 결국 물질도 파동과 입자의 이중성을 가지고 있다는 것이 증명됩니다.

물질도 파동성을 가진다는 사실을 발견하고 이론화한 드 브로이

러더퍼드 원자모형 문제

이즈음 닐스 보어^{Niels Bohr}는 다른 문제를 해결하기 위해 고민 중이었습니다. 러더퍼드의 원자모형 문제였지요. 19세기만 하더라도 원자란 것이 정말 존재하느냐를 가지고 논쟁이 있었습니다. 어떤 이들은 원자가 실재하는 존재라고 생각했고, 다른 이들은 현상을 설명하기 위한 가상의 개념이라고 생각했지요.

그런데 영국의 조지프 톰슨^{Joseph Thomson}이라는 과학자가 실험을 통해 원자 내부에 있는 전자라는 입자를 발견합니다. 이제 더 이상 원자가 있느냐 없느냐가 문제가 아니게 된 거지요. 원자론을 주장하던 사람들도 벙찐 것은 마찬가지였습니다. 다들 원자가 있다면 그것이 가장 작은 기본입자일 거라 여겼는데 원자 내부에서 전자가 튀어나온 것이니까요. 그렇다면 원자 내부는 어떻게 구성되어 있을까에 관심이 가는 것이 당연한 일이었습니다. 이 문제를 해결한 것은 톰슨의 제자였던 뉴질랜드 출신 과학자 어니스트 러더퍼드Ernest Rutherford였습니다.

그는 실험을 통해 원자 내부에는 그 중심에 플러스 전기를 띠는, 아주 작지만 원자 전체 질량의 대부분을 차지하는 원자핵이 있고 그 주변을 마이너스 전기를 가진 전자가 돌고 있다는 사실을 밝혀냅니다. 마치 태양 주위를 행성들이 도는 것과 같다고 해서 이를 태양계 모델이라고 합니다.

그런데 이 모델에는 한 가지 문제가 있습니다. 전자가 원자핵 주변을 원운동하게 되면, 전자기파의 형태로 에너지를 내놔야 한다는 것이죠. 맥스웰이 멋지게 만든 전자기 방정식에 따르면 말입니다. 실제로 전기를 띠는 물체를 원운동시키면 어떤 경우든 전자기파를 내놓습니다. 모든 실험에서 다 확인이 되지요.

그런데 전자는 전자기파를 내놓지 않는 겁니다. 사실 전자기파를 내놔도 문제가 되는 것이 에너지를 이렇게 내놓으면 자신이 가진 에너지가 줄어드는데 그렇게 되면 원자핵 주변을 도는 속도가 느려지고, 결국 원자핵에 충돌해버릴 수밖에 없기 때문입니다. 다행히 전자는 그렇지 않아서 원자가 붕괴되지도 않고 우리도 무사한 것인데, 이게 기존 이론으로는 설명이 되질 않는 것이었죠.

러더퍼드의 원자모형으로 나타낸 리튬

닐스 보어가 그 해결책을 내놓는데 막스 플랑크처럼 선언을 합니다. "전자는 아무렇게나 에너지를 내놓거나 흡수하지 못한다. 내놓거나 흡수할 수 있는 에너지의 최소값이 있고 이의 배수로만 내놓고 흡수할 수 있다." 그래서 원자핵 주변을 도는 전자는 자신이 가진 에너지가 내놓을 수 있는 에너지보다 적기 때문에 내놓지 못하고 그냥 도는 거라고 주장합니다.

당시로선 그렇게 자기 마음대로 주장해도 되냐고 생각될 만큼 이상한 주장이었습니다. 그런데 닐스 보어의 이론대로 계산을 했더니 실제로 러더퍼드의 원자모형 문제도 해결이 되면서 당시 이미 관측되었던 수소 원자의 선스펙트럼도 설명이 아주 잘 되었습니다.

결국 이 세 가지 사소한 문제를 해결하는 데는 성공했는데 더 큰 난제들이 남게 되었습니다. 빛과 물질이 모두 파동이면서 동시에 입자인 이중성을 가진다는 이상한 상황에 맞부딪힌 것이죠. 그리고 이를 해결하는 과정에서 양자역학이 태어나게 됩니다. 사소

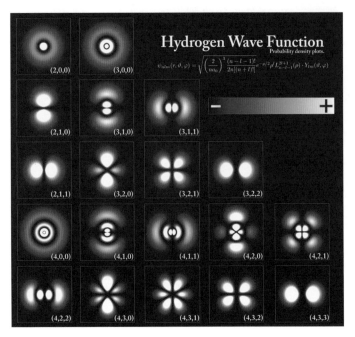

양자역학이 보여주는 수소 전자의 파동함수. 가지고 있는 에너지에 따라 다양한 파동
함수가 만들어진다.

하다고 여겼던 그곳에서 20세기 양자 혁명이 시작되었던 것이지
요. 이어질 1부에서는 이 세 가지 난제를 해결하는 과정을 좀 더
자세히 살피는 동시에 우리 일상에서 만날 수 있는 양자역학적 원
리들에 대해 알아보고자 합니다.

1부

일상에서 만난
양자역학

만약 당신이 양자역학으로 인해
완전히 혼란스럽지 않다면,
당신은 그것을 이해하지 못한 것이다.

If you are not completely confused by quantum mechanics,
you do not understand it.

존 휠러
John Wheeler

보어가 쏘아올린 작은 공

그리스 신화의 주신 제우스는 키클롭스들이 만들어 준 번개 아스트라페를 무기로 싸워 티탄족을 물리칩니다. 북유럽 신화의 주신 토르는 망치인 묠니르를 내려쳐 천둥을 일으키지요. 번개나 천둥은 뇌방전의 두 현상을 따로 일컫는 말입니다. 폭풍이나 기타 이유로 아주 빠른 상승기류가 생기면 구름 속의 물방울과 얼음 결정들이 서로 부딪치게 되지요. 이때 전자가 물방울에서 얼음으로 옮겨갑니다. 또 이 과정에서 가벼운 얼음 결정은 구름 위쪽으로 솟아오르고 무거운 물방울은 아래쪽으로 내려갑니다.

즉 구름 위쪽은 플러스 전기를 띠게 되고 아래쪽은 마이너스 전기를 띠게 됩니다. 그 결과 구름 내부, 구름과 구름 사이, 그리고 구름과 지상 사이에 막대한 전압차가 발생하고 그 결과로 방전이 일어나는 거지요. 춥고 마른 겨울에 금속 손잡이 근처에 손을 대면 번쩍하는 정전기가 발생하는 것과 원리가 똑같습니다. 뇌방전이 일어나는 동안 발생하는 매우 밝은 불빛을 번개라고 합니다. 이때 이 방전통로 주변은 2만 7,000도까지 달아오릅니다. 그래서 주

변 공기가 아주 빠르게 팽창하면서 충격파가 발생하는데 이 소리
를 천둥이라고 하지요.

번개가 이런 전기 작용이라는 걸 실험으로 증명한 사람이 바로
미국의 독립선언서를 쓴 벤자민 프랭클린^{Benjamin Franklin}입니다.
1752년의 일이었지요. 당시 이런 전기 방전 현상은 꽤 흥미로운 주
제였습니다. 그래서 18세기에서 19세기 동안 대중에게 보여주기
위한, 그리고 연구를 위한 다양한 전기 방전 실험이 이루어졌습니
다. 그 실험들 가운데 가장 극적인 실험 하나가 바로 톰슨의 음극
선 실험입니다. 지금으로선 아주 복잡한 것도 아닌 실험이었지요.
공기를 빼내 진공에 가까운 긴 유리관 양쪽에 높은 전압을 걸어준
것뿐입니다. 당연히 번개가 치듯이 유리관 안에 방전이 일어납니
다. 여기서 그쳤다면 그저 흔한 전기 방전 실험이었겠지요.

톰슨, 러더퍼드, 채드윅의 발견

하지만 톰슨은 거의 진공 상태의 유리관 안에서 음극에서 양극
으로 번개가 치듯이 지나가는 모습을 보면서 몇 가지를 추가로 실
험해봅니다. 유리관 위아래에 전기장을 걸어주기도 하고, 유리관
안에 작은 팔랑개비 비슷한 걸 넣어놓기도 했지요. 이를 통해 톰
슨은 진공 상태의 유리관 안을 지나가는 것이 수소 원자 1,000분

의 1보다 작은, 아주 가볍고 마이너스 전기를 띠고 있는 입자라는 사실을 알아냈습니다. 처음 톰슨은 이 입자를 뉴턴이 빛 알갱이에 붙였던 이름을 따 미립자corpuscle라고 불렀지만, 나중에는 이것을 전자electron라고 부르게 되었지요. 결국 당시까지만 해도 원자가 기본입자라고 생각했는데 알고 보니 원자 안에는 전자가 있었던 것입니다.

'원자는 중성인데 그 안에 마이너스 전기를 띤 전자가 있다?', '그렇다면 플러스 전기를 띠는 녀석도 원자 안에 있어야 원자가 중성이 되겠지? 그 플러스 전기를 띠는 놈을 찾아보자.' 이런 생각에 톰슨의 제자인 러더퍼드는 알파입자 산란실험이란 것을 통해 원자핵을 찾게 됩니다. 그런데 찾고 보니 원자의 질량과 양성자의 개수가 맞지 않았습니다. 전자의 개수만큼 양성자가 있어야 딱 중성이 되는데 그 양성자 개수를 다 합해도 해당 원자의 질량에는 상당히 모자랐던 겁니다.

이제 전기를 띠지 않고 질량은 양성자만한 것을 찾아야 했습니다. 여기에는 러더퍼드의 제자였던 채드윅James Chadwick이 공헌하지요. 결국 원자는 양성자와 중성자로 이루어진 원자핵과 그 주변의 전자로 구성되었다는 것이 밝혀집니다. 톰슨과 러더퍼드, 그리고 채드윅이라는 스승과 제자 관계인 세 명에 의해 밝혀진 셈이지요.

이 발견들은 모두 노벨상을 받을 만큼 중요한 것이었는데, 이 과정에서 새로운 고민거리가 발생합니다. 양자역학이 시작된 세

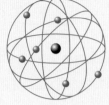

가지 고민거리 중 하나였죠. 처음 톰슨이 전자를 발견하면서 생각한 모델은 '건포도 푸딩 모델'입

톰슨의 건포도 푸딩 모델　　러더퍼드의 태양계 모델

니다. 전체적으로 플러스 전하를 띠는 원자에 전자가 건포도처럼 박혀 있는 모형이지요. 앞서도 언급했지만 그의 제자 러더퍼드는 원자핵을 발견한 뒤 태양계 모형을 구상합니다. 플러스 전하를 띠는 양성자들이 모여 원자핵을 이루고 그 주변을 전자가 돌고 있는 모형이지요. 지구가 태양이 중력으로 끌어당김에도 추락하지 않는 것이 공전 궤도를 따라 거의 원에 가깝게 운동하기 때문이듯, 양성자가 전기적으로 끌어당김에도 불구하고 전자가 원자핵에 달라붙지 않는 건 원운동을 하고 있기 때문이라고 여긴 거지요.

그런데 이렇게 전기를 띠는 물체가 원운동을 하면 필연적으로 전자기파를 내놓을 수밖에 없습니다. 당시의 고전 전자기학으로는 적어도 그렇습니다. 그런데 실제로는 그런 일이 일어나지 않지요. 그 덕분에 우리도 붕괴되지 않고 존재할 수 있는 거고요. 서문에서 이야기했듯이 이 비밀을 밝히는 과정이 바로 양자역학의 한 시작 지점이 된 것이지요.

보어의 수소 원자모형

이 과정에서 가장 큰 역할을 한 사람은 덴마크의 물리학자 닐스 보어입니다. 그는 원자핵이 양성자 하나이고 그 주변을 도는 전자도 하나인 수소를 가지고 이를 연구했습니다. 아무래도 가장 쉽다고 여긴 거지요. 보어가 연구한 결과부터 말하자면 수소 원자 주변을 도는 전자는 내놓을 수 있는 에너지의 최소량이 정해져 있습니다. 그 이하로는 내놓을 수가 없다는 거지요. 그런데 외부에서 에너지를 받지 않은 바닥상태(안정된 상태)의 수소는 가진 바 에너지가 내놓을 수 있는 최소량보다 적습니다. 그러니 내놓고 싶어도 내놓을 수 없는 거지요. 쉽게 말해서 현금인출기에서 돈을 인출하려면 최소한 1만 원 단위가 되어야 하는데 통장에 6,000원 정도밖에 없는 상태인 것입니다.

여기에 몇 가지 규칙을 더 붙입니다. 수소 원자핵 주변을 도는 전자는 전자기파, 즉 빛을 흡수할 수 있습니다. 빛을 흡수하면 에너지가 커지는데 이는 전자의 속도를 더 빠르게 하지요. 그러면 기존의 궤도를 돌 수 없습니다. 좀 더 빠르게 돌려면 핵으로부터의 거리가 더

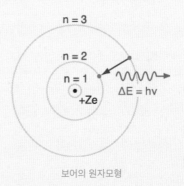

보어의 원자모형

멀어지게 됩니다. 반대로 이렇게 빠르게 돌던 전자가 에너지를 내놓으면 그만큼 속도가 느려지니 궤도가 원자핵에 좀 더 가까워집니다.

그런데 여기에도 제약을 건 거지요. 전자가 돌 수 있는 궤도는 정해져 있다는 겁니다. 이를 통해 수소 원자가 내놓는 전자기파가 왜 몇 가지 진동수만을 가지고 있고 다른 진동수의 전자기파를 내놓지 못하는지를 아주 간명하게 증명합니다. 그리고 한마디 덧붙입니다. 정해진 궤도를 도는 동안은 에너지를 잃지 않는다고요.

그런데 이 보어 모델도 몇 가지 문제가 있었습니다. 먼저 원자핵에 양성자들이 서로 뒤엉켜 있는데 서로 플러스 전기를 띠는 녀석들이 어떻게 그렇게 얌전히 묶여 있을 수 있냐는 거지요. 이 문제는 이들을 잡아두는 전자기력보다 더 강한 힘의 존재를 생각하게 합니다. 이를 '강한 상호작용'*이라고도 하지요.

이 문제 말고도 보어 모형에는 또 다른 문제들이 있는데, 첫 번째는 왜 정해진 궤도만 도느냐하는 것입니다. 두 번째는 왜 붕괴를 하지 않는지 아직도 완전히 설명하지 못하고 있다는 것입니다. 정해진 궤도를 도는 동안 에너지를 잃지 않는 이유를 설명하지 못하기 때문이지요. 그리고 여기에는 실제로 다른 이유가 있었습니다. 이는 현대 양자역학으로만 설명 가능한 것이어서 당시의 보어로서는 어쩔 수 없는 것이었지요.

---

* 강한 상호작용에 대해서는 3부 '강한 상호작용'에서 더 자세히 다룹니다.

현대 양자역학으로 풀어지는 문제

먼저 수소 모형과 비슷한 전자−양전자 궤도^{positronium}를 생각해보지요. 전자와 양전자가 서로 원을 그리며 돌고 있는 모델입니다. 이게 수소 원자랑 어떻게 비슷하냐고요? 양성자 대신 양전자가 있다는 점 빼고는 굉장히 비슷합니다. 다만 양전자는 전자와 질량이 같으니 양성자 주변을 전자가 도는 대신, 양전자와 전자가 서로를 마주보며 같이 도니 밖에서 보기에는 모양이 달라 보입니다만 이는 관찰자 시점을 양전자에 두면 됩니다. 관찰

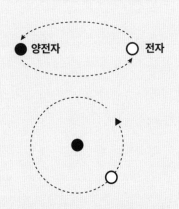

전자와 양전자가 위의 그림처럼 서로를 돌고 있다고 가정하자. 이는 우리가 전자와 양전자 밖에서 둘을 보는 것이다. 하지만 우리가 양전자 위에 서서 본다면 아래의 그림처럼 전자가 양전자 주위를 도는 것처럼 보인다.

자가 양전자와 같이 돌면서 전자를 보면 그냥 양전자 주위를 전자가 도는 모습으로 보이거든요.

이렇게 놓고 보면 두 모델은 양전자의 질량이 양성자의 1,800분의 1이라는 점 빼고는 똑같습니다. 특히나 둘은 에너지준위*도 수소 원자랑 거의 같습니다. 그런데 이 모델은 반감기가 0.1244나

* 원자나 분자가 가질 수 있는 에너지 값을 말합니다.

노초입니다. 즉 10억 분의 1초 정도 만에 절반이 붕괴해버립니다. 순식간에 사라지는 거지요.

결국 수소 원자가 붕괴되지 않는 것은 다른 이유가 있다는 이야기지요. 현대 양자역학에서는 이를 '맛깔 보존의 법칙'으로 설명할 수 있습니다. 맛깔^{flavor}이란 페르미온* 입자들이 가지는 양자수** 가운데 하나입니다. 페르미온은 전자와 같은 렙톤 6개와 쿼크 6개를 말합니다. 이들이 서로 다른 맛깔을 가지고 있는데 어떤 반응이 일어나든지 그 전과 후에 이 맛깔이 보존되어야 한다는 것이 맛깔 보존의 법칙입니다.

양성자는 위 쿼크 두 개와 아래 쿼크 한 개로 이루어져 있습니다. 그리고 중성자는 위 쿼크 1개와 아래 쿼크 2개로 이루어져 있지요. 만약 전자와 양성자가 만나 중성자가 되면 이 맛깔이 보존되지 않는 겁니다. 붕괴 전에는 u 맛깔이 두 개, d 맛깔이 한 개, 그리고 전자의 맛깔 e가 있는데 붕괴 이후에는 u 맛깔이 한 개, d 맛깔이 두 개입니다. 이 맛깔이 보존되지 않기 때문에 수소 원자의 붕괴가 일어나지 않는 거지요.

반면 양전자와 전자는 서로 반대의 맛깔을 가지고 있기 때문에 반응 전에도 두 입자의 맛깔의 합이 0이고 반응 이후에는 감마선이 나오지만 감마선은 맛깔을 가지고 있지 않기 때문에 역시 맛깔

---

* 페르미온에 대해서는 3부 '기본입자'에서 더 자세히 다룹니다.
** 양자수에 대해서는 바로 다음 배경정보인 '양자역학이 걸어온 길: 양자수'에서 다룹니다.

의 합이 0이 되어 맛깔이 보존되는 거지요. 결국 수소 원자의 붕괴를 막고 있는 건 맛깔 보존의 법칙이라 볼 수 있습니다.[*]

이제 수소 원자의 붕괴 문제는 어느 정도 풀렸지만 하나 더 문제가 남아 있지요. 앞서 전자는 또 아무 에너지나 흡수하지 못한다고 말했습니다. 좀 더 정확히 말하자면 원자에 속박되어 있는 전자는 그 속박 상태에 따라 흡수할 수 있는 에너지의 최소량이 정해져 있습니다. 그리고 최소량의 배수에 해당하는 에너지만 흡수할 수 있다는 제약도 걸립니다. 예를 들어 흡수할 수 있는 에너지의 최소량이 만약 5라면 5, 10, 15, 20 등의 에너지만 흡수할 수 있고, 6이나 7의 에너지는 흡수할 수 없다는 거지요. 그리고 전자가 내놓을 수 있는 에너지양도 딱 이 흡수할 수 있는 것만 내놓을 수 있습니다.

그런데 이 전자에게 에너지를 주는 것은 대부분 전자기파인 빛입니다. 그런데 빛 입자 하나가 가지는 에너지는 파장에 따라 정확히 정해져 있습니다. 그 말은 전자가 흡수하거나 내놓을 수 있는 빛의 파장이 정해져 있다는 거지요. 바로 이 파장들이 수소의 선스펙트럼[**]으로 나타납니다.

---

[*] 사실 양성자가 전자를 흡수해서 중성자가 되는 반응이 없는 것은 아닙니다. 수소 원자에서는 거의 일어나지 않는 일이지만 원자량이 더 큰 물질에서는 이런 전자 포획이 실제로 일어납니다. 그리고 맛깔 보존의 법칙이 깨지지요. 맛깔 보존의 법칙은 이후 베타붕괴를 다루는 내용에서 살펴보겠습니다.

[**] 2부의 '무지개의 양자역학'에서 선스펙트럼에 대해 더 자세히 설명합니다.

수소가 아닌 다른 원자들의 경우도 마찬가지입니다. 원자의 종류에 따라 전자가 흡수하거나 내놓을 수 있는 에너지의 최소량은 서로 다른데 그 양의 배수로만 흡수하거나 내놓기 때문에 서로 다른 선스펙트럼을 가지게 되지요.

따라서 이들이 흡수할 수 있는 에너지를 가진 전자기파가 아닌, 다른 진동수의 전자기파는 전자에 흡수가 되지 않습니다. 전자가 '넌 내 상대가 아니야' 하며 외면해버리는 것이지요.

양자역학은 원자와 원자 안에 존재하는 전자의 여러 특징 중 기존의 이론으로 설명하기 어려운 현상을 설명하는 과정에서 정립되어 왔습니다. 그러니 원자가 가지는 여러 특징을 살펴보는 것이 양자역학에 대한 이해를 돕는 한 방법이 될 것입니다. 특히 이번에는 전자가 가지는 여러 특징을 살펴보려 합니다. 전자가 원자 안에서 특정한 확률분포를 가지게 되는 데는 일정한 규칙이 있습니다. 이 규칙을 양자수라고 하지요. 이 양자수들이 원소들의 다양한 특징을 만들기도 합니다.

먼저 원자의 구조에 대해 확인해 볼까요? 원자의 가운데에는 중성자와 양성자로 이루어진 원자핵이 있고 그 주변에 전자가 있습니다. 양성자는 +1의 전기를 띠고 전자는 −1의 전기를 띠죠. 그러나 원자 자체는 전기를 띠지 않고 있는데 이는 원자핵의 양성자 수와 주변의 전자 수가 같기 때문입니다.

그리고 원자번호와 원자량은 이들의 개수를 알려줍니다. 예를 들어 탄소 $^{12}_{6}C$를 살펴보지요. 아래의 숫자 6은 원소번호입니다. 탄소의 양성자가 6개라는 것을 알려줍니다. 그렇다면 탄소의 전자도 당연히 6개가 되겠지요. 그리고 위의 12는 원자량인데 원자의 상대적 질량을 뜻합니다. 전자는 양성자나 중성자에 비해 그 질량이 아주 작기 때문에 무시합니다. 그리고 양성자와 중성자의 상대적 질량은 모두 1입니다. 따라서 원자량이 12라는 것은 탄소의 양성자와 중성자를 합하면 열두 개라는 뜻입니다. 양성자가 여섯 개였으니 중성자도 여섯 개가 되겠지요.

같은 탄소이지만 조금 다른 $^{14}_{6}C$도 있습니다. 아래 6이라는 숫자는 같습니다만 위의 숫자가 14이지요. 즉 양성자는 6개고 중성자는 8개라는 뜻입니다. 그럼에도 원소기호는 C, 즉 탄소입니다. 이런 원소를 동위원소라고 합니다. 원소의 종류는 양성자의 개수에 의해서 정해지기 때문에 중성자가 몇 개가 있건 양성자가 6개면 탄소입니다. 그러나 중성자의 개수가 달라서 물리적 성질이 다른 원소가 되지요.

자 그럼 이제 이런 원소들의 화학적 성질이 왜 서로 다른지, 왜 서로 다른 파장의 전자기파를 흡수하고 방출하는지를 이야기해 보겠습니다. 양성자수가 다르면 말씀드렸다시피 그에 따라 전자의 수가 달라집니다. 수소는 1개, 탄소는 6개, 산소는 8개의 전자를 가집니다. 이 전자들은 원자핵 주변에 퍼져 있습니다. 앞서 전자는 입자의 성질과 파동의 성질을 둘 다 가지고 있다고 했던 것 기억하시지요. 그에 따라 전자는 일정한 확률함수를 가지게 됩니다. 즉 원자핵 주변에 어느 위치에 어느 정도의 확률을 가지고 있을지에 대한 값을 가지게 되지요. 그런데 이 값이 같은 전자가 동시에 두 개 이상 존재할 수 없습니다. 이를 파울리^{Wolfgang Pauli}의 '배타원리'라고 합니다. 이것이 전자가 가질 수 있는 확률함수의 첫 번째 조건입니다. 왜 이것이 중요한지 살펴보겠습니다.

앞서 여러 번 원자나 분자는 가장 낮은 에너지 상태를 선호한다고 말씀드렸습니다. 에너지가 가장 낮은 상태는 모든 전자가 바닥상태에 있을 때입니다. 앞서 살펴본 바에 따른다면 가장 안쪽 궤도에 모두 모여 있는 경우, 즉 전자의 확률함수가 모두 같다면 에너지가 가장 낮은 상태가 되지요. 하지만 자연은 이를 허용하지 않습니다. 원자 주변의 전자는 마치 KTX의 승객과 같습니다. 최초의 전자가 1번 열차의 1a에 자리를 잡으면 다른 승객들은 그 자리에 앉지 못하는 거지요. 그 다음에 오는 전자는 두 번째로 에너지가 낮은 상태를 고를 수밖에 없습니다. 세 번째도 마찬가지로 앞의 두 전자가 고른 자리가 아닌 다른 자리를 골라야 하는 거지요. 이것이 배타원리가 요구하는 것입니다.

원자는 종류에 따라 양성자의 개수가 다르지요. 그리고 그에 맞춰 전자의 개수도 다릅니다. 원자핵의 양성자가 많으면 많을수록 전자의 개수도 늘어나는데 이들은 모두 서로 다른 좌석에 앉을 수밖에 없는 거지요. 그러니 바깥쪽에 위치한 전자일수록 가지고 있는 에너지가 클 수밖에 없습니다. 불안정한 거지요. 그래서 주기율표의 아래쪽으로 내려갈수록 원소들은 전자를 잃는 경향이 커지게 됩니다. 또 전자가 가진 에너지의 크기들이 모두 다르니 그에 따라 다른 원소들과의 반응 정도도 달라지고 각 원소마다 고유의 특성을 가지게 되지요.

이런 배타원리는 전자에만 적용되는 것이 아닙니다. 원자핵을 구성하는 양성자와 중성자에게도 마찬가지로 해당됩니다. 원자핵 내의 입자들 또한 각자 에너지 상태를 가지는데요. 동일한 상태를 가질 순 없습니다. 따라서 한 양성자가 제일 낮은 에너지 상태를 가지면 다른 양성자들은 차례로 그보다 조금씩 더 높은 에너지 상태를 가지는 거지요. 마찬가지로 중성자도 한 녀석이 제일 낮은 에너지 상태를 가지면 다른 중성자들은 차례로 그보다 조금씩 더 높은 상태를 가져야 합니다.

그리고 두 번째 조건이 있습니다. 바로 '양자수'인데요. 제가 뭉뚱그려 에너지 상태가 동일할 수 없다고 했는데 그렇다고 아무 에너지 상태나 가지는 것도 아닙니다. 이를 정해주는 규칙이 있지요. 이것이 앞서 잠깐 소개한 양자수quantum number입니다. 앞서의 KTX 예와 비슷합니다. 먼저 몇 번째 열차에 탈 것인지를 정해야지요. 이를 '주양자수'라고 합시다. 두 번째로는 순방향 좌석에 탈지, 역방향 좌석에 탈지를 결정합니다. 이를 '방위양자수*'라고 합시다.

---

* 방위양자수azimuthal quantum number는 또 다르게 각양자수 또는 궤도양자수라고도 합니다. 이는 오비탈의 각운동량과 관련이 있습니다.

세 번째로는 객차의 제일 앞쪽에서부터 제일 뒤까지 몇 번째 좌석에 앉을지를 결정합니다. 이를 '자기양자수'라고 하겠습니다. 마지막으로 창 쪽에 앉을지 복도 쪽으로 앉을지를 결정해야 합니다. 이를 '스핀양자수'라고 하지요. 이렇게 네 가지 종류의 양자수에 따라 각자의 자리가 결정됩니다. 정확히 표현하자면 각 입자의 확률분포함수의 기하학적 모양과 분포 정도를 결정한다고 볼 수 있습니다.

수소 원자로 알아보는 주양자수와 방위양자수

먼저 주양자수부터 알아봅시다. 보어가 발견했듯이 전자가 가질 수 있는 에너지준위는 연속적이지 않습니다. 제일 작은 에너지준위 값을 1, 그 다음 에너지준위 값을 2, 그 다음은 3 이런 식으로 표현합니다. 이를 주양자수(n)라고 합니다. 흔히 중고등학교에서는 이를 궤도라고 표현하는데 이는 정확한 표현이 아닙니다. 특정한 궤도가 있어서 그 궤도를 돈다기 보다는 특정한 에너지를 가지고 있다는 것이 정확한 표현입니다. 물론 에너지준위가 낮으면 전자가 발견될 확률이 높은 곳이 원자핵에 가까운 곳에 형성되기 때문에 아주 틀린 표현은 아니지만요.

수소 원자의 전자는 일반적인 상황에서 제일 안쪽 에너지준위

s-오비탈

가 가장 낮은, n=1인 주양자수를 가집니다. 그런데 이 수소 원자의 확률함수의 분포를 살펴보면 둥그런 구 모양을 하고 있습니다. 이 렇게 확률함수의 분포가 어떠한 모양을 가지고 있는가를 방위양 자수라고 합니다. 보통 기호 l로 표현하지요. 그중 이런 구 모양의 궤도를 s-오비탈orbital이라고 합니다.

물론 다른 모습의 오비탈도 있습니다. 하지만 주양자수가 1인 경우 가질 수 있는 방위양자수는 하나밖에 없고, 그 하나가 바로 s-오비탈입니다. 주양자수가 2가 되면 s-오비탈과 p-오비탈을 가 질 수 있고, 주양자수가 3이 되면 s-오비탈, p-오비탈, d-오비탈을 가집니다. 주양자수 4 이상은 s-오비탈, p-오비탈, d-오비탈, f-오비 탈을 가집니다. 이론적으론 주양자수가 하나씩 증가할 때마다 가 지게 되는 방위양자수도 하나씩 증가합니다만 현재 우리가 알고 있고, 혹은 만든 원자들 중에는 f보다 큰 방위양자수를 가진 것이 없습니다.

이제 정리해보자면 수소 원자의 전자는 주양자수가 1인, 즉 에 너지준위가 가장 낮은 곳에 공모양의 확률분포를 가진 s-오비탈 모양에 안착한 상태가 됩니다.

헬륨으로 알아보는 스핀양자수

이제 헬륨을 살펴봅시다. 헬륨은 양성자가 두 개이니 당연히 전자를 두 개 가지고 있는데 둘 다 에너지준위가 가장 낮은 주양자수 1의 확률함수를 가지게 됩니다. 여기서 문제가 생깁니다. 헬륨 원자를 잘 살펴보니 정말 두 개의 전자가 모두 주양자수 1에 s-오비탈입니다. 그런데 바로 전에 우린 파울리의 배타원리라는 게 있다고 했습니다. 즉 동일한 확률함수를 동시에 두 전자가 가질 수 없다는 거지요. 따라서 저 두 전자는 뭔가 조금 다른 것이 있어야만 합니다. 주양자수와 방위양자수가 같다면 둘은 완전히 똑같은 확률함수를 가지는 것이니까요.

그래서 여기서 스핀spin이 등장합니다. 정확하게는 자기 스핀양자수라고 합니다. 이를 보통 이렇게 설명합니다. 지구는 태양 주위를 공전도 하지만 스스로 자전도 합니다. 축은 남극과 북극을 잇지요. 이 축을 중심으로 서에서 동으로 회전을 합니다. 그렇다면 지구가 남북극을 잇는 축을 가진 상태에서 지금과 다른 회전을 할 수 있는 가능성은 몇 가지일까요? 아주 간단합니다. 축이 하나 정해지면 돌 수 있는 방법은 둘뿐입니다. 지금처럼 서에서 동으로 회전을 하든 아니면 반대로 동에서 서로 회전하는 수밖에 없습니다. 그렇다면 전자가 만약 입자이고, 자전을 하며, 그 축까지 정해져 있다면, 전자의 자전 방향도 둘일 수밖에 없습니다. 그래서 스핀의 종류는 둘이라고 설명하는 경우를 자주 봅니다.

그러나 이 설명은 스핀의 종류가 둘인 이유는 쉽게 알려주지만 전반적으로 잘못된 설명입니다. 왜냐하면 일단 전자는 점입자입니다. 즉 부피를 가지고 있지 않지요. 부피가 없다면 자전을 할 수도 없습니다. 그리고 전자를 파동이라고 생각하면 자전한다는 말 자체가 성립하지 않지요. 더구나 전자 말고 다른 입자들의 스핀값들을 보면 이를 자전하는 방향으로 파악하는 것이 무리임을 더 확실히 알게 됩니다.

실제로 전자의 스핀은 양자역학에 상대성이론을 결합한 상대론적 양자역학의 결과입니다. 즉 자연이 가지고 있는 근본적 실체지요. 그러나 이렇게 말한다고 한들 누가 이해할 수 있겠습니까? 가령 질량이 뭐냐고 묻는다면 여러분은 뭐라고 대답할 수 있을까요? 사전을 찾아보면 '물질이 가진 고유한 양'이라고만 나옵니다. 질량에 대한 이 설명에 만족할 사람은 없지요. 그럼 에너지는 뭘까요? 사전에는 '일을 할 수 있는 능력'이라고 하지요. 이 또한 만족스러운 설명이 아닙니다. 시간, 공간 등은 또 뭐라고 설명할 수 있을까요? 사실 이런 가장 기본적인 개념이 설명하기가 가장 힘듭니다. 차라리 속도라든가 가속도 혹은 온도와 같은 경우는 설명하기가 쉽습니다. 왜냐하면 저 기본 개념을 이용해서 설명하면 되니까요.

마찬가지로 스핀도 질량, 에너지와 같은 가장 기본적인 물리량이라서 그 자체를 다른 무엇으로 설명하기가 힘들지요. 따라서 여기서는 그냥 전자의 스핀은 두 종류가 있다고만 알고 넘어가도록 하겠습니다. 전자의 스핀은 $-\frac{1}{2}$와 $+\frac{1}{2}$의 두 가지 값을 가집니다. 따라서 하나의 주양자수 1의 s-오비탈에 분포하는 전자 두 개는 서로 다른 스핀값을 가져서 파울리의 배타원리를 만족시키게 되는 것이지요.

네온과 자기양자수

그런데 리튬으로 가면 말이 달라집니다. 리튬은 3개의 전자를 가지고 있는데 에너지준위가 가장 낮은 주양자수가 1인 궤도에 이미 전자 두 개가 차버렸습니다. 따라서 그 다음 전자는 에너지준위가 2인 궤도에 들어가야 합니다. 탄소의 경우는 어떨까요? 탄소는 양성자수가 6개이니 전자도 6개입니다. 이 중 에너지준위가 1인 궤도에 2개가 들어가고 나면 나머지는 에너지준위가 2인 궤도에 4개가 들어갑니다. 네온의 경우는 양성자수가 10개이니 따라서 전자도 10개입니다. 그래서 에너지준위가 1인 궤도에 2개가 들어가고 나머지 8개는 에너지준위가 2인 궤도에 들어갑니다. 에너지준위가 2인 경우 방위양자수가 s-오비탈과 p-오비탈 두 가지라고 했습니다. 그러면 s-오비탈에 스핀이 서로 다른 두 개의 전자, p-오비탈에도 스핀이 서로 다른 두 개의 전자가 들어갈 터인데 어떻게 8

개나 들어갈 수 있는 걸까요?

여기서 자기양자수$^{magnetic\ quantum\ number}$라는 개념이 나옵니다. 아래의 그림에서 p-오비탈을 한 번 보시지요. 이 녀석의 확률분포 모양은 아령처럼 생겼습니다. 그리고 이 경우 세 가지 방향을 가질 수 있지요. 각각의 방향을 p_x, p_y, p_z로 표시합니다. 이를 자기양자수라고 합니다. 자기양자수는 방위양자수에 따라 달라지는데 s-오비탈은 하나의 자기양자수를 가지고 p-오비탈은 3개의 자기양자수를 가집니다. d-오비탈은 5개, f-오비탈은 7개 이렇게 2개씩 증가합니다.

따라서 p-오비탈에는 x, y, z 세 개의 자기양자수마다 각각 2개씩의 전자가 들어갈 수 있어서 총 6개의 전자가 들어가게 되는 거지요. 아래에서 d-오비탈과 f-오비탈의 모습도 보실 수 있습니다.

주기율표를 보면 네 번째 행 21번부터 30번까지, 아래로는 89번부터 112번까지의 묶음이 있지요. 이 묶음은 제일 바깥쪽 전자가 d-오비탈에 있는 원소들입니다. 이들을 전이원소라고 합니다. 전이

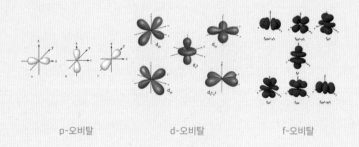

p-오비탈   d-오비탈   f-오비탈

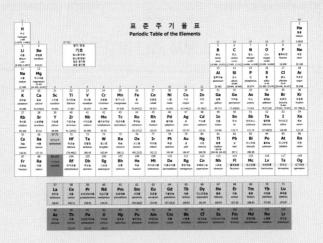

주기율표

원소들은 이온이 될 때*+1, +2, +3 등 다양한 이온가를 가지게 되는데 이는 d-오비탈에 최외각전자가 채워지면 나타나는 특징이지요. 그래서 전이원소들은 옆으로 10개가 놓입니다. d-오비탈에 채워지는 전자의 개수가 10개라서이지요.

그리고 주기율표 밑에 따로 떨어져 나온 58번부터 71, 90부터 103까지의 원소들은 각각 란탄족, 악티뮴족이라 부르는데 이들은 최외각전자가 f-오비탈 궤도를 채우는 녀석들입니다. 이들은 옆으로 14개가 쭉 늘어설 수 있습니다. f-오비탈 자체가 7개니 스핀양자수를 생각하면 14개의 전자가 들어갈 수 있어서이지요.

....

* 원자가 전자를 잃어버리거나 얻게 되는 경우 전하를 띠는 이온이 됩니다. 이 때 전자를 몇 개 잃거나 얻을지는 양자수에 의해 원자마다 정해집니다. 수소나 나트륨 등의 일반적인 원소는 보통 정해진 한 종류의 이온이 되는 것이 일반적인 데 반해, 여러 종류의 이온이 가능하다는 것이 전이원소의 특징입니다.

세탁소에서 만난 양자역학

이번에는 본격적으로 우리 일상에서 만날 수 있는 양자역학적 원리들에 대해 알아보는 시간입니다. 이렇게 우리 일상의 양자역학을 알아보고, 이와 관련된 배경정보들을 중간중간 함께 알아보면서 조금씩 양자역학에 대한 이해를 넓혀볼 예정입니다.

제가 원고를 마무리하고 있는 지금 봄은 겨울 내내 포근하게 몸을 감싸던 캐시미어 니트를 다시 옷장 보관함에 넣을 시간입니다. 그전에 깨끗하게 세탁을 해야 하는데 집에선 힘들지요. 물세탁을 하면 쭈글쭈글해지고 변형이 일어나기 때문입니다. 세탁소에 부탁해 드라이클리닝을 합니다. 드라이클리닝은 물 대신 중성세제를 이용해서 때를 빼는 방식이지요. 이때 사용하는 중성세제에는 여러 종류가 있는데 예전에는 벤젠을 사용하기도 했습니다. 지금은 1급 발암물질이라 사용하지 않지요.

이 벤젠은 드라이클리닝 말고도 여러 부문에서 활발하게 사용되는 산업의 쌀 같은 존재입니다. 컵라면 용기의 재료이기도 하고 페인트나 합성섬유, 윤활유나 염료, 세제, 의약품, 폭약, 살충제의

C₆H₆

Benzene
Molecular formula

Kekulé Structures
(Resonance Forms)

Planar Hexagon
Bond Length 140 pm

벤젠 모형

원료이기도 합니다. 이 벤젠에 어떤 양자역학의 비밀이 숨어 있는지 한번 살펴보기로 하지요.

벤젠은 정육각형 모양의 분자입니다. 탄소 여섯 개와 수소 여섯 개로 이루어진 물질입니다. 탄소는 보통 다른 원자들과 결합할 수 있는 손이 네 개입니다. 수소는 단 한 개의 결합손만 가지고 있습니다. 그럼 벤젠의 탄소와 수소는 어떻게 결합을 하고 있을까요?

1825년 영국의 마이클 패러데이가 벤젠이 탄소 여섯 개와 수소 여섯 개로 된 탄소화합물이라는 것을 밝혀냈습니다. 하지만 그 구조가 어떻게 되어 있는지는 아무도 풀지 못했지요. 그 이래로 이 문제는 수십 년 동안 화학자들의 골머리를 앓게 만들었습니다. 그러다 1865년 독일의 화학자 케쿨레Friedrich August Kekulé가 육각형 구조의 벤젠을 제안하면서 기본적인 구조는 파악이 되었지요.

하지만 아직 문제가 남아 있습니다. 벤젠의 탄소는 이웃 탄소 둘과 손 하나씩을 내어서 서로 단단히 결합합니다. 그래서 육각형을 만들지요. 육각형의 꼭지점들이 탄소 원자입니다. 여기에 탄소 원자는 두 개의 결합손을 씁니다. 그리고 다시 수소 원자와 결합을 하면서 결합손을 또 하나 씁니다. 이러면 결합손을 세 개 쓴 게 됩니다. 이제 남은 손 하나를 써야 합니다. 수소와는 손을 다 잡았으니 남은 손은 탄소를 잡아야 하지요. 하지만 손이 하나니 이웃한 탄소 둘 중 하나하고만 잡을 수밖에 없습니다.

그런데 이러면 문제가 생깁니다. 손 두 개로 잡은 쪽(이중결합)은 서로 끌어당기는 힘이 커져서 두 탄소 사이의 거리가 손 하나로 잡은 반대쪽(단일결합)보다 좁아집니다. 그러면 정육각형이 되지 않고 삐뚤삐뚤한 모습의 육각형이 되지요. 원래 탄소와 탄소사이의 단일결합은 그 길이가 154피코미터*이고 이중결합은 134피코미터입니다. 그런데 실제 모습은 탄소와 탄소 사이의 여섯 결합이 모두 139피코미터로 똑같은 거지요. 과학자들은 고민을 거듭하다가 희한한 1.5결합이라는 대안을 제시합니다. 즉 결합손 하나가 반은 왼쪽의 탄소와, 반은 오른쪽과 결합한다는 것이지요.

하지만 이것은 말이 되지 않는 이야기입니다. 지금껏 제가 결합손이라고 이야기한 것은 사실은 전자입니다. 즉 탄소는 이웃 원자와의 결합에 참가할 수 있는 전자가 네 개가 있는데 이 전자가 결합손이 되는 것이지요. 그런데 1.5결합이라면 전자가 반으로 쪼개져 반은 왼쪽으로 가고 반은 오른쪽으로 간다는 뜻입니다. 전자는 다들 아시다시피 더 이상 쪼개지지 않는 기본입자입니다. 그런데 이런 전자를 쪼개다니요. 마치 솔로몬이 아이를 반으로 나눠 엄마라 주

---

* 1피코미터는 1억 분의 1밀리미터입니다.

62
1부

장하는 두 여인에게 제각기 나눠주라는 것과 다를 바가 없지요.

하지만 전자가 1.5결합을 한다고 가정하면 벤젠의 실제 여러 성질들과 완전히 부합하는 결과가 나타납니다. 벤젠은 대단히 증발이 잘 되는 휘발성 액체입니다. 끓는점이나 녹는점도 굉장히 낮지요. 보통 분자가 이렇게 증발도 잘 되고 끓는점이나 녹는점이 낮으려면 모양이 아주 대칭적이어야 합니다. 모양이 대칭적이지 않은 분자는 분자의 일부분은 플러스 전기를 띠고 반대 부분은 마이너스 전기를 띠는 극성분자라 하는데, 이런 경우에는 다른 극성분자와의 결합력이 더 강합니다. 따라서 끓는점이나 녹는점도 높지요. 벤젠도 탄소 사이에 단일결합과 이중결합을 번갈아 해서 삐뚤한 모양의 육각형이 되면 대칭성이 깨진 극성분자가 되어 실제보다 끓는점이나 녹는점이 높아야 하고, 증발도 덜 되어야 합니다.

결국 과학자들은 벤젠의 실제 성질과 맞는 1.5결합을 인정합니다. 다만 전자를 반으로 나눈다는 것이 전혀 마음에 들지 않는 일이었지요. 그런데 양자역학이 떡하니 등장하니 이 곤란한 점이 사라집니다. 어떻게 해결되었을까요? 양자역학의 중요한 원리 중 하나가 입자는 입자의 성질과 파동의 성질 두 가지를 모두 가지고 있다는 것입니다. 이를 입자의 이중성이라 한다고 했지요. 만약 전자가 파동이라면 동시에 양쪽으로 퍼질 수 있으니 가능한 것입니다. 양자역학에 따르면 원자 안의 전자는 파동함수의 형태로 퍼져 있습니다. 오비탈이지요.

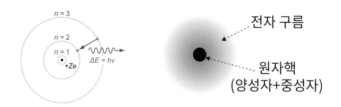

보어의 수소 원자모형(좌)과 현대의 원자모형(우)

위의 왼쪽 그림이 우리에게 익숙한 원자모형입니다. 원자핵의 주위를 전자가 돌고 있지요. 하지만 현대의 원자모형은 조금 다릅니다. 오른쪽 그림처럼 전자의 파동이 원자핵을 감싸고 있지요. 그렇다면 저 파동은 무엇을 의미하는 걸까요? 바로 전자가 존재할 확률입니다. 즉 저 구름의 짙은 부분은 전자가 있을 확률이 높은 곳이고 옅은 부분은 전자가 있을 확률이 낮은 곳입니다. 그런데 저 전자구름, 즉 오비탈은 원자가 독립적으로 있을 때와 다른 원자와 결합해 분자가 될 때 그 모양이 달라집니다. 분자가 되면 이웃 원자의 원자핵이 전자를 끄는 힘과 주변 전자의 개수와 분포가 달라지기 때문에 제일 바깥에 분포하는 전자의 경우 그 분포형태인 오비탈이 달라지는 것이지요.

벤젠의 경우도 마찬가지입니다. 그림의 모습처럼 전자구름이 형성됩니다. 그리고 다음 페이지 그림처럼 수소와 결합한 탄소의 전자가 각기 하나씩 있고, 탄소와 탄소 사이에 단일결합을 형성하는 전자가 탄소마다 두 개씩 참여하여 또 다른 오비탈을 만듭니다. 탄소마다 남은 하나의 전자들 총 여섯 개가 모여 도넛 모양의 전자구름

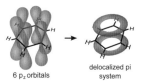

Sigma Bonds
sp² Hybridized orbitals

6 p$_z$ orbitals

delocalized pi
system

Benzene ring
Simplified depiction

벤젠 모형

을 형성합니다. 이런 도넛이 벤젠 고리 위쪽과 아래쪽에 형성이 되는 것이지요. 이 때 주의할 것은 위쪽 도넛 모양의 전자구름과 아래쪽 도넛 모양의 전자구름은 각기 다른 전자들의 존재 확률이 아니라 합쳐서 하나의 전자가 존재할 확률을 나타낸다는 겁니다. 결국 벤젠이 정육각형의 분자모형을 가질 수 있는 것은 전자가 입자이자 파동이라는, 그것도 존재 확률의 파동함수라는 괴이한 양자역학적 성질 때문이지요.

벤젠처럼 고리 모양을 이루며 1.5결합을 가지고 있는 대칭적 구조를 기본으로 하는 물질을 방향족 탄소화합물이라고 합니다. 대칭 구조를 가지고 있다 보니 아무래도 끓는점이나 녹는점이 낮아서 기화되기 쉽습니다. 잘 증발한다는 거죠. 거기에 후각은 이런 기체 분자들의 냄새를 맡다 보니 이런 화합물들의 냄새를 잘 맡습니다. 그래서 향기가 나는 탄소화합물이란 뜻에서 방향족[aromatical] 이라는 이름이 붙었지요. 이들은 모두 평면 고리에 균일하게 전자가 편재되어 있는 구조를 가지고 있지요.

오래된 간판이 누렇게 변하는 이유

과학 강연을 하러 지방에 갈 일이 종종 있습니다. 가는 김에 강연 전이나 후에 그곳의 구도심을 걸어보는 일은 오래된 취미죠. 도청소재지 정도가 아닌 작은 도시의 구도심은 한 시간 정도 걸으면 대부분 다 돌아보게 됩니다. 소도시일수록 구도심은 쇠락하고 있더군요. 1~2층짜리 상가들의 절반 정도는 문을 닫은 형상이었습니다. 예전엔 하얗게 빛났을 간판들도 모두 누렇게 변색되어 있었습니다. 어떤 것이든 시간이 지나면 낡고 쇠잔해지는 건 어쩔 수 없는 일인 것 같습니다.

이런 곳을 걷는다는 건 되돌아갈 수 없는 옛날을 지나는 느낌이기도 합니다. 그러다 직업이 직업인지라 저렇게 누렇게 변하는 대부분의 것들이 사실은 플라스틱이라는 것에 생각이 닿았습니다. 변기는 주로 자기로 만들고 접시 중에도 사기로 된 것들이 있죠. 이들도 오래되면 때가 끼고 낡지만 잘 닦으면 다시 하얗게 됩니다. 그러나 플라스틱은 닦는다고 되질 않지요. 플라스틱 자체가 변한 것이기 때문입니다. 이렇게 오래된 선풍기, 냉장고, 브라운관

모니터 등의 하얀 플라스틱이 누렇게 변하는 현상을 황변^{yellowing}이라고 하는데 플라스틱에 함유된 브로민^{bromine}이란 물질 때문이라는 이야기들이 있습니다만 사실 이유는 딴 곳에 있습니다.

플라스틱은 그 종류가 꽤 많은데 그중에서 ABS계 플라스틱이 있습니다. ABS는 아크릴로니트릴^{Acrylonitrile}, 부타디엔^{batadiene}, 스타이렌^{styrene}의 약자로 스타이렌이 주원료입니다. 가공이 쉽고 충격에도 열에도 강합니다. 플라스틱이니까 당연히 절연체이기도 하고요. 그래서 자동차 부품, 헬멧, 전기 부품 등 공업용품에 금속 대용으로 사용되고 있습니다. 딱딱하고 단단한 플라스틱의 경우 ABS계인 경우가 꽤 많은 거지요. 이 ABS계 플라스틱의 원료 세 가지 중 부타디엔이 이 황변의 원인입니다.

부타디엔은 탄소 네 개가 두 개의 이중결합으로 연결된 모양입니다. ABS 플라스

부타디엔의 구조식

틱을 만드는 과정에서 이 부타디엔의 바깥쪽 탄소 하나가 주변의 탄소 셋과 결합하고 나머지 팔 하나는 수소와 결합한 형태가 됩니다. 그런데 어떤 이유로 이 탄소에 결합되어 있던 수소가 빠져나가는 일이 발생합니다. 팔 하나가 남으니 주변의 다른 분자와 결합을 하려 하겠지요. 공기 중에 가장 흔한 것이 질소와 산소인데 질소는

다른 물질과 반응을 잘 하질 않으니 결국 높은 확률로 공기 중의 산소 원자와 반응하게 됩니다. 보통 산소는 분자형태로 존재하지만 간헐적으로 산소 분자가 깨지면서 산소 원자가 홀로 있는 일이 있는데 굉장히 반응성이 크거든요.

그런데 산소 원자는 팔 하나만 내미는 게 아니라 두 개를, 그것도 아주 강하게 내밀지요. 그래서 이 탄소 원자는 연결되어 있던 다른 탄소 하나와도 작별하고 두 손으로 산소 원자 하나와 결합하게 됩니다. 이렇게 분자 구조가 바뀌게 되면 빛깔이 누렇게 바뀝니다. 정확히 말하면 전에는 대부분의 빛을 비슷한 비율로 반사했다면 이젠 노란색 부근의 빛을 반사하는 비율이 더 커진 거지요.

어찌되었건 황변이 일어나려면 수소가 탄소로부터 떨어져 나가야 합니다. 이를 위해선 수소에 에너지를 넣어줘야 합니다. 일상 속에서 수소가 떨어져 나갈 정도로 에너지를 줄 수 있는 가장 좋

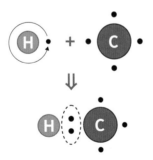

공유결합의 한 예. 수소가 가진 전자 하나는 S궤도를 그리며 수소 주변에 분포하고, 탄소가 가진 제일 바깥 전자 하나도 S궤도나 P궤도를 그리면서 탄소 주변에 분포한다. 그러나 이들이 결합을 하면 두 전자는 수소 원자핵과 탄소 원자핵 사이에서 가장 높은 분포확률을 보이는 오비탈을 만든다.

은 게 바로 햇빛, 그중에서도 자외선입니다. 그래서 부엌의 냉장고는 황변이 늦게 일어나고 직사광선을 받는 곳의 플라스틱은 빠르게 황변이 일어나지요.

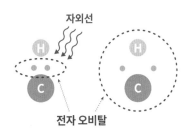

그럼 왜 가시광선보다 자외선에 황변이 더 잘 일어날

이 전자가 자외선을 흡수하면 오비탈이 변하는데 두 원자를 포함하는 아주 넓은 범위가 된다. 그리고 이 범위에서는 탄소나 수소 원자핵의 정전기적 인력이 약해져서 전자를 놓치게 되는 경우가 생긴다.

까요? 자외선은 가시광선보다 가진 에너지가 큽니다. 그래서 수소 원자를 떼어내기가 쉽지요. 좀 더 정확히 말하자면 수소와 탄소는 서로 전자 하나씩을 내어 전자쌍을 공유하는 공유결합으로 서로를 연결하고 있습니다. 이를 양자역학적으로 설명하자면 이 둘이 공유하는 전자쌍은 수소와 탄소 사이의 특정 공간에 존재할 확률이 높은 전자구름(오비탈)을 형성하고 있지요. 외부의 에너지가 추가되지 않으면 이들은 안정된 상태에서 공유결합을 유지합니다. 그러다 자외선이 이 전자쌍에 닿으면 그 에너지를 흡수하게 됩니다. 두 전자는 들뜬상태가 되지요.

이때 두 전자가 가지는 에너지는 가시광선일 때 가지는 에너지보다 커집니다. 이 두 전자의 전자구름은 이전에 비해 꽤 넓게 분포하게 됩니다. 그리고 그 분포 지역 중 일부는 탄소와 수소를 묶어두는 공유결합 영역을 벗어나게 되지요. 그래서 자외선을 받은 전자쌍 중 일부는 공유결합을 해체하게 됩니다. 그 과정에서 에너지가 높은 전자는 탄소의 속박에서 벗어나 버립니다.

가시광선의 경우 에너지가 낮아 전자쌍이 그 에너지를 흡수하더라도 전자구름의 분포가 공유결합 영역을 크게 벗어나지 않습니다. 그래서 결합이 풀리는 비율이 많이 낮지요. 하지만 그렇기 때문에 아주 오랜 시간이 지나면 집 안의 플라스틱도 노랗게 변하는 거라 생각하면 오해입니다. 집 안의 플라스틱이 노랗게 변하는 것 또한 자외선 때문입니다. 다만 그 양이 햇빛을 직접 만날 때보다 훨씬 적기 때문에 오랜 시간이 걸리는 거지요.

플라스틱은 자외선에 오래 노출되면 누렇게 변하기만 하는 것이 아니라 분해되기도 합니다. 플라스틱의 여러 부위에서 전자를 탈출시키니 화학 결합이 끊어지고 변형되면서 점차적으로 파괴되는 거지요. '플라스틱이 분해되지 않아 골칫덩이가 되는 세상이니 그럼 자외선을 쪼여서 플라스틱을 분해하면 되겠다'고 생각할 분도 있겠지만 실제로는 그렇지 않습니다. 플라스틱이 아예 이산화탄소와 산소, 물 등으로 분해되기까지는 아주 오랜 시간이 걸리기 때문이지요.

또 자외선에 의한 분해는 오히려 문제를 키웁니다. 커다란 플라스틱이 분해되어 작은 미세플라스틱이 되기 때문인데요. 이런 미세플라스틱은 오히려 환경에 나쁜 영향을 끼칩니다. 미세플라스틱은 물고기나 다른 해양생물 체내에 들어가 분해도 되지 않고 배출

되지도 않으면서 계속 쌓이게 됩니다.

그럼 누렇게 변한 플라스틱을 다시 하얗게 만드는 방법은 뭘까요? 황변의 이유를 알았으니 그 과정을 반대로 진행해서 탄소와 이중결합으로 붙어있는 산소를 떼어버리고 원래의 수소로 바꿔주면 되겠지요. 방법은 과산화수소 같은 걸 표면에 바르고 랩을 씌운 다음 자외선을 충분히 쏘여주면 됩니다. 그럼 과산화수소가 물로 분해가 되면서 내놓은 산소 원자가 탄소와 붙어있는 산소에게 가서 탄소로부터 떼어내 둘이 산소 분자가 됩니다. 이 과정에서 주변의 수소가 탄소에게 가서 원래의 형태로 복구가 됩니다. 그런데 왜 자외선을 쏘아 주냐고요? 탄소와 이중결합한 산소를 떼어내는 일 또한 큰 에너지가 필요한 법이니까요.

그런데 플라스틱이 누렇게 변하는 것과 우리 얼굴이 검어지는 건 사실 비슷한 이유 때문입니다. 전등이 환히 켜져 있는 실내에선 아무리 오래 있어도 얼굴이 타지 않는데 여름에 며칠 한낮의 햇빛 아래 있다 보면 얼굴이 검게 탑니다. 첫 번째 이유는 가시광선을 아무리 쬐어도 피부를 잘 통과하지 않기 때문입니다. 자외선은 투과력이 좋아서 표피를 통과해 진피층에 닿는 비율이 높습니다. 파장이 짧을수록 투과력이 커지기 때문이지요.

둘째로 자외선의 에너지가 크기 때문입니다. 플라스틱의 탄소에서 수소를 떼어내듯이 우리 피부 세포의 여러 물질에서도 전자를 떼어내기 때문이지요. 그래서 일반적인 가시광선에는 신경도 쓰지 않는 진피층이 자외선이 좀 들어온다 싶으면 이를 막기 위해 멜라닌 색소를 열심히 생산하기 때문에 피부가 검게 변합니다. 우리가 자외선 차단제를 바르는 이유이기도 하지요. 단순히 얼굴이 타는 걸 막기 위해서가 아니라 자외선에 의해 진피층의 세포내 소기관이나 DNA 등이 파괴되는 걸 막기 위해서입니다.

반대로 음식점에선 자외선을 살균에 이용합니다. 많은 곳에서 물컵을 자외선 살균기 내에 넣어놓지요. 자외선이 물컵 내외부에 묻어 있는 세균을 죽이는 효과가 있기 때문입니다.

헬륨은 왜 다른 물질과 반응하지 않을까?

헬륨은 마시면 목소리가 이상해지는 기체로 가장 잘 알려져 있지요. 헬륨이란 이름은 그리스어로 태양신을 뜻하는 헬리오스 helios에서 유래했습니다. 헬륨이 처음 발견된 곳이 태양이기 때문에 붙은 이름이지요. 사람이 직접 간 것은 아니고 1868년 프랑스 천문학자 피에르 장센 Pierre Janssen이 햇빛의 스펙트럼을 분석하는 과정에서 발견한 것입니다. 나중에는 헬륨이 지구에도 존재한다는 것이 밝혀졌지요.

헬륨은 수소 다음으로 가벼운 기체로 비행선이나 풍선에 사용됩니다. 가볍기로는 수소가 가장 가볍지만 수소는 조금만 주의를 소홀히 해도 폭발하는 가연성 가스이기 때문에 비행선이나 풍선 등에 사용할 수 없습니다. 반면 헬륨은 다른 물질과 거의 반응을 하지 않는 아주 안정된 기체로 화학반응 등을 통해 문제가 생길 일이 없어 안심하고 사용할 수가 있지요.

헬륨은 사실 여러모로 쓰임새가 많은 기체입니다. 잠수부의 공기통에도 질소 대신 사용되지요. 산소만 넣을 경우 산소 중독의

헬륨을 이용한 비행선

위험성이 있어 다른 기체를 혼합해야 하는데 대기 중에 가장 많은 질소는 혈액에 녹으면 잠수병을 일으킬 수 있습니다. 잠수부가 깊은 물속에 있다가 올라오면 혈액에 녹아 있던 질소가 기체 방울이 되면서 부피가 커지고, 그 바람에 모세혈관이 터지는 거지요. 그러나 헬륨은 애초에 혈액에 잘 녹질 않아 안심하고 사용할 수가 있습니다.

헬륨은 또한 끓는점이 아주 낮아 초저온 냉각제로도 쓰입니다. 헬륨은 −268.9도에서 액체가 됩니다. 이렇게 만들어진 액체 헬륨은 MRI의 측정 장치에 쓰이는 초전도 전자석을 냉각시키는 데 등 극저온이 필요한 곳에 이용됩니다.

또 네온사인에도 사용합니다. 네온사인은 들어 있는 기체에 따라 다른 색상이 나타나는데 헬륨은 붉은색을 냅니다. 아주 고압의 전류가 흐르는 전등 안에 사용할 수 있는 것도 헬륨이나 네온 등

비활성기체족 가스로 채워진 네온사인. 왼쪽부터 헬륨, 네온, 아르곤, 크립톤, 제논.

이 아주 안정적이어서 화학반응을 하지 않기 때문입니다. 앞서 이야기했던 목소리 변조에도 사용되는데 헬륨이 공기 중 속도가 빠르기 때문에 목소리가 높아지는 원리를 이용하는 것입니다.

그런데 이렇게 끓는점이 아주 낮은 점이라든가 화학적으로 안정된 점은 헬륨만이 아니라 헬륨이 속한 비활성기체족의 특징이기도 합니다. 비활성기체족에는 헬륨 말고도 네온, 아르곤, 크립톤, 제논 등이 속합니다. 이들은 모두 네온사인에 다양한 색을 내는 원료이기도 하지요.

비활성기체족은 주기율표로 보면 제18족으로 테이블의 제일 오른쪽에 위치합니다. 이들 원소들은 제일 바깥 궤도의 전자가 모두 차 있는 상태입니다. 정확하게는 제일 바깥쪽에 분포하는 오비탈에 채워질 전자가 다 채워졌다고 해야 하지요. 화학반응은 원자들이 전자를 얻거나 뺏기거나 혹은 서로 공유하는 과정에서 일어나는데 이들은 대단히 안정된 오비탈 구조를 가지고 있어서 그럴 이유가 전혀 없기 때문에 화학반응을 거의 하지 않습니다. 이런 비활성기체족 중에서도 헬륨은 가장 안정된 원소입니다.

헬륨은 우주가 생성되던 초기 빅뱅 상황에서 수소와 더불어 생겨났습니다. 그래서 현재 우주 전체의 알려진 물질 중에는 수소가 $\frac{3}{4}$, 헬륨이 $\frac{1}{4}$ 정도를 차지하지요. 우주 전체로 따지면 아주 풍부한 물질이고 태양이나 가스형 행성인 목성, 토성, 천왕성, 해왕성 등에도 아주 풍부하게 존재합니다.

그러나 지구에서는 헬륨이 아주 귀한 기체입니다. 물론 초기 지구에는 헬륨이 아주 많았습니다. 그러나 아주 가벼운 기체다 보니 같은 온도에서 다른 기체에 비해 훨씬 빠른 속도로 움직이고, 그 속도로 지구 밖으로 빠져나가 버렸지요. 더 가벼운 수소는 탄소라든가 산소 같은 다른 물질들과의 화학반응을 통해 화합물이 되어 지구에 남아 있지만 헬륨은 화학반응을 거의 하질 않으니 그런 식으로 남아 있지도 못한 거지요. 그래서 지금 지구에서 얻을 수 있는 헬륨은 방사성 광물이 붕괴될 때 조금씩 만들어진 것으로 천연가스 주변에 모여 있는 것뿐입니다. 그런데 점차 쓰임새가 많아지면서 몇십 년 안에 고갈될 위험에 처해 있지요.

그래서 다른 나라에서는 달에서 헬륨을 가져오려는 연구가 진행 중입니다. 태양풍에 밀려온 헬륨이 아주 많이 매장되어 있는 걸 발견했기 때문이지요. 특히 지구에서 구하기 아주 힘든 헬륨-3이라는 동위원소는 달에 아주 풍부합니다. 21세기가 끝나기 전에 달에서 헬륨을 채취하는 모습을 볼 수 있을지도 모릅니다.

그런데 양자역학과 헬륨이 어떤 관계냐고요? 헬륨의 원자핵은 알파입자라고 부릅니다. 방사선을 연구하던 과학자들이 방사선의 종류가 세 가지인 걸 발견하고 그중 가장 침투력이 낮은 것을 알파선이라고 불렀는데 나중에 알고 보니 헬륨의 원자핵이었던 것이죠. 헬륨 원자핵은 우라늄과 같은 방사성 원자가 붕괴될 때 빠져나옵니다. 이 핵 붕괴 자체가 양자역학적 원리에 의해서 일어나는 것이죠.[*] 그리고 앞서 헬륨 원자는 대단히 안정되어서

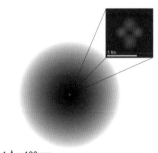

1 Å = 100 pm

헬륨 원자. 1fm(펨토미터)는 1조 분의 1밀리미터다. 두 개의 전자가 형성하는 검은 전자구름에 둘러싸인 분홍색 부분이 원자핵이다. 원자핵에는 양성자 2개와 중성자 2개가 있다.

다른 물질과 화학반응을 거의 하지 않는다고 했는데 이런 화학적 성질 또한 양자역학적 원리에 의해 가지게 된 것입니다.

헬륨의 전자 두 개는 핵에서 가까운 거리에 분포되어 있으면서 아주 낮은 에너지 상태를 이루고 있습니다. 그리고 이 전자를 떼어내려면 아주 높은 에너지가 공급되어야 하지요. 그런데 양자역학에서는 에너지를 조금씩 공급하는 게 불가능합니다. 예를 들어 헬륨의 전자를 떼어내기 위해 100만큼의 에너지가 공급되어야 한다면 이를 10씩 쪼개어 열 번 주는 건 불가능하다는 거지요. 주려면 한 번에 100만큼 주어야 합니다. 또 100을 주어야 하는데 110을

---

* 우라늄과 같은 방사성 물질의 붕괴는 약한 상호작용의 결과입니다. 2부의 '태양이 빛나는 이유'에서 더 자세히 설명합니다.

주거나 120을 주어도 안 됩니다. 딱 100만 주어야 하는 거지요.

우리 주변의 자연환경에서 이런 에너지를 공급하는 건 대부분 빛, 즉 전자기파가 맡고 있습니다. 그리고 전자기파는 진동수에 따라 가지고 있는 에너지가 정해져 있지요. 그런데 우리 눈에 보이는 빛인 가시광선 영역에서는 이 정도의 에너지를 가지지 못합니다. 그러니 헬륨에서 전자를 떼어내기가 힘든 것이지요. 앞서 이야기한 네온이나 아르곤 같은 비활성기체족이 모두 그렇습니다. 이들이 가진 전자 중 에너지가 가장 많은 전자들조차 대단히 안정된 상태입니다. 때문에 전자를 떼어내는 데 아주 큰 에너지가 필요합니다. 그래서 일반적인 상황에서는 화학반응을 하지 않는 거지요.

빛의 정체를 밝혀라

　이번에는 '빛이 파동이자 입자'라는 개념이 만들어지기까지의 과정인, 서문에서 살펴보았던 광전효과 문제에 대해 좀 더 자세히 알아보겠습니다. 20세기 초 스위스 특허국에서 일하면서 물리학을 연구하던 아인슈타인은 플랑크의 흑체복사 연구에 대해 알게 되었습니다. 일정한 진동수의 전자기파는 왜 항상 정수배의 에너지만 가질까를 혼자 곰곰이 생각하던 아인슈타인의 머리에 번뜩 멋진 생각이 스칩니다. '만약 빛이 입자라면 아주 간단한 이야기가 아닐까? 진동수가 v인 빛 입자 한 개의 에너지가 hv라고 해버리면 되잖아. 그럼 입자 2개면 에너지 값은 2hv, 3개면 3hv. 입자를 반개로 쪼갤 수 없으니 1.5hv 같은 건 없다고 하면 되잖아' 뭐 이런 생각이었죠.

　사실 빛을 입자라고 생각한 건 아인슈타인이 처음은 아니었습니다. 고대 그리스의 자연철학자들도 빛은 입자라고 생각했고, 뉴턴도 빛은 입자라고 했지요. 토머스 영이 간섭실험으로 빛이 파동이라는 것에 마침표를 꽝꽝 찍기 전까진 모두 빛이 입자라고 생각했습니다. 물론 아인슈타인과 같은 의미는 아니었지만요. 때마침

이런 그의 생각을 적용할 좋은 현상이 있었습니다. 앞에서 이야기
했던 광전효과photoelectric effect지요.

광전효과의 발견과 레너드의 광전효과 실험

1887년 헤르츠Heinrich Rudolf Hertz는 중간에 빈틈이 약간 있는 전
기회로를 가지고 실험하던 중이었습니다. 중간에 빈틈이 있으니
당연히 전류가 흐르질 않습니다. 그러나 이 경우 전원의 전압을 조
금씩 높이다가 임계 전압이 되면 전류가 흐르기 시작합니다. 빈틈
에 방전현상이 나타나지요. 그런데 전원의 −극에 연결된 한쪽 끝
의 금속판에 자외선을 쪼이니까 전압이 임계 전압이 되지 않아도
전류가 흐르더란 거지요. 빛에 의해 전류가 흐르는 현상을 처음
발견한 겁니다. 전류가 흐른다는 것은 금속 표면의 전자가 튀어나

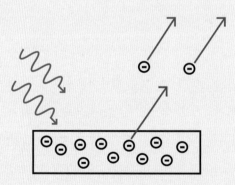

광전효과. 빛을 흡수한 전자
가 그 에너지를 이용해 금속
판을 벗어난다.

와 반대쪽 끝으로 이동한다는 뜻입니다. 결국 빛에 얻어맞은 전자의 에너지가 증가해서 금속의 속박을 벗어난 것입니다. 이런 현상을 광전효과라고 이름 붙입니다.

도대체 광전효과란 뭘까요? 간단히 말해서 물체에 (이 경우 주로 금속입니다만) 빛을 쪼이면 전자가 튀어나오는 현상입니다. 태양광발전을 할 때 바로 이 원리를 이용하지요. 햇빛을 받아 전자를 내놓으면서 전류가 흐르게 되는 겁니다. 이 외에 식물의 엽록체에서도 내부의 광전효과를 이용해서 광합성을 합니다.

그리고 10년 뒤 헤르츠의 제자였던 레너드^{Philipp Eduard Anton von Lenard}는 광전효과에 대해 좀 더 구체적인 실험을 합니다. 그런데 뭔가 이상합니다. 고전물리학으로 말도 되지 않는 현상이 나타납니다. 회로에 빈틈을 두고 틈의 양 끝에 금속판을 답니다. 여기에 다양한 진동수의 빛을 다양한 세기로 비춥니다.

이 실험의 결과를 간단히 정리해보면 결국 전류의 크기는 빛의 세기와 관련이 있고, 전압은 빛의 진동수와 관련이 있다는 겁니다. 전류의 크기는 전기 회로의 빈틈을 지나가는 전자의 개수에 의해 정해집니다. 결국 빛의 세기와 전자의 개수가 연관이 있다는 거지요. 파동에서 빛의 세기는 파동의 진폭에 의해 결정됩니다. 즉 '진폭이 크면 클수록 빛이 더 세다, 더 밝다' 이렇게 되는 거지요. 그러면 전자의 개수는 결국 빛의 진폭에 의해서만 결정됩니다. 전압의 크기는 회로를 지나는 전자의 에너지를 결정합니다. 그렇다는 것은 전자가 가지는 에너지가 빛의 진동수와 관련이 있다는 거지요. 결국 전자가 빛으로부터 얻는 에너지는 빛의 진동수에 의해서만 결정됩니다.

자 이제 정리를 해봅시다. '빛에 얻어맞아 튀어나오는 전자의 개수는 오로지 빛의 진폭에 의해서만 결정된다. 그리고 전자가 가지는 에너지는 오로지 빛의 진동수에 의해서만 결정된다.' 이것입니다. 여러분 중 대다수는 '그래서 뭐 하나 이상할 것도 없네'라고 생각할 수 있습니다. 그러나 고전역학에서는 이 현상을 설명할 수가 없습니다!

설명할 수 없는 문제

진폭이 큰 빛은 작은 빛보다 더 많은 에너지를 가지고 있습니다. 앞서 파동에서 설명했지요. 파동에너지는 진폭의 제곱에 비례합니다. 금속의 표면에는 전자들이 우글거리고 있습니다. 이 곳에 빛을 비춥니다. 진폭이 큰 빛은 동일한 시간에 더 많은 에너지를 전달하겠지요. 표면의 아주 좁은 곳에 집중을 해보지요. 아주 좁은 곳이라 전자가 100개 정도밖에 없다고 가정합니다. 100개의 전자에 파동에너지가 전달됩니다. 어떤 전자는 조금 더 많은 에너지를 가질 거고 어떤 전자는 좀 더 적은 에너지를 가질 수 있습니다만 평균적으로 가질 수 있는 에너지는 정해집니다. 진폭이 커지면 더 많은 에너지가 개별 전자에게 전달되겠지요. 그렇다면 전자가 튀어나올 때 가질 수 있는 에너지도 커지게 됩니다. 그렇다면 진폭의 크기도 전자의 에너지 크기에 영향을 줘야 한다는 결론이지요. 그리고 당연히 전압에도 영향을 줘야 합니다. 그런데 현실은 그렇지 않다는 거지요.

이번엔 진동수와 관련된 부분을 생각해봅니다. 진동수가 커진다는 것은 파장이 짧아진다는 걸 의미합니다. 빛의 속도는 일정하고 그 속도는 진동수 곱하기 파장이었습니다. 진동수가 커지는데 속도가 변하지 않으려면 파장이 짧아야 합니다. 파장이 짧아지면 마루와 마루 사이의 간격이 짧아집니다. 이렇게 되면 잔물결효과라는 것이 발생합니다. 즉 파장이 짧아지니 파장의 간격에 비해 큰 물체는 그저 물결 위에 둥둥 떠있는 것처럼 보이는 겁니다. 빛의 파장이 짧아지면 전자도 그 파장에 비해 충분히 커져서 파동에너지를 전달받는 대신 그 물결을 그저 타고 있게 된다는 거지요. 따라서 진동수가 커지면 다른 조건이 같다고 할 때 튀어나오는 전자의 개수가 오히려 줄어드는 효과가 나타나야 합니다.

물리학자들은 속상했지요. 아니 고전역학으로 설명할 수 없는 일들이 왜 이리 자꾸 생기는 거야! 뭐 이렇게 생각했을 수 있습니다. 그러나 아인슈타인은 달랐지요. 앞서의 생각처럼 만약 빛이 입자라고 생각한다면 이 문제는 너무 쉽게 풀리는 겁니다.

아인슈타인의 광양자설

아인슈타인처럼 한번 생각해보지요. '빛은 입자다. 빛 입자 한 개가 가지는 에너지는 진동수에 의해 결정된다. 따라서 진동수는 그저 빛 입자 한 개의 에너지라고 생각하자. 그럼 진폭은 뭘까? 빛 입자의 개수다. 즉 진폭이 크다는 건 빛 입자의 개수가 많다고 생각하자.' 자, 이 생각을 가지고 다시 광전효과를 생각해보지요.

'전자의 에너지는 빛의 진동수에 비례한다.' 이 표현은 이렇게 바뀝니다. '전자의 에너지는 빛 입자 한 개의 에너지에 비례한다.' 또 '튀어나오는 전자의 개수는 빛의 진폭에 비례한다.' 이 표현은 이렇게 바뀝니다. '튀어나오는 전자의 개수는 빛 입자의 개수에 비례한다.' 이렇게 되니 이해하기가 훨씬 쉽습니다. 빛 입자의 크기는 아주 작아서 입자 하나가 전자 둘을 동시에 때리지 못한다고 생각합시다. 그리고 빛 입자가 전자와 만날 땐 자신이 가진 에너지 전부를 전자에게 준다고 생각합니다(실제로 그렇습니다). 그러니 전자 한 개가 빛 입자와 만나서 얻을 수 있는 에너지는 오로지 빛의 진동수에 의해 결정됩니다.

누군가 이렇게 물을 수 있습니다. '전자 하나가 빛 입자 여러 개와 부딪칠 수도 있잖아?' 충분히 가능한 질문이지요. 하지만 빛 입자의 크기도 아주 작고, 전자의 크기도 아주 작습니다. 그리고 둘 다 좁은 공간에 엄청나게 많은 개수가 있습니다. 이렇게 되면 '동시에' 빛 입자 여러 개가 하나의 전자와 만나기는 힘듭니다. 또 이미 빛을 만나 에너지를 얻어 튀어나간 전자는 속도가 워낙 빨라 금속판으로 비추는 빛을 만날 수 없습니다. 금속판의 전자가 시간차를 두고 만난다면 어떻게 될까요? 전자는 자신이 튀어나갈 정도의 에너지가 아니면 자신이 가진 에너지를 순식간에 주변의 전자와 나누든가 아니면 다시 빛을 내놓습니다. 따라서 어떤 상황이든 전자가 튀어나갈 때 가지는 에너지는 빛 입자 한 개에 의한 것이 됩니다.

두 번째, 진폭이 크다는 건 빛 입자의 개수가 많다는 겁니다. 따라서 더 많은 전자와 부딪치겠지요. 당연히 튀어나가는 전자의 개수가 늘어날 수밖에 없습니다. 그러나 전자가 빛에너지를 받아서 튀어나갈 때 가지고 갈 수 있는 에너지는 빛에너지보다는 작습니다. 튀어나가는 자체에 에너지를 써야 하기 때문이지요. 따라서 전자가 가지는 에너지는 빛이 가진 에너지에서 금속판에서 분리될 때 써야 하는 에너지를 뺀 값이 됩니다. 보통 이것을 일함수라고 표현합니다. 전자가 튀어나갈 때 가지는 에너지는 이런 경우 대부분 운동에너지가 됩니다. 따라서 이 식과 운동에너지 식을 같이 쓰면 전자의 속도도 파악할 수 있게 됩니다.

아인슈타인은 이 광전효과에 대한 논문으로 노벨상을 탑니다. 그리고 플랑크에게는 불행하게도, 그가 임시방편이라고 생각한 빛에너지의 양자화가 이제 빛의 기본적인 성질로 굳어집니다. 막스 플랑크는 아인슈타인의 특수상대성이론에 환호하고, 그를 독일로 초

청하며 여러모로 지원과 지지를 아끼지 않았지만, 자신의 양자가설을 기초로 한 이 광양자설은 별로 좋아하지 않았습니다. 에너지가 불연속적이라는 개념은 자신이 내세웠지만, 그는 이것이 임시방편에 지나지 않고, 다른 근본적인 해결책이 있을 것이라 생각했던 겁니다. 그 와중에 양자가설을 더욱 공고히 하는 광양자설은 마뜩지 않았던 것이지요. 양자역학의 토대를 놓은 두 사람 모두 양자역학을 인정하지 않았다니 아이러니합니다.

다른 과학자들도 정말 머리가 아파올 수밖에 없습니다. 빛은 파동인데 파동으로서의 기본적인 성질을 외면하고 입자라고 하니 미치겠지요. 그렇다고 '빛은 입자다'라고 할 수도 없습니다. 파동이어야 설명할 수 있는 실험이나 현상도 부지기수니까요. 원래 뉴턴이 광학을 발표한 뒤 다들 빛을 입자라고 여겼으나 이후 하위헌스Christiaan Huygens와 토마스 영에 의해 빛의 파동성이 확인되었지요. 맥스웰 방정식을 통해 빛-전자기파는 자기장과 전기장의 변화에 의해 만들어지는 일종의 에너지 파동이라는 사실에도 모두 동의한 상태였습니다. 특히 간섭무늬 등 파동이 가지는 특징을 모두 빛이 보여주었기 때문에 빛이 파동이라는 걸 믿어 의심치 않았던 것이죠. 더구나 뉴턴이 주장한 빛이 입자라는 증거 또한 파동으로도 모두 설명이 가능했고요.

아, 이 녀석 빛은 도대체 정체가 뭐냐고! 19세기에서 20세기로 넘어가는 동안 물리학자들은 머리를 싸맬 수밖에 없었습니다.

스마트해진 기계들

　앞서 살펴본 광전효과와 관련이 있는 우리 일상의 현상이 있습니다. 밤늦게 집에 들어가려고 아파트 입구를 지나면 갑자기 불이 켜집니다. 사람이 들어온 걸 어떻게 아는 걸까요? 바로 적외선 탐지기가 만들어 낸 마법입니다. 탐지기의 방출부가 적외선을 사방에 쏘고 있는 중에 사람이나 다른 물체가 들어가면 표면에서 적외선이 반사됩니다. 탐지기의 빛 센서가 이 반사된 빛을 받아들이면

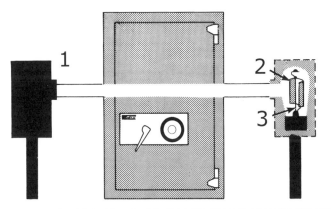

센서의 기본 원리. 1번에서 빛을 쏘면 2번의 센서가 빛을 받아들이는데 그 양에 따라 전류가 변해 정보를 제공한다.

전류가 흐르게 되고 이에 따라 자연히 전등을 켜도록 한 장치지요. 평소에는 전등을 꺼두었다가 사람이 다닐 때만 이를 감지해 등을 켜니 에너지가 많이 절약됩니다.

이 적외선 센서에서 중요한 역할을 하는 것은 적외선을 받으면 전류가 흐르게 하는 디텍터detector인데 여기에는 광전효과가 숨어 있습니다. 빛이 금속의 표면에 닿으면 전자가 그 에너지를 흡수해 금속으로부터 빠져나오는 현상이지요. 1887년 헤르츠가 실험 도중 발견하고 1905년 아인슈타인이 플랑크의 양자가설을 토대로 그 원리를 밝혀냈던 그 현상 말입니다.

적외선 센서는 또한 온도를 측정하는 데 사용되기도 합니다. 이를 사용한 온도계는 보통 비접촉식 적외선 온도계라고 불리는데 산업 현장에서도 사용하고 요리할 때나 체온 측정 등에도 사용되지요. 모든 사물은 자신의 표면 온도에 맞춰 에너지를 전자기파의 형태로 방출합니다. 이때 전자기파는 다양한 파장을 포함하는데 그중에서도 적외선 파장대를 파악해 온도를 측정하는 거지요. 이 적외선 온도계 안에도 디텍터라고 하는 적외선 센서가 들어가 있습니다. 측정할 물체에서 나온 빛은 필터를 거치면서 적외선 영역만 남게 됩니다. 적외선이 디텍터에 부딪치면 광전효과로 전자가 들뜬상태가 되는데 적외선 광자의 양에 따라 전류의 크기가 달라집니다. 이를 통해 온도를 측정하지요.

이밖에도 적외선 센서가 쓰이던 곳 중 하나는 지하철 스크린도

어입니다. 스크린도어는 안전을 위해 설치되었지만 간혹 사람이나 여러 물건이 끼는 경우가 있습니다. 이런 경우를 대비해 장애물 감지 센서가 있는데 현재는 폭을 약 1cm로 잡고 있죠. 그런데 목도리나 옷 같은 얇은 물질이 끼일 경우 이런 장애물 센서가 감지를 못할 수 있습니다. 이런 경우를 대비해 따로 적외선 센서를 두어 장애물을 감지합니다. 그러나 적외선 센서는 고장이 잦고 수리 시 선로 쪽에서 점검을 해야 하기 때문에 무척 위험했고 사고도 있었습니다. 그래서 2018년부터 이 적외선 센서를 레이저 센서로 교체 중입니다. 레이저 센서도 작동 방식은 적외선 센서와 동일하게 광전 효과를 이용하는 것인데, 적외선 센서에 비해 고장이 덜하고 수리 및 점검도 승강장 쪽에서 할 수 있는 장점이 있기 때문이지요.

우리나라의 경우 인터넷망은 대부분 광섬유 케이블을 통한 광통신을 이용하고 있습니다. 광통신은 전송용량이 크고 도청이 불가능해서 보안성도 우수하고 케이블 자체가 가볍다는 것 등 여러 가지 장점이 있기 때문입니다. 광통신의 과정을 보면 먼저 보내고자 하는 정보를 빛으로 바꾸고 이 빛을 광섬유를 통해 전달합니다. 그리고 빛을 받은 쪽에선 다시 빛을 전기 신호로 바꿉니다. 마치 전화가 말하는 사람의 음파를 전파로 바꾸고 그 전파를 스피커를 통해 다시 음파로 바꾸어 듣는 것과 동일한 방식입니다. 이렇게 전기 신호와 빛 신호가 상호 변환되는 과정이 모두 광전효과를 기반으로 이루어집니다.

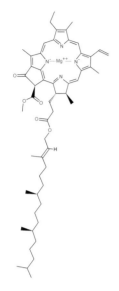
식물의 엽록소 안 마그네슘 원자

광전효과를 사람보다 훨씬 먼저 사용한 생물이 있는데 바로 식물입니다. 식물의 엽록체 안에는 엽록소라는 빛 수용기가 있습니다. 이 수용기의 중앙에는 마그네슘 원자가 있는데 여기에 빛을 쬐면 전자가 그 에너지를 흡수해서 튀어나오는 것을 이용해서 광합성을 합니다. 지금으로부터 30억 년도 더 전부터 식물의 선조는 이를 통해 자신에게 필요한 에너지를 탄수화물의 형태로 합성하여 사용했지요.

디지털 카메라와 휴대폰 카메라에 필수적으로 들어가는 이미지 센서도 광전효과를 이용한 제품입니다. 가장 많이 쓰이는 것은 CCD 센서지만 그 말고도 여러 종류의 이미지 센서가 존재하고 모두 광다이오드를 기본으로 하지요. 조금 더 자세히 살펴보자면 P형 반도체와 N형 반도체 그리고 전극으로 구성되어 있습니다. 이 광다이오드에 빛을 비추면 전자가 튀어나오게 됩니다. 전자가 빠져나간 구멍은 정공 혹은 양공이라 부릅니다. 이 전자와 양공이 각각 N형 반도체와 P형 반도체 쪽으로 이동하여 표면의 전극에 수집되며 이 때 전류가 흐르게 됩니다. 이미지 센서란 결국 여러 개의 광다이오드가 보내는 각각의 전류 신호를 취합하여 하나의 상을 만드는 장치인 것이죠.

이젠 추억의 물건이 되고 있는, 하지만 관공서에서는 여전한 위력을 발휘하는 팩스와 여전히 많이 쓰이고 있는 복사기, 그리고 스캐너에도 이런 이미지 센서가 있습니다. 이들 기계는 '라인 이미지 센서'를 가

광다이오드 확대 사진

지고 있는데 광다이오드를 길게 일렬로 배열한 것입니다. 읽어 들이려는 문서를 라인 이미지 센서에 통과시키면서 빛을 쏘아주면 반사된 빛이 이미지 센서의 광다이오드에서 광전효과를 일으키고 이를 전기 신호로 바꿔서 상을 재현하거나 저장하는 것이지요.

또한 21세기 에너지 문제의 가장 중요한 해결책으로 떠오르는 태양광발전도 이 광전효과를 이용한 것입니다. 태양광발전의 핵심 부품인 태양전지란 사실 원리나 구조가 이미지 센서의 광다이오드와 동일합니다. 현재 가장 많이 쓰이는 결정질 실리콘 태양전지가 이미지 센서와 다른 점은 빛을 받은 광다이오드가 내놓은 전류를 열심히 모아 전기를 만든다는 점뿐입니다. 다만 태양전지 패널 전체를 채우려면 아주 많은 광다이오드가 필요하니 이미지 센서에 쓰이는 것보다는 성능이 좀 낮은, 그리고 많이 저렴한 것을 이용합니다.

적외선 센서에서 온도계, 레이저 센서, 태양광발전에 이르기까지. 20세기 초 그 원리가 규명된 광전효과는 양자역학에도 중요한 역할을 했지만, 이를 이용한 다양한 장치들은 현대문명에 있어서도 필수적인 요소가 되었습니다.

MRI는 어떻게 우리 몸을 들여다볼까?

　　몸이 좋지 않아 병원에 가서 진찰을 받으면 보통 엑스레이부터 찍고 보는 경우가 많습니다. 그런데 엑스레이로도 정확한 진단이 나오지 않을 때 의사가 엠알아이^{MRI}를 찍자고 하면 겁부터 납니다. 비용이 보통이 아니니까요. 심하면 '혹시 바가지 씌우는 건가' 하고 생각하기도 하지요. MRI의 정식 명칭은 자기공명영상장치 Magnetic Resonance Imaging입니다. 원래 명칭은 핵자기공명영상장치^{NMRI}

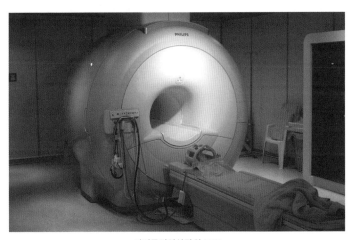

자기공명영상장치 MRI

였는데 핵이란 단어가 일반 환자들의 오해를 사는 것을 고려해서 '핵'을 빼고 부르지요.

MRI를 찍는 이유는 X선이나 CT로는 잘 파악하기 어려운 부드러운 인체 조직을 확인하기 위해서입니다. 간단히 말해 X선이나 CT는 뼈는 잘 보지만 내장이나 뇌 같은 딱딱하지 않은 부위는 보기 힘든데 이 부분을 잘 찍는 것이 MRI인 것이죠. 원리를 알면 당연한 것입니다. MRI는 우리 몸 안의 물 분자, 그중에서도 수소 원자의 양성자를 활용합니다. 몸을 구성하는 물 분자에 들어있는 수소의 원자핵, 즉 양성자들은 원래 멋대로의 스핀을 가집니다. 원래 스핀 자체가 양자역학에서 도입된 개념이었지요. 그런데 강력한 자기장 아래에서는 이 수소 원자핵, 즉 자기장의 스핀이 일정한 방향으로 정렬합니다. 그리고 여기에 FM라디오와 비슷한 진동수를 가진 전자기파를 쏘아줍니다. 그럼 양성자들이 전자파의 에너지를 흡수해서 자기장의 반대방향으로 스핀을 바꾸게 됩니다.

이제 전자기파를 끊으면 원래 상태로 돌아가면서 자기가 흡수했던 에너지를 다시 전자기파의 형태로 내놓습니다. 이 때 원래 상태로 돌아가는 시간(완화시간이라 합니다)이 주변 조건에 따라 조금씩 다릅니다. 이를 검출해서 영상을 만드는 것이죠. 암세포의 경우 주변 세포보다 이 완화시간이 길어 주변보다 밝게 나타납니다. 특히나 뼈 안쪽인 골수를 볼 수 있어 골수암을 진단하는 데 탁월한 효력을 발휘하고 또 조직이 변형되기 이전에도 암을 발견할 수 있기 때문에 암의 조기 발견에 큰 도움이 됩니다.

이런 원리를 이용하면 혈액의 산소 함유량도 파악할 수 있어 뇌 속의 혈류가 어떤지도 파악할 수 있지요. 기존의 X선이나 CT로 파악할 수 없던 부분을 파악하는 능력이 뛰어나기도 하고, 또 몸에 해로운 방사선이 없으므로 그에 대한 우려도 없습니다. 그리고 찍는 방향도 다양하게 할 수 있어 더 세밀한 결과를 얻을 수 있습니다. 그래서 현대의학에서 많이 쓰이고 있고, 이 분야에서만 노벨상을 두 번 타기도 했습니다.

그런데 혹 MRI를 찍어보신 분들은 아시겠지만 이 장치는 굉장히 시끄럽습니다. 보통 귀마개도 하고 그 위에 헤드셋을 덧쓰기도 합니다. 그리고 제약도 있습니다. 인체 내에 금속이 있으면 찍을 수가 없습니다. 골절 등으로 금속 막대를 삽입했거나 하는 경우에는 출혈이나 조직 손상을 입을 수 있지요. 이 둘은 동일한 이유 때문인데요. 바로 강력한 자기장을 걸어주기 때문입니다. 자기장을 거는 과정에서 굉장한 소음이 생기고 이 자기장 때문에 금속은 절대 금물인 것이지요.

이는 우리가 자석을 가지고 놀 때 발견하는 현상과 같습니다. 자석을 쇠못에 갖다대면 쇠못도 자석처럼 자기 옆의 다른 쇠못을 당깁니다. 쇠못이 일종의 자석이 된 거지요. 이 때 쇠못이 잠시나마 자석을 성질을 띨 수 있는 것은 쇠못의 철 원자들의 스핀이 자석의 자기장에 의해 일정한 방향으로 배열되었기 때문입니다. 즉 자석이라는 내부 입자의 스핀이 일정한 방향으로 배열된 것이죠. 마찬가지로 자석이 아닌 쇠못은 내부 입자들의 스핀이 각기 자기 멋대로 아무 방향이나 가리키고 있는 상태입니다.

그런데 이렇게 강력한 자기장을 걸기 위한 MRI의 필수적인 요소가 있는데 바로 초전도체입니다. 초등학교나 중학교에서 전자석을 만들어 본 경험이 있으신가요? 전선을 대못에 둥글게 감고 전원에 연결하여 전류가 흐르게 하면 자석이 되는 걸 보셨을 겁니다. MRI도 동일한 원리로 코일에 전류를 흘려 자기장을 만듭니다. 그런데 만들어야 할 자기장의 세기가 굉장히 큽니다. 코일 자기장의 세기는 코일의 감긴 횟수와 코일에 흐르는 전류가 결정하지요. 감긴 횟수야 정해져 있으니 강한 자기장을 만들기 위해선 아주 센 전류가 흘러야 합니다.

그러나 기존의 전선은 99.99%의 구리나 알루미늄, 은 등으로 만드는데 모두 다 저항이 어느 정도는 있습니다. 여기에 전류를 왕창 센 걸 흘리면 저항에 의한 열 때문에 다 녹아버리고 맙니다. 마치 집에 문어발로 전기코드를 꽂으면 일어나는 일과 비슷하지요. 또 다리미나 헤어드라이어에서 열이 나는 것도 일부러 저항이 큰 전선을 연결하기 때문입니다. 전선에 전류가 흐르면 저항의 크기와 전류의 크기에 비례하는 열이 날 수밖에 없습니다. 그래서 가급적 전기를 공급하는 전선은 저항이 적은 구리를 쓰지요. 그것도 일반적인 구리가 아니라 불순물이 아주 적은 99.99%의 구리를 씁니다. 하지만 전류가 아주 커지면 이런 구리로도 저항에 의한 손실이 커서 알루미늄이나 은 같은 저항이 더 적은 물질을 이용합니다. 하지만 MRI는 워낙 큰 전류가 긴 전선을 통해 흘러야 해서 이런 물질로도 가능하지가 않습니다.

그래서 MRI 코일은 초전도체로 만들 수밖에 없습니다. 우리 주변에서 흔히 볼 수 있는 것 중 유일하게 초전도체가 쓰이지요. 초전도체는 저항이 0인 물질입니다. 저항이 없으니 열이 날 일이 없고 아주 강력한 전류가 흘러도 괜찮은 거지요.

초전도 물질의 장점은 또 있습니다. 한 번 전류가 흐르면 그 상태를 계속 유지하는 거지요. 앞서 MRI에는 코일이 있다고 했습니다. 이 코일의 한쪽 끝과 다른 쪽 끝을 연결하면 따로 전류를 공급하지 않아도 계속 전류가 흐르는 거지요. 일반적인 전선에서는 흐르는 동안 저항에 의한 열로 전기에너지가 빠져나가니 그만큼을 계속 공급해야 전류가 흐를 수 있는데 초전도체는 한 번만 전류를 흘려주면 외부 상황이 바뀌지 않는 한 계속 전류가 흐르니 전기에너지도 아낄 수 있지요. 병원 입장에서는 전기세도 훨씬 덜 나오겠고요. 그런데 현재로선 초전도체는 아주 낮은 온도에서만 제 기능을 합니다. 온도가 조금만 올라가도 초전도체로서의 성질을 잃어버리는 것이지요. 그래서 이 코일들은 액체 헬륨으로 냉각한 상태에서 사용됩니다.

만약 초전도체가 상온에서도 사용할 수 있게 되면 아마 획기적인 변화가 일어날 것입니다. 전기 통조림, 즉 일종의 배터리를 초전 도체로 만들 수도 있습니다. 끝과 끝을 이은 초전도체 전선에 전류를 공급하면 내부에서 영원히 순환할 테니 아무 때나 필요할 때 전선을 연결해서 사용하면 되는 거지요. 이런 경우 아주 강한 전류를 흘려보내면 작은 부피에 아주 큰 전기 에너지를 보관할 수 있으니 기존 배터리보다 훨씬 효율적일 수 있다는 겁니다. 그리고 발전소와 사용처를 잇는 전선들을 초전도체로 만들면 송전과정에서 생기는 손실도 막을 수 있습니다.

자기부상열차라는 것을 들어보셨나요? 기본 원리는 간단합니다. 철로를 자석으로 만들고 열차도 자석으로 만드는 거지요. 서로 같은 극을 마주보게 하면 밀어내는 힘 때문에 열차가 철로 위로 살짝 뜨게 됩니다. 그래서 '자기'로 '부상'한 열차인 거지요. 그 상태에서 열차 앞쪽 철로만 열차와 반대쪽 극으로 바꿔주면 열차가 앞으로 갈 수 있는 겁니다. 공중에 뜬 상태니 바닥과의 마찰이 없어서 아주 작은 에너지로도 움직일 수 있고, 또 공중에 뜬 상태로 움직이는 것이니 비행기처럼 아주 빠른 속도로도 움직일 수 있습니다.

하지만 이런 거대한 자석을, 그것도 극을 맘대로 바꿀 수 있게 만들려면 일반적인 자석이 아니라 전자석이 되어야 합니다. 그리고 열차를 띄울 만큼의 강력한 자기장을 만들려면 아주 센 자기장이 걸려야 하지요. 기존의 코일로는 이런 자기장을 걸 만큼 커다란 전류를 걸기도 어렵고, 또 그 과정에서 열로 손실되는 전기에너지가 너무 커서 실용화할 수 없습니다. 그래서 철로와 열차 아래쪽의 코일을 초전도 물질로 만들려고 하는 겁니다. 그런데 현재로서 이를 가능케 하려면 액체 헬륨을 무지막지하게 쏟아 부어야 하는데 그만큼의 액체 헬륨을 만들기도 난감하고 그 비용도 어마어마합니다.

만약 영하 20도 정도에서라도 기능을 발휘하는 초전도체를 만들 수 있다면 이런 문제가 완전히 해결될 수 있습니다. 2020년에는 상온에서 초전도 현상을 보이는 물질을 발견하긴 했습니다. 미국 로체스터대학의 랭거 디아스$^{Ranga Dias}$교수는 15도에서 초전도 현상을 보이는 물질을 개발했습니다. 그러나 문제는 대기압보다 260만 배 정도 높은 기압에서 기능한다는 것이지요. 이래서는 실제 생활에 쓰이긴 어렵습니다.

이전의 발견도 마찬가지입니다. 2015년에 독일 막스플랑크 화학연구소에서는 영하 70도에서 초전도 현상을 일으키는 초전도체를 만들었고 2019년에는 영하 23도와 영하 13도에서 초전도 현상을 일으키는 물질을 발견했지요. 그러나 이 또한 강한 압력이라는 조건이 붙습니다. 우리가 흔히 만나는 온도에서, 그리고 크게 높지 않은 압력에서 기능하는 초전도체를 찾는 일은 앞으로 남은 과제이기도 합니다.

암을 찾는 반물질, PET-CT

아파서 병원에 가면 치료를 하기 전에 먼저 진단을 합니다. 병이 뭔지 파악하는 것이지요. 진단을 위한 가장 오래된 방법으로는 진맥이 있습니다. 손을 동맥 바로 위 살갗에 대고 그 진동을 듣는 거지요. 한의사만 이런 진맥법을 쓴다고 생각하기 쉽지만 전 세계의 꽤 많은 지역에서 전통의료는 이런 진맥을 한 방법으로 써왔습니다. 그런데 동맥의 경우 보통 몸 안쪽에 있어서 아무 곳이나 짚어선 그 진동이 들리지 않습니다. 그래서 동맥이 피부와 가까운 곳을 지나는 손목이나 발목 그리고 목의 경동맥 부위에 주로 손을 대어 진맥을 했지요.

그러다 청진기가 발명되었습니다. 청진기를 가슴 부위에 대어 심장 박동음을 직접 듣는 겁니다. 아무래도 심장에서 먼 손목이나 발목 혹은 경동맥에 손가락을 얹는 것보단 좀 더 정확하겠지요. 눈꺼풀을 까뒤집어 보거나 혀나 목 안의 편도선을 보는 것도 한 방법입니다. 하지만 이런 방법으론 아무래도 한계가 있겠지요.

20세기 들어 현대의학이 이룬 가장 큰 진전 중 하나가 바로 이 진단 방법의 혁신입니다. 가장 먼저는 X선이 있습니다. 이를 통해 몸 안의 뼈들이 어떤 상태인지 해부를 하지 않고도 알 수 있게 되었지요. 골절이나 치아의 상태 등을 확인하는 데는 단연 최고입니다. 하지만 X선은 주로 뼈를 볼 때 쓰여서 뼈가 아닌 다른 질병에 대해서 쓰긴 힘들었지요.

그래서 나온 다양한 장비들이 초음파, CT, MRI 그리고 지금 이야기하려는 양전자 방출 단층촬영장치Positron Emission Tomography, PET입니다. 양전자 방출 단층촬영장치는 주로 암 검사, 심장 질환, 뇌 질환, 뇌 기능 평가 등을 위해 쓰이는 장치지요.

촬영을 위해선 일단 F-18- 불화디옥시포도당이라는 것을 주사로 체내에 집어넣습니다. 이름이 좀 괴상하지만 이름 뒷부분 그대로 포도당과 굉장히 유사한 물질입니다. 포도당의 히드록시기 hydroxyl group 대신 방사성동위원소인 플루오린 18(^{18}F) 을 집어넣은

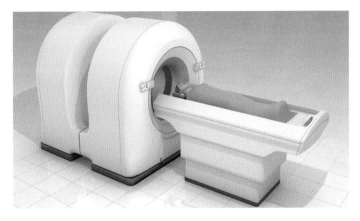

양전자 방출 단층촬영장치

것입니다. 몸은 이 녀석을 포도당으로 인식하는데 포도당은 우리 몸에서 에너지원으로 쓰이죠. 그래서 혈관을 따라 흘러가다 에너지 소비가 많이 일어나는 곳에 집중적으로 모입니다. 바로 암이 그런 장소 중 하나입니다. 끊임없이 세포분열을 해대는 암은 우리 몸에서 가장 에너지 소비가 많은 곳이죠.

하지만 이 녀석은 포도당이 아니죠. 플루오르(불소)의 방사성 동위원소를 포함하고 있는 녀석입니다. 몸 안에서 F-18-불화디옥시포도당의 플루오르가 핵분열을 하게 됩니다. 베타붕괴라는 것인데 이 때 양전자가 하나 나옵니다. 튀어나온 양전자는 곧 주변의 전자와 만나 쌍소멸을 하고 사라지는데 그 때 감마선이 두 개 나옵니다. 이 두 개의 감마선은 정확히 반대 방향을 향하는데 원통형으로 진찰 대상자를 둘러싸고 있는 양전자 방출 단층촬영장치가 이를 확인해서 몸 안 어디에 암세포가 있는지 파악하는 겁니다. 감마선은 핵폭발이 일어나는 경우를 제외하곤 평상시에 만들어질 일이 거의 없지요. 그러니 몸 안에서 감마선이 나오면 확실히 구분이 가능합니다.

그런데 여기서 하나 더 이야기할 거리가 있습니다. 앞서 촬영 전에 F-18 디옥시불화포도당을 먼저 주사로 맞는다고 했지요. 보통의 불소, 즉 플루오린은 양성자 9개에 중성자가 10개인 플루오린-19입니다. 플루오린-18은 이보다 중성자가 하나 더 적은 거지요. 이 녀석은 반감기가 109분 정도입니다. 즉 한 시간 50분 정도면 절반이 핵붕괴가 일어난다는 거지요. 이 녀석의 핵붕괴는 양성자가 중성자가 되면서 양전자와 반전자뉴트리노가 나오는 방식으로 진행됩니다. 그래서 양성자가 하나 줄어들어 산소-17 동위원소가 됩니다.

양성자 → 중성자 + 양전자 + 반중성미자

이런 현상을 방금 잠시 언급한 베타붕괴라고 하는데 이 또한 양자역학적 현상 중의 하나입니다.[*] 또한 감마선을 검출하는 것도 광전효과를 이용하는 수만 개의 광전관입니다. 양전자 방출 단층 촬영장치 자체가 다양한 양자역학적 현상을 이용하고 있는 것이지요.

---

* 베타붕괴는 바로 다음 소제목 '라돈 침대와 반감기'에서 설명합니다.

라돈침대와 반감기

몇 년 전 라돈 방사능이 나오는 침대가 문제가 된 적이 있습니다. 라돈은 방사능을 띤 비활성기체죠. 반감기는 3.82일입니다. 즉 4일 정도 지나면 절반이 되고 8일 뒤에는 $\frac{1}{4}$, 16일이 지나면 $\frac{1}{16}$, 약 한 달 뒤에는 원래 양의 $\frac{1}{250}$ 정도만 남게 되지요. 따라서 일시적으로 유출된 라돈은 조금만 시간이 지나면 사라집니다. 그럼 왜 라돈 침대는 문제가 된 걸까요?

라돈은 우라늄이나 토륨 같은 방사성 원소가 납으로 붕괴하는 과정에서 발생합니다. 정확하게는 이들 방사성 원소들은 몇 단계를 거쳐서 핵분열을 일으키는데 그 중간 단계의 원소인 라듐이 분열할 때 라돈이 발생하지요. 그런데 이 우라늄과 토륨은 반감기가 약 45억 년과 148억 년으로 아주 깁니다. 즉 라돈 침대에 우라늄이나 토륨이 있다면 침대가 썩어 문드러질 때까지 라돈이 나옵니다. 그래서 라돈 침대는 우리가 죽을 때까지, 아니 죽고 나서도 매일 라돈을 내놓는 것이죠. 그러니 라돈 자체의 반감기가 짧은들 무슨 소용이겠습니까?

라돈 측정기

   물론 모든 침대가 라돈을 내놓는 것은 아닙니다. 음이온을 나오게 하기 위해 모나자이트Monazite라는 물질을 바른 경우에만 발생하지요. 이미 오랫동안 이러한 음이온이 나온다는 라돈 침대에서 생활했던 분들의 경우 당혹을 넘어 경악의 지경에 이르게 된 것이 당연합니다.

   일단 기존의 모나자이트를 바른 침대는 모두 수거해서 안전하게 폐기해야 하는 것은 물론이고, 라돈 침대를 구입하여 사용했던 분들을 대상으로 지속적인 검진을 통해 향후 일어날 일들에 대한 대책을 세워야 합니다. 전 세계적으로 이렇게 사람이 매일 접촉하는 일상용품을 통해 수년간 라돈에 노출된 사례가 없기 때문에 지금 당장 라돈 침대를 폐기한다고 해도 어떤 현상이 이후 나타날지 예측하기 힘들기 때문입니다.

그런데 라돈의 문제는 침대에만 국한되지 않습니다. 우리가 발을 디디고 있는 이 땅 밑에서도 라돈이 나옵니다. 원래 모나자이트도 남아프리카나 브라질, 인도 등지의 토양에서 채취한 광물입니다. 정도의 차이는 있지만 전 세계 어디에서나 땅속 암반 등에 포함된 우라늄이나 토륨이 붕괴되는 과정에서 라돈이 발생합니다. 특히나 우리나라의 경우 화강암 지층이 꽤나 많은데 이런 경우 토양에서 발생하는 라돈 증기가 꽤나 많습니다. 우라늄이나 토륨은 광산처럼 특정한 곳에 집중적으로 분포하지만 대부분의 화강암층에도 소량 포함되어 있기 때문이지요.

거기다 전문가들에 따르면 우리나라의 지층은 방사성 물질의 함량이 전 세계적으로도 높은 편이라고 합니다. 이런 기반암에 균열이 생기면 자연스럽게 라돈 증기가 공기 중으로 빠져나옵니다. 라돈 기체는 물에 잘 녹기 때문에 지하수에 녹았다가 빠져나오는 경우도 있지요. 물론 대부분의 경우 라돈은 대기 중으로 확산되기 때문에 우리는 별 문제 없이 살아왔습니다.

그러나 라돈은 1급 발암물질이고 특히 폐암을 일으키는 원인 중 하나이니 우리도 모르는 사이 라돈에 의해 폐암에 걸린 이들도 적겠지만 있긴 할 것입니다. 세계보건기구WHO에 따르면 전 세계 폐암 발생의 3~14%가 라돈에 의한 것이라고 합니다. 특히 지하라면 문제가 심각합니다. 라돈은 기체 중에선 상당히 무거운 편이라 다른 기체보다는 확산 속도도 느리고, 쉽게 아래로 가라앉지요.

따라서 환기가 잘 되지 않는 곳에선 라돈이 바깥으로 빠져나가지 않아 농도가 높아질 수 있습니다.

현재 우리나라 도시에서 주로 쓰는 도시가스는 가벼워서 누출이 되어도 창문만 열어놓으면 밖으로 대부분 빠져나가지만 프로판가스의 경우 공기보다 무겁기 때문에 창문을 연 정도로는 환기가 되지 않고, 문을 열어 비로 쓸듯이 내보내야 하는데 라돈도 마찬가지입니다. 정부도 새로 짓는 주택에는 라돈 증기를 배출할 수 있는 배출구를 따로 시공하고, 기초공사와 건물 바닥 마무리에 더욱 신경 쓸 것을 권고하고 있습니다.[*]

그런데 이 방사능 물질이 붕괴한다는 건 무엇을 뜻할까요? 방사능 물질이 붕괴한다는 것은 기존의 원자핵이 나눠지면서 다른 종류의 원자핵이 되는 건데요, 흔히 핵분열이라고 이야기하지요. 이 핵분열에는 두 가지 방식이 있습니다. 각기 알파붕괴와 베타붕괴라고 합니다. 이런 붕괴 자체가 양자역학의 '약한 상호작용'의 결과니 이 또한 양자역학적 현상이라고 볼 수 있습니다.[**]

우라늄을 예로 들어보지요. 우라늄-238은 92개의 양성자와 146개의 중성자를 가진 원자입니다. 이 우라늄이 양성자 90개와 중성자 144개를 가진 토륨과 양성자 2개와 중성자 2개를 가진 헬륨의 원자핵으로 붕괴되는 걸 알파붕괴라고 합니다.

---

[*] 국가건강정보포털 '생활 속의 라돈 예방 및 관리'를 참조하세요.
  http://health.cdc.go.kr/health/mobileweb/content/group_view.jsp?CID=LVY9OOCX0C
[**] 약한 상호작용은 3부 '약한 상호작용'에서 자세히 설명합니다.

베타붕괴는 방사성 동위원소인 탄소-14가 대표적인 예입니다. 원래 자연상태에서 가장 많이 존재하는 탄소는 양성자 6개와 중성자 6개를 가진 탄소-12입니다. 탄소-14는 여기에 중성자가 두 개 더 들어있는 거죠. 탄소-14와 질소-14를 보면 원자핵의 총질량은 거의 같습니다만 질소-14는 양성자 7개와 중성자 7개입니다. 탄소-14는 베타붕괴(정확하게는 음의 베타붕괴라고 합니다)를 통해 질소-14가 됩니다. 즉 중성자 하나가 양성자 하나와 전자 하나 그리고 반중성미자 하나로 붕괴하는 겁니다. 그래서 중성자는 하나 줄고 양성자는 하나 늘어 질소-14 원자가 되는 거지요.

그런데 중성자가 양성자와 전자 그리고 반중성미자로 분리될 수 있다는 것은 중성자가 근본 입자가 아니라는 뜻이기도 합니다. 실제로 겔만Murray Gell-Mann은 중성자나 양성자가 쿼크quark라는 더 작은 입자들로 이루어졌다는 걸 발견했습니다. 중성자는 다운쿼크 2개와 업쿼크 하나로 이루어진 입자인데 베타붕괴를 거치면서 다운쿼크 하나가 업쿼크로 바뀝니다. 그래서 다운쿼크 하나와 업쿼크 두 개로 이루어진 양성자가 되는 거지요.

자 그런데 이 반감기란 말에 대해 조금만 더 깊이 생각해보기로 합시다. 우라늄을 예로 들면 알파입자가 빠져나오는 알파붕괴를 통해 토륨과 헬륨의 원자핵으로 붕괴됩니다. 그런데 특정 우라늄에서 알파입자가 언제쯤 빠져나오는지는 알 수가 없습니다. 단지 수천 개, 수만 개의 우라늄 원자 중 절반이 붕괴될 때까지 걸리는 시간만 알 수 있을 뿐입니다. 왜 그럴까요? 알파입자가 우라늄 원자를 빠져나오기 위해 필요한 에너지는 굉장히 큽니다. 외부에서 별다른 힘을 주지 않으면 영원히 빠져나오지 못할 정도지요.

하지만 우라늄은 반감기가 길긴 하지만 실제로는 가만히 놔두어도 알아서 붕괴가 일어납니다. 이유는 양자터널링 효과 때문이지요.* 즉 알파입자가 우라늄 핵에서 빠져나오는 건 그만큼의 에너지를 가져서가 아니란 것이죠. 에너지 자체는 그보다 적지만 양자터널링에 의해 빠져나올 수 있다는 것입니다. 이 양자터널링의 원리는 확률분포함수에 기초합니다. 즉 알파입자가 확률적으로 존재할 수 있는 곳이 단 한 곳이 아니라 원자핵과 그 주변에 퍼져 있다는 것이지요.

물론 강한 상호작용보다 전자기력이 더 클 정도로 핵으로부터 거리가 먼 곳은 그 확률이 아주 작습니다. 그러나 0은 아니지요. 그 일이 일어나면 우리 눈에는 마치 벽을 통과해서 빠져나온 것처럼 보입니다. 핵이 붕괴하게 되는 거지요. 하지만 우린 그 일이 언제 일어날지 모릅니다. 마치 우리가 주사위를 던질 때 600번 정도 던지면 그중 100번 정도는 1이 나오는 걸 알지만 바로 다음에 던질 때 어떤 눈이 나올지 모르는 것과 같습니다.

그래서 특정 원자를 정해서 이것이 내일 아침 붕괴될 거라고 말을 할 수가 없지요. 대신 그 확률이 얼마나 되는지를 알 뿐입니다.

---

* 양자터널링 효과는 곧 이어지는 '돋보기에서 전자현미경까지'에서 자세히 설명합니다.

만약 확률이 매초 0.01%라면 1만 초에 한 번 꼴로 그 일이 일어나겠지요. 즉 어떤 녀석이 붕괴될지는 몰라도 1만 초가 지나면 그중 하나는 붕괴된다는 걸 아는 거지요. 그래서 반감기라는 개념이 생깁니다.

그런데 방사성 원소라고 하면 라돈이나 우라늄처럼 인간에게 위험한 물질이라 여겨지지만 사실 우리 지구가 지금의 모습을 갖추고 생물들이 살아가는 것은 이 방사성 원소 때문이기도 합니다. 아주 옛날 지구가 처음 생성될 때 운석들이 마구 충돌하면서, 또 지구가 자기 중력에 의해 눌려지면서 어마어마한 열에너지가 발생합니다. 그 열로 지구 전체가 녹아 마그마 상태가 되지요. 이때를 '마그마의 바다' 시대라고 합니다. 그러다 지구 주변의 미행성이나 소행성 등 충돌할 만한 천체들이 대충 처리가 되면서 지구 표면은 점차 식기 시작합니다.

하지만 지구 내부는 아직도 수천 도의 뜨거운 상태를 유지하고 있지요. 그래서 제일 안쪽은 고체 상태의 내핵, 그 바깥에는 액체 상태의 외핵, 그 다음으로는 맨틀과 지각이 층상 구조를 이루고 있습니다. 이 중 주로 철과 황 등으로 이루어져 있는 외핵이 액체 상태에서 대류를 하면서 지구 자체가 거대한 자석이 됩니다. 즉 금속성의 외핵이 돌면서 일종의 전류가 생기고 이 전류가 순환하면서 자기장을 형성한다는 겁니다. 이를 다이나모 이론^{dynamo} ^{theory}이라고 하지요.

어찌되었건 이 지구 자기장은 중요한 역할을 합니다. 태양에서는 매초 엄청난 양의 방사선이 지구를 향해 달려옵니다. 알파선, 베타선, 감마선 등이지요. 이 방사선을 막아 지구를 지키는 것이 바로 자기장입니다. 만약 지구 자기장이 없다면 지구 생명체들은 태양 방사선에 의해 모두 몰살되고 말 겁니다. 또 지구 자기장은 나침판이 기능하게 하는 원천이기도 하고, 철새들이 자기들의 행선지를 찾도록 알려주기도 하지요.

이 지구 자기장이 가능한 것은 외핵이 액체 상태기 때문이고, 외핵이 액체인 것은 아직 높은 온도를 유지하기 때문입니다. 지구 탄생으로부터 45억 년이 지난 지금까지 외핵이 식지 않은 것은 우리 인간을 비롯한 뭇 생명들에겐 참 다행스런 일인데 그에 가장 큰 공로를 한 것이 바로 방사성 물질들입니다. 특히 지구에서 가장 많은 양을 차지하는 산소나 철의 동위원소들이 큰 역할을 했지요.

우리는 산소가 양성자 8개에 중성자 8개인 원소로 알고 있지만 사실 산소는 꽤 여러 종류가 있습니다. 양성자는 8개로 같지만 중성자의 개수가 6, 7, 9, 10,11개인 산소들로, 이들을 동위원소라고 합니다. 이중 6개나 7개, 11개인 산소는 방사성 원소로 시간이 지나면 붕괴해서 사라집니다. 그리고 이들이 붕괴할 때 열을 남깁니다. 철도 마찬가지여서 양성자 26개에 중성자 30개인 철이 가장 많지만 그 외에도 중성자 개수가 다른 여러 종류의 철이 있습니다.

이들 중 일부는 지구 초기에는 꽤 많이 있었지만 계속 붕괴하면서 열을 내놓고 사라졌지요. 지금도 철이나 산소 말고 다양한 동위원소들이 지각이나 맨틀 핵에서 끊임없이 열을 내놓으며 붕괴하고 있습니다. 이들이 내놓은 열이 핵이 식는 속도를 늦추고 있지요. 물론 맨틀이 아주 든든한 단열재 역할을 하는 것도 사실입니다만 방사성 원소의 붕괴열이 아니었으면 외핵은 벌써 식어서 고체가 되었을 겁니다. 지구에 사는 생명체들은 이들 동위원소에게 항상 감사하는 마음을 가져야 할지도 모르는 거죠.

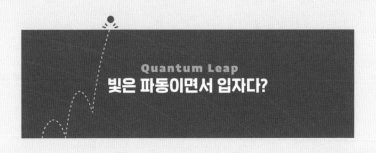

빛은 파동이면서 입자다?

광전효과와 관련하여 하나 더 살펴볼 것이 있습니다. 바로 '콤프턴효과'라는 겁니다. 19세기 말인 1895년 빌헬름 콘라트 뢴트겐 Wilhelm Conrad Röntgen은 X선을 발견합니다. 살을 투과하여 뼈를 찍을 수 있는 신기한 광선이었습니다. 일반인들만큼이나 과학자들 또한 이를 흥미로워 했습니다. 다양한 실험이 X선을 가지고 행해졌지요. 그 과정에서 신기한 현상이 나타납니다. X선을 원자를 향해서 쏘면 원자를 돌고 있던 전자에 맞고는 반사가 됩니다. 이를 X선 산란이라고 합니다. 그런데 산란된 X선의 파장이 원래 파장보다 조금 더 길어진 것을 발견한 겁니다. 문제가 또 발생한 것이지요.

파동이론으로는 설명할 수 없는 문제

파동의 성질 중에는 반사라는 성질이 있습니다. 한 매질 속을 진행하던 파동이 다른 매질과의 경계를 만나면 일부는 굴절이 되어 새로운 매질로 들어가는 반면, 일부는 원래의 매질 쪽으로 반사됩니다. 우리가 거울을 볼 때 자신의 얼굴을 볼 수 있는 것은 거울의 경계면에서 빛이 반사되기 때문이지요. 산에서 메아리가 들리는 것도 반사의 원리입니다. 그런데 고전역학에서 파동은 반사가 될 때 속도의 변화가 없습니다. 왜냐하면 진행하던 파동이나 반사하는 파동은 같은 매질 속을 움직이기 때문입니다. 파동은 매질이 같으면 그 속도가 항상 같습니다.

그리고 파동의 속도는 진동수와 파장의 곱으로 나타납니다. 그런데 한 번 발생한 파동은 그 진동수가 변하지 않습니다. 따라서 속도도 같고 진동수도 같으니 당연히 파장도 같아야겠지요. 그래서 반사파는 원래의 파동과 항상 같은 파장을 가지는 것이 고전역학에서의 결론입니다. 물론 이론적인 것만은 아니고 실제로도 같

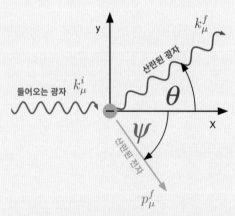

콤프턴효과. 광자photon가 들어와서 전자와 부딪친 후 산란된 전자와 산란된 광자가 모두 발견된다. 이 때 산란된 광자의 진동수는 물체에 부딪치기 직전의 광자에 비해 줄어든다.

습니다. 만약 그렇지 않다면 파동의 반사를 이용한 다양한 기술이 다 쓸모없게 되지요.

X선의 산란은 이와는 조금 다릅니다만 거의 비슷합니다. X선 이 전자를 맞추면 X선의 에너지가 전자에 전달됩니다. 전자는 에 너지를 받은 것만큼 진동을 하게 되지요. 이 때 전자의 진동수는 전자를 맞춘 X선의 진동수와 동일해야 합니다. 진동하는 전자(전 하)는 전자기파를 내놓습니다. 이때 내놓은 전자기파의 진동수는 전자의 진동수와 같게 됩니다. 따라서 전자를 맞춘 X선과 전자가 내놓는 전자기파의 진동수는 동일해야 하는 것이지요.

그런데 앞서 말씀드린 것처럼 X선의 산란을 정밀하게 측정해 보았더니 산란된 X선의 파장이 원자를 향해 쏘았던 X선보다 항상 더 길게 나오는 겁니다. 고전역학으로 설명할 수 없는 일이 발생한 거지요. 물론 과학자들이 손 놓고 있지는 않았습니다. 어떻게든 고 전역학의 파동이론으로 해결해보려고 했지만 번번이 실패했지요.

광전효과 이론의 도움

그 때 아인슈타인의 광전효과 이론이 딱 나온 겁니다. 하지만 이 둘을 연결시킨 건 광전효과 논문이 발표된 뒤로부터 십여 년이 지난 1923년이었습니다. 처음에는 아인슈타인이라는 사람이 워낙 이름이 알려지지 않은 신참이기도 했고, 빛이 입자라는 주장이 잘 먹혀 들어가지 않기도 했기 때문에 X선 산란 문제에 광전효과를 대입하려는 생각이 별로 없었던 거지요. 그러나 광전효과가 많은 과학자들에게 받아들여지는 과정에서 X선 산란에도 적용해보자는 생각을 하게 된 겁니다. 아서 콤프턴^{Arthur Holly Compton}이라는 미국의 물리학자 덕분이었지요. 콤프턴은 빛이, X선이 입자라면 어떻게 이 현상을 설명할 수 있을까 생각했지요. 그리고 다음과 같이 아주 단순하게 정리를 합니다.

빛 입자가 원자를 향해 돌진하다가 전자와 부딪친다. (당연하다) 부딪친 전자는 튕겨나가고 빛도 방향을 바꿔 튕겨나간다. 이 때 빛은 전자에게 자신의 에너지 일부를 넘겨준다. 따라서 빛 입자는 에너지를 일부 상실하게 된다.

이렇게 정리하면 물리학의 전제 중의 전제인 에너지 보존 법칙에 딱 맞게 됩니다. 이 간단한 설명으로 콤프턴은 노벨 물리학상을 받습니다. 그런데 이런 '입자'끼리의 충돌에 대해 고전역학에서는 운동량으로 주로 설명합니다. 운동량은 물체의 질량에 속도를 곱한 값입니다. 식으로는 $p = mv$ (p는 운동량, m은 질량, v는 속도)로 씁니다. 그런데 빛은 질량이 없습니다. 따라서 m대신 뭔가 쓸 수 있는 것이 필요합니다.

그러나 콤프턴은 걱정할 필요가 없었습니다. 아인슈타인이 광양자설에서 이미 구해놨으니까요. 그에 따르면 빛의 운동량은 정확히 진동수에 비례합니다. 따라서 빛의 진동수가 줄어들면 빛의 운동량이 줄어든 것입니다. 그리고 그만큼 전자의 운동량이 늘어나면 됩니다. 이 때 전자의 질량에는 변화가 없으니 속도가 그만큼 빨라지면 되는 거지요. 전자가 튀어나가는 속도를 측정할 수 있으면 진동수의 변화량을 예측할 수 있고, 진동수의 변화를 예측하면 전자의 속도를 계산할 수 있습니다. 그리고 실험이 이 예측과 정확히 맞아떨어진 것이죠. 콤프턴효과까지 더해지자 빛의 입자성은 이제 더 이상 뭐라 이의를 걸 수준의 문제가 아니게 되었습니다.

파동의 간섭

그러나 여전히 문제는 남습니다. 애초에 빛을 파동이라고 했던 이유들은 고스란히 남아 있기 때문입니다. 뉴턴의 압도적인 영향을 생각하면 뉴턴이 빛을 입자라고 했음에도 불구하고, 과학자들이 빛을 파동이라고 여긴 데는 그만큼 강력한 실험 증거가 있기 때문이었습니다. 빛이 파동이란 증거는 여러 가지가 있지만 그중 가장 중요한 것은 간섭실험입니다. 그래서 파동의 간섭에 대해 한 번 알아보고 넘어가겠습니다.

커다란 직사각형의 물통에 물을 가득 담습니다. 왼쪽 끝과 오른쪽 끝에서 일정한 주기로 물 표면을 칩니다. 물의 표면에서 물결파가 칩니다. 일단 두 파동이 진동수도 진폭도 모두 같다고 여깁니다. 양 끝에서 시작된 물결파는 서로를 향해 다가가서 곧 서로 합쳐집니다. 이렇게 파동 두 개가 같은 매질*을 진행하다 서로 겹치는 현상을 파동의 간섭이라고 합니다. 어떻게 될까요? 고전역학에 따르면 두 파동은 각자 자신의 진로대로 쭉 나갑니다. 서로가 서로에게 영향을 미치지 않는 거지요.

하지만 두 파동이 같은 매질을 진행하기 때문에 매질의 모습은 다릅니다. 두 파동이 동시에 물 위의 한 지점을 지날 때 어떤 일이 생길까요? 한쪽 파동이 마루고 다른 파동도 마루라면 매질은 두 마루를 합친 높이만큼 위로 올라갑니다. 또 한쪽 파동이 골이고 다른 파동도 골이라면 매질은 두 골을 합친 높이만큼 아래로 내려갑니다. 두 파동의 변위가 같을 때 매질은 두 파동의 변위를 합친 것만큼의 진폭을 가지게 되는 거지요. 이를 보강간섭이라고 합니다.

반대로 한쪽 파동은 마루고 다른 파동이 골이라면 매질의 높이는 각 파동의 변위의 차만큼만 됩니다. 서로의 변위가 같고 방향이 반대면 0이 되어버리는 것이지요. 이를 상쇄간섭이라고 합니다.

이때 앞에서 가정한 것처럼 두 파동의 진폭, 진동수가 같고 동

---

* 파동에 의한 요동을 이곳에서 저곳으로 전달해 주는 매개체로, 음파를 전달하는 공기, 탄성파를 전달하는 탄성체 등이 있습니다.

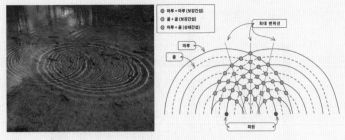

물결파의 간섭

시에 시작했다면 물의 표면 중 특정한 부위는 항상 상쇄간섭이 일어나 매질이 움직이지 않고 가만히 있는 것을 관찰할 수 있습니다. 위의 그림에서 왼쪽의 파원과 오른쪽의 파원이 보입니다. 그리고 두 파원을 중심으로 동그랗게 파동이 펼쳐진 모습이 보이지요. 이렇게 파동 둘이 만나면 서로 합해져선 진폭이 커지는 부분도 생기고, 오히려 진폭이 줄어들거나 아예 사라지는 부분도 생깁니다. 이러한 특징은 오직 파동만 가지고 있는 것이지요. 이를 빛을 가지고 좀 더 정확히 확인한 것이 토머스 영의 이중슬릿 실험입니다.

다음 페이지의 그림을 보면서 설명하기로 하지요. 왼쪽에서 화살표 방향으로 빛을 비춥니다. S1에 아주 좁은 틈을 만듭니다. 빛이 그 좁은 틈을 통과해선 살짝 퍼져 나갑니다. 이 빛이 다시 S2의 두 좁은 틈 b와 c를 지납니다. b와 c를 통과한 두 빛은 다시 퍼지면서 F에 도착합니다. 빛이 만약 파동이라면 b와 c를 통과한 빛은 F에서 서로 만나 간섭을 하게 되겠지요. 그리고 앞서 살펴본 것처럼 보강간섭이 되기도 하고 상쇄간섭이 되기도 합니다. 두 빛은 애초

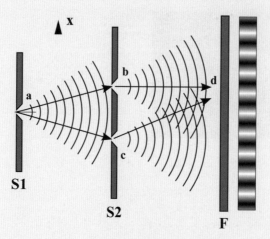

토머스 영의 이중슬릿 실험

에 같이 시작한 빛이니 진동수도 진폭도 같을 수밖에 없습니다. 두 빛의 마루와 마루가 만나거나 골과 골이 만나면 보강간섭을 하게 되고, 마루와 골이 만나면 상쇄간섭을 하게 됩니다.

이 때 두 빛이 상쇄간섭을 할지 보강간섭을 할지는 오직 두 빛이 b와 c를 지나서 F에 부딪칠 때까지의 거리의 차에 의해 결정됩니다. 두 빛이 b와 c를 지날 때는 같은 위상이었습니다. F를 향해 가면서 계속 진동을 했겠지요. 그리고 F에 도달했을 때 어떤 위상일지는 움직인 거리에 의해 결정됩니다. 그래서 거리의 차가 곧 위상의 차가 됩니다.

가운데는 두 빛이 움직인 거리가 같으니 위상이 같아 보강간섭이 됩니다. 가운데에서 위쪽으로 가면 b에서 간 빛은 거리가 점차 줄고, c에서 간 빛은 거리가 점차 길어집니다. 그러면 둘의 위상이 조금씩 어긋나다가 완전히 반대가 되는 지점이 생깁니다. 그곳이 바로 상쇄간섭이 일어나는 곳이지요.

그리고 다시 조금 올라가면 이번엔 위상차가 점점 줄어들다가 다시 같아지는 지점을 보게 됩니다. 다시 보강간섭이 일어납니다. 이렇게 중심으로부터 위로 올라가면서 보강과 상쇄가 반복됩니다. 중심으로부터 아래로 내려간 지점들도 마찬가지입니다.

그래서 F의 표면에는 보강간섭과 상쇄간섭이 서로 엇갈리면서 일어나게 됩니다. 그런데 빛에서의 진폭은 우리 눈에 어떻게 보인다고 했었죠? 네. 바로 밝기입니다. 따라서 보강간섭이 일어나는 곳에선 더 밝아 보이고, 상쇄간섭이 일어나는 곳은 더 어둡게 보입니다. 그림에서 맨 왼쪽에 밝고 어두운 부분이 번갈아 나타나는 것이 보이시죠. 바로 간섭무늬입니다. 토마스 영은 바로 이 실험으로 빛이 파동이라는 걸 완벽하게 증명했습니다.

그런데 플랑크와 아인슈타인에 의해 빛은 입자라고 합니다. 저 그림으로 보면 어떻게 될까요? 빛 입자가 a를 통과해서 b와 c로 갑니다. 그리고 b와 c를 지나서 F에 가서 부딪칩니다. 어떻게 될까요? b와 c를 중심으로 빛 입자들이 퍼져선 F에 가서 부딪힙니다. 그러나 입자는 상쇄간섭을 하지 않습니다. 빛 입자가 많이 부딪친 곳은 더 밝고 덜 부딪친 곳은 어둡습니다. 그러나 두 구멍에서 나온 빛 입자들이 간섭무늬를 만든 것처럼 저렇게 교대로 부딪치는 횟수를 조절할 순 없지요. 즉 입자라면 간섭무늬를 설명할 수 없는 겁니다.

따라서 빛이 파동이란 주장은 아직 철회될 수 없습니다. 다만 어떤 경우에는 파동처럼 보이고 어떤 경우에는 입자처럼 보이는 것뿐이지요. 이 기묘함을 어찌할까요? 당시의 유명한 물리학자 막스 보른Max Born은 이렇게 말했지요. "월수금은 파동이 되고, 화목토는 입자가 되었다가 일요일엔 푹 쉬는 게 빛이야."

팔방미인 레이저

어릴 적 SF 영화를 보면 우주선에서 빨간 레이저 광선이 나와 적함을 폭파시키는 장면이 꽤나 많았습니다. 레이저가 위에서 아래로 훑으며 지나가면 커다란 우주선이 반으로 쩍 갈라졌다가 폭파되곤 했지요. 아주 무시무시한 위력을 발휘하는, 그러나 현실에는 존재하지 않을 것 같은 상상의 물건이었습니다. 하지만 세월이 흘러 21세기가 된 지금 레이저는 우리 사회 곳곳에서 사용되는 물건입니다. 가장 친숙하게는 강연할 때 사용하는 레이저 포인트가 있지요. 또 공연할 때 하늘로 레이저를 쏘아 흥을 돋우기도 합니다. 지금은 별로 쓰이지 않지만 콤팩트디스크^{Compact Disc, CD}도 레이저를 이용한 제품입니다.

곧 다가올 자율주행 자동차의 핵심 부품인 라이다^{Light Detection and Ranging, LIDAR}에도 레이저가 필수입니다. 라이다는 '빛 탐지 및 범위 측정'의 준말로 레이저를 이용해 주변을 탐색하는 장치입니다. 뉴스나 다큐멘터리에 등장하는 테스트용 자율주행 자동차 지붕 위에 놓여 빙글빙글 돌아가는 장치지요. 라이다에 쓰이는 레이저

자율주행 자동차 위의 라이다

는 펄스pulsed 레이저입니다. 일반적인 레이저가 빛을 지속적으로 방출하는 것과는 달리 펄스 레이저는 순간적으로 쏘아진다는 점이 다릅니다.

라이다는 360도로 돌면서 주변에 펄스 레이저를 단속적으로 쏘아 주변의 물체에 맞고 다시 돌아오는 시간과 강도를 측정해 주변의 지형을 읽어냅니다. 이를 통해서 차량 주변의 3차원 입체 지도를 즉시 확보하는 것이지요. 레이저를 이용하여 아주 정밀하게 측정하기 때문에 물체의 위치뿐 아니라 어떤 물체인지 식별하는 것도 가능합니다.

사람 대신 인공지능이 운전하는 자율주행 자동차로서는 주변의 물체가 차량인지 사람인지 아니면 다른 시설물인지를 파악하는 것이 필수적인 정보가 되니, 라이다는 자율주행 자동차의 눈이라고 볼 수 있겠습니다. 하지만 가격이 너무 비싸서 상용화하기 힘든 점이 걸림돌이었습니다. 그래서 일부에서는 특히 중요한 전방만 레이저를 사용하고 옆과 뒤는 카메라나 레이더를 다는 식으로 비용을 절감하는 연구를 하기도 합니다.

하지만 요사이 라이다의 가격이 극적으로 떨어지고 있어 아마 몇 년 후면 상용 자율주행 자동차에 다는 것도 큰 부담이 안 될 듯싶습니다. 5년 전만 해도 한 대에 몇 억씩 하다가 3년 전에는 몇 천만 원으로 내려왔고, 2020년 현재에는 몇십만 원짜리 라이다도 나온 실정입니다. 물론 몇십만 원짜리 라이다는 시야각이 360도가 아니라 120도로 제한이 되었지만 라이다 하나에 십만 원 정도만 하게 되더라도 한 3대 달면 되니 큰 무리는 없으리라 여겨집니다. 100년 전 아인슈타인이 최초로 레이저의 원리를 밝힌 후 SF에서 상상만 하던 레이저는 이제 우리 생활 여러 곳에서 다양하게 활용되고 있고 그 쓰임새가 점점 넓어지는 중입니다.

레이저로 할 수 있는 일은 생각보다 훨씬 많습니다. 2014년에 한국표준과학연구원에서 1억 년에 0.91초 정도 오차가 나는 초정밀 광격자시계optical lattice clock를 개발했습니다. 현재의 표준시계는 세슘 원자의 진동을 이용한 세슘 원자시계인데 광격자시계는 이보다 30배 더 정확합니다. 이 시계에는 레이저 냉각 기술이 이용됩니다. 전후, 좌우, 상하 여섯 방향에서 레이저를 쏘아 원자를 냉각시켜 레이저 광격자에 가두는 거지요. 그리고 원자의 고유진동수와 동일한 주파수를 발생시켜 1초를 재는 방식이지요. 이런 초정밀시계는 GPS의 정확도를 향상시키고 인터넷 및 무선 통신망의 성능을 높이는 데 쓰이게 됩니다.

한편 2015년 미국 표준기술연구소는 150억 년에 1초 가량 오차가 나는 원자시계를 개발합니다. 이 원자시계도 레이저를 이용한 광학 격자에 스트론튬 동위 원소를 넣어 측정합니다. 스트론튬 원자들은 광학 격자 안에서 들뜬상태와 안정된 상태 사이를 오가며 1초에 450조 번 진동하는 전자기파를 내놓는데 이를 측정하는 방식입니다. 이런 초정밀시계는 아인슈타인의 상대성이론에 기반을 둔 측지학에 사용됩니다. 불과 2cm만 높이에 차이가 나도 상대성이론에 의한 중력의 차이를 느낄 수 있는 거지요.

그런데 빛에너지를 모아서 온도를 올리는 레이저가 어떻게 물체를 냉각시킬 수 있는 걸까요? 냉각에는 적외선 레이저를 이용하는데 이 파장의 레이저가 가지는 에너지는 대상 원자의 전자가 흡수할 수 있는 에너지보다 낮습니다. 이 레이저로 둘러싸인 상태의 원자가 한쪽으로 이동하면 그 쪽 방향의 레이저는 도플러효과* 때문에 진동수가 높아져 흡수가 가능해집니다. 그런데 이 에너지를 흡수한 전자가 다시 내놓은 에너지는 흡수한 양보다 많습니다. 결국 원자는 더 낮은 에너지 상태가 되고 온도가 내려가는 거지요.

---

* 도플러효과는 어떤 파동을 내는 원인(파원)이 관찰자 쪽으로 다가오면 진동수가 높아지고 멀어지면 진동수가 낮아지는 효과를 말합니다. 앰뷸런스가 경적을 울리며 다가올 때는 소리가 높아지다가 멀어지면 소리가 낮아지는 것이 대표적인 예입니다.

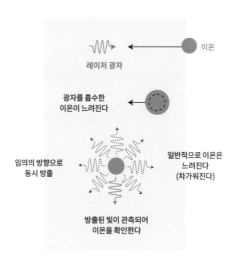

레이저를 이용한 냉각 원리. 원자의 전자가 흡수할 수 있는 에너지보다 낮은 에너지로 원자를 둘러싼다. 원자가 둘러싼 레이저빔의 한 방향으로 이동하면 그 방향의 레이저만 도플러효과에 의해 진동수가 높아지고(청색편) 원자는 그 레이저를 흡수한 뒤 흡수한 에너지보다 더 많은 에너지를 가진 전자기파를 내놓게 되어 온도가 내려간다.

원래 온도라는 것은 측정대상이 되는 물체의 원자가 진동하는 정도에 의해 결정됩니다. 그런데 양자역학에 따르면 원자나 원자 내의 전자가 가질 수 있는 에너지는 몇 가지 범위로 정해져 있습니다. 그 상태에서 외부에서 주입하는 에너지는 레이저뿐이니 이미 정해져 있는 거지요. 그리고 내놓을 수 있는 에너지도 몇 가지로 정해져 있는데 그중 어느 정도의 에너지를 내놓는가는 확률적입니다. 따라서 들어온 에너지만큼 내놓을 수도 있고 그보다 더 많이 내놓을 수도 있는데 여러 번 되풀이하다 보면 더 많이 내놓는 경우가 발생하게 되고 온도가 낮아지는 거지요. 이런 과정을 반복적으로 하면서 온도를 낮추는 것이 레이저 냉각의 원리입니다. 여기에 양자역학적 원리가 숨어져 있는 것이지요.

2019년에 미 국방성이 핵미사일의 소프트웨어를 플로피디스크에 저장하여 쓰고 있다는 사실이 뉴스로 전해졌습니다. 21세기 들어 사라져 버린 유물로만 생각했던 플로피디스크를 전 세계에서 가장 위험한 무기에 사용한다는 사실에 놀랐었지요. 플로피디스크만큼은 아니지만 우리 주변에서 서서히 사라지고 있는 것으로 콤팩트디스크인 CD가 있습니다. 물론 아직은 영화나 동영상, 음반 발매 시 주로 이용되는 매체이기도 하고, 컴퓨터의 저장장치로도 쓰이고 있습니다만 동영상 음악 스트리밍 서비스와 클라우드, 그리고 USB와 외장하드 등에 밀려 점차 사라지는 추세입니다.

이 CD가 최초로 레이저를 이용해 정보를 기록한 매체였습니다. 알루미늄 반사층 위의 염료를 강한 레이저로 녹여 0과 1에 해당하는 정보를 높이차로 기록합니다. 이 때 녹은 부분은 랜드라고 하고, 녹이지 않은 부분은 피트라고 합니다. 이 정보를 읽을 때도 레이저를 이용하지요. 레이저를 쏘면 랜드와 피트에서 반사되는 정도가 다른데 이를 이용해 정보를 읽어 들입니다. 레이저가 다른 빛과 달리 퍼지지 않는 성질을 이용하는 것이지요.

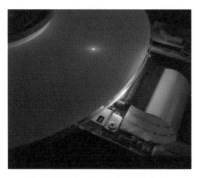
DVD에서 레이저를 이용해 정보를 저장하는 모습

레이저가 퍼지지 않는다는 것은 한 점에 모든 에너지를 모을 수 있다는 뜻이기도 합니다. 이를 이용하는 것이 레이저 절단기입니다. 재료 표면을 높은 열로 가열해서 녹이거나 증발시키는 일종의 열가공입니다. 금속이나 플라스틱, 목재, 종이, 식품, 섬유에 이르기까지 거의 모든 재료를 절단할 수 있다는 것이 레이저 절단의 가장 큰 장점입니다. 또한 다른 절단 방법에 비해 재료 절단면의 손상이 적고 절단 속도가 빠르다는 것도 장점이지요. 특히 섬유의 경우 절단된 부분이 열에 의해 봉합되니 풀림 현상도 일어나지 않습니다.

또한 요사이 많이들 하는 라식^{Lasik} 수술도 레이저를 이용합니다. 우리 눈은 수정체와 각막 두 군데서 굴절이 일어나 상을 맺게 됩니다. 원시나 근시가 나타나는 것은 굴절이 제대로 이루어지지 않기 때문인데 레이저로 각막의 일부를 절제해서 굴절률을 조절하는 거지요. 1983년 처음 시작된 라식 수술은 193나노미터 파장의 엑시머 레이저를 이용합니다. 펄스파의 형태로 레이저를 쏘면 아주 짧은 시간에 $\frac{1}{1000}$밀리미터씩 각막이 정밀하게 절제되지요.

레이저는 거리를 측정하는 장치로도 사용됩니다. 레이저로 거리를 측정하는 방법은 레이저의 이동 시간을 이용하는 방식과 위상차를 이용하는 방식 그리고 간섭현상을 이용하는 방식 이렇게 세 가지 정도가 있습니다. 주로 많이 사용되는 것은 레이저의 이동 시간을 측정하는 방식입니다. 빛은 1초에 30만 킬로미터를 가고,

이 속도에는 변함이 없습니다. 따라서 레이저가 표적에 갔다 돌아오는 시간을 정밀하게 측정하여 그 시간과 빛의 속도를 곱하면 표적까지의 거리를 알 수 있습니다. 이런 레이저 측정기는 도로에서 차량의 가속 여부를 측정하는 것에서부터 투수가 던진 공의 속도를 파악하는 것까지 다양하게 이용됩니다.

2010년 광주과학기술원에서는 1페타와트의 출력을 가진 레이저를 만들었습니다. 1페타와트는 그 당시 전 세계 모든 발전소의 출력을 합친 양의 67배에 달합니다. 물론 아주 짧은 순간에만 가능한 세기이지요. 이런 특징을 이용해 초고출력 레이저로 무기를 만드는 연구도 한창입니다. 대표적인 것이 인공위성을 레이저로 파괴하는 방식이죠. 중국과 러시아, 미국, 프랑스 등에서 개발 중입니다. 인공위성은 현재 각국이 군사정보를 모으기 위해 필수적으로 사용하는 이른바 국가의 눈이라고 할 수 있습니다. 따라서 만약의 사태에 대비해 다른 나라의 인공위성을 파괴하는 것이 중요하게 대두되는데 기존에는 미사일을 이용하는 연구에 집중했다면 지금은 이와 함께 고출력 레이저로 인공위성을 태워버리는 방식이 점차 현실화되고 있는 것이지요. 제가 어렸을 적 봤던 만화영화의 레이저가 현실이 되는 걸 목격할 수 있을지도 모릅니다.

첨단 무기에서부터 라식수술에 이르기까지 다양한 분야에서 활용되는 레이저는 지금도 계속 새로운 기술이 개발되고 있습니다. 21세기에는 또 어떤 새로움을 우리에게 안겨 줄지에 대한 궁금

로켓과 포탄을 격추시키는 데 사용되는 레이저를 이용한 전술 고에너지 무기

함과 기대가 더욱 커지는 이유입니다.

레이저는 단색입니다. 그것도 아주 선명한 단색입니다. 왜 그럴까요? 레이저의 기본 원리가 '결맞음'에 있기 때문입니다. 결맞음은 파동이 간섭현상을 보이게 하는 성질을 말합니다. 두 파동이 만날 때 서로 반대 방향으로 진동하면 진폭이 줄어들거나 사라지는 상쇄간섭이 일어나고 같은 방향으로 진동하면 진동의 폭이 커지는 보강간섭이 일어납니다. 두 파동의 파장이 다르면 이런 간섭현상이 대단히 불규칙하게 나타나지만 파장이 같은 두 파동이 만나면 간섭현상에 의해 진폭이 아예 사라지거나 두 배로 커지는 현상이 나타날 수 있습니다.

우리가 다루는 악기의 울림통이 바로 이런 결맞음을 이용하여 소리를 키우지요. 빛의 경우도 마찬가지여서 같은 파장의 빛끼리 보강간섭을 하면 진폭이 커집니다. 아주 밝아지는 것이지요. 그런데 빛에서 파장은 색을 의미합니다. 즉 파장이 같다는 것은 같은 색의 빛이라는 것이지요. 그래서 결맞음을 통해 같은 파장의 빛을 모아서 증폭시킨 레이저는 하나의 색만을 띠게 됩니다.

돋보기에서 전자현미경까지

보험을 들면 계약서를 줍니다. 그런데 글씨가 아주 작아서 자세히 보지 않으면 어떤 조건인지 지나치기가 쉽지요. 약국에서 약을 살 때도 복용 설명서를 보려면 글씨가 너무 작아 읽다가 짜증이 날 정도입니다. 어찌 보면 법 규정 때문에 써놓았지만 읽지 말라고 일부러 그렇게 한 것처럼 느껴지지요. 약이야 약사가 어떻게 복용하라고 이야기하는 걸 따르면 되지만 보험계약서는 그러면 안 되니 기를 쓰고 읽어야 합니다. 이렇게 작은 글씨를 보려면 되도록 눈에 가깝게 가져와야 하는데 나이가 들어 노안이 오면 눈 바로 앞에 당겨도 보이지 않게 됩니다. 이럴 때 자주 사용하는 것이 돋보기지요.

돋보기가 사용되었다는 최초의 기록은 고대 그리스의 희곡 『아리스토파네스의 구름』에 나오는데, 물체를 확대해서 보는 것 말고도, 불을 붙이는 데도 사용되었고 또 햇빛을 이용해서 상처를 지지는 데도 사용되어 약국에서 판매했다는 기록이 있습니다.

돋보기 또는 확대경은 노안이 온 경우에만 쓰는 것은 아닙니다.

작은 사물을 다루는 일을 하는 경우에도 많이 쓰지요. 외과 의사나 치과 의사들도 이런 확대경을 사용하고 보석 세공사나 시계공도 쓰지요. 이런 확대경을 루페loupe라고 하는데 13세기 영국의 로저 베이컨Roger Bacon이 발명하였습니다. 돋보기를 이용한 안경은 같은 13세기 이탈리아에서 만들어졌습니다.

원래 우리 눈이 물체를 보는 것은 눈에 맺히는 상을 보는 것인데 눈으로부터 멀리 있을수록 상의 크기가 작아집니다. 그래서 멀리 있는 물체는 작게 보이고 가까이 있는 물체는 크게 보이죠. 하지만 상이 가장 선명해 보이는 거리는 250㎜입니다. 이를 명시거리라 하지요. 눈과의 거리가 250㎜보다 가까운 경우에는 상의 선명도가 줄어듭니다. 책을 펴서 조금씩 눈에 가까이 가져가보면 이를 알 수 있습니다. 가까울수록 글자가 조금씩 커지지만 일정 거리보다 가까워지면 글자의 선명도가 확 줄어드는 걸 알 수 있습니다. 눈앞에 바싹 대면 아예 무슨 글자인지 보이지를 않지요. 이 때 돋보기를 이용하면 명시거리보다 떨어져 있게 되니 선명하게 확대된 상을 볼 수 있습니다.

하지만 돋보기에도 한계가 있습니다. 돋보기는 볼록렌즈로 만듭니다. 볼록한 정도가 클수록 상을 더 키울 수가 있지요. 하지만 볼록한 정도가 클수록 상이 심하게 왜곡됩니다. 따라서 너무 심하게 볼록하게 만들 수는 없는 것입니다. 즉 돋보기는 우리 눈에 조금이라도 보이는 물체의 상을 확대하는 용도로는 적당할지 몰라도 눈에 보이지도 않을 만큼 작은 것을 보는 데는 적합하지 않습니다.

이런 한계를 극복하고자 만들어진 것이 바로 현미경입니다. 처음 현미경을 만든 것은 1590년경 네덜란드에서 안경을 만들던 얀센Janssen 부자였습니다. 일자형 관 양 끝에 볼록렌즈를 붙여서 만들었지요. 눈을 접하는 면에는 양쪽으로 볼록한 렌즈를, 물체를 접하는 면에는 한쪽만 볼록한 렌즈를 썼습니다. 그러나 이 때 만든 렌즈는 배율이 10배 정도로 사실 현미경이라기보다는 돋보기에 가까운 것이었습니다.

눈에 보이지 않는 아주 작은 물체, 즉 세균이나 적혈구 또는 정자 같은 것을 보기 위해서는 단순히 확대만 해서 되는 것이 아니라 분해능이 일정하게 뒷받침되어야 합니다. 분해능이란 '확대된 이미지에서 구분되는 두 점의 최소거리'를 말합니다. 두 물체가 서로 가까이 붙어 있을 때 이를 어디까지 두 개로 구분해서 볼 수 있느냐를 말하는 것이지요. 이 분해능이 뛰어나야 작은 물체를 선명하게 볼 수 있습니다.

17세기 안톤 판 레이우엔훅Antonie van Leeuwenhoek이 만든 현미경은 이 분해능이 매우 뛰어나 무려 273배의 배율로 사물을 관찰할 수 있었습니다. 그래서 레이우엔훅

얀센 부자가 만든 현미경

을 광학현미경의 아버지라고 부릅니다. 그는 또 자신이 만든 현미경을 가지고 다양한 사물을 관찰했는데 식물의 종자나 작은 무척추동물, 정자와 적혈구 등이었습니다. 특히나 그는 인류로서는 최초로 원생동물, 조류[algae], 효모, 세균 등 미생물을 발견하였지요. 그래서 그는 광학현미경의 아버지일 뿐 아니라 미생물학의 아버지로도 불립니다.

비슷한 시기 영국에는 로버트 훅[Robert Hooke]이 있었습니다. 레이우엔훅의 현미경은 현대의 현미경과는 좀 모습이 다른데, 로버트 훅의 현미경은 현재의 광학현미경과 흡사한 구조를 가졌습니다. 그는 좀 더 선명한 상을 보기 위해 물이 든 플라스크를 이용해 빛을 모으기도 했습니다. 훅은 자신이 만든 현미경으로 세포를 관찰한 최초의 사람이기도 합니다. 세포[cell]라는 이름도 그가 붙였지요. 코르크의 얇은 조각을 보고 '작은 방'이란 뜻의 라틴어에서 따온 cell이라는 용어를 최초로 사용합니다. 자신이 관찰한 것을 직접 그려 『마이크로그라피아[Micrographia]』라는 책을 출판하기도 했습니다. 이를 통해 현미경학이 하나의 과학 분과로 자리 잡는 데 기여했지요.

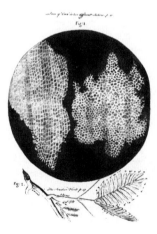

마이크로그라피아에 수록된 코르크

그런데 현미경으로 눈에 보이지도 않는 작은 사물을 볼 때는 분해능이 중요한데 이 분해능은 빛의 파장에 의해 결정됩니다. 일반적인 현미경에서 사용되는 빛은 가시광선인데 파장이 대략 0.5 마이크로미터㎛입니다. 즉 그보다 작은 물체는 볼 수 없다는 뜻이지요. 1㎛는 1,000분의 1밀리미터입니다. 즉 가시광선으로는 2,000분의 1밀리미터보다 작은 것은 볼 수 없습니다.

일반적인 세포의 크기는 대략 10㎛에서 100㎛ 정도니 광학현미경으로 세포 자체를 보는 것은 상관없습니다. 세균bacteria의 경우 1㎛라서 겨우 형체를 볼 수 있습니다. 세포 내 소기관 중 대표적인 미토콘드리아의 경우도 1㎛ 정도로 세균과 비슷합니다. 그러니 이런 녀석들은 겨우 그 형체를 분간할 수 있을 정도입니다. 세포의 내부 구조를 좀 더 정확하게 알려면 분해능이 더 큰 현미경이 필요한 것이지요.

그래서 등장한 것이 X선 현미경입니다. X선은 파장이 10~0.01 나노미터로 이론적으로 광학현미경에 비해 분해능이 백분의 1에서 10만 분의 1까지 가능합니다. 개발된 건 1950년이지만 여러 가지 제약 조건이 많아 잘 사용되지 않다가 1990년대부터 기술적인 난제가 해결되면서 다양한 분야에서 사용되기 시작했습니다.

빛을 이용하여 작은 물체를 살펴보는 데 있어 빛의 파장이라는 근본적인 한계가 있다는 사실을 알게 된 과학자들은 전자에서 그 답을 찾습니다. 20세기 들어 물질도 빛처럼 파동의 성질을 가지고 있다는 사실을 알게 되었기 때문이지요. 양자역학이 시작된 이유이기도 합니다. 이를 물질파^{matter wave}라고 합니다. 물질파의 파장은 물질이 가진 운동량(질량 곱하기 속도)에 반비례합니다. 식은 다음과 같습니다.

$$\lambda(\text{파장}) = \frac{h(\text{플랑크 상수})}{p(\text{운동량})} = \frac{h}{mv}$$

저 공식에서 플랑크 상수는 크기가 대략 $6.6 \times 10^{-34} \text{m}^2\text{kg/s}$입니다. 아주 작지요. 그래서 물질파의 파장도 아주 작습니다. 워낙 작다 보니 우리가 물질의 파동을 느끼지 못하는 것이기도 하고요. 물론 우리가 물질파를 느끼지 못하는 것은 물질들이 상호작용을 하게 되면 그 결과에 의해 파동성이 사라지기 때문이기도 합니다. 이를 양자역학에서는 확률파동의 붕괴라고 합니다.

우리가 아는 물질 중 가장 질량이 작은 것은 전자입니다. 따라서 속도가 비슷하다면 파장이 그나마 긴 것이 전자입니다. 그래서 전자의 경우 물질파를 실제로 확인하는 것이 다른 물질에 비해 쉽습니다. 그렇다고 하더라도 빛, 즉 전자기파에 비해선 아주 짧지요.

과학자들이 바로 이 점에 착안합니다. 전자가 아주 짧은 파장을 지니고 있으니 이를 이용해 현미경을 만들면 빛으로 볼 수 없는 아주 작은 물질, 즉 분자나 원자 규모의 물질을 볼 수 있을 거라 생각한 겁니다. 최초의 전자현미경은 1931년 독일의 막스 크놀[Max Knoll]과 에른스트 루스카[Ernst Ruska]에 의해 만들어졌습니다. 그들이 만든 현미경은 빛 대신 전자선[electron beam]을 관측하려는 표본에 쏘아 투과시키고 그 과정에서 나오는 다양한 반응을 취합하여 상태를 파악하는 것입니다. 이런 전자현미경을 투과 전자현미경이라 합니다.

그러나 눈을 직접 렌즈에 대고 볼 수는 없습니다. 전자선은 눈으로 볼 수 있는 것이 아니니 표본을 투과한 전자선이 형광 스크린에 닿으면 이를 컴퓨터로 처리해야 볼 수 있지요. 전자현미경으로 더 자세하게 물질을 관찰하기 위해서는 가능한 한 짧은 파장을 이용하는 것이 좋습니다.

앞서의 공식에서 봤듯이 전자의 물질파는 운동량에 반비례합니다. 운동량은 질량과 속도의 곱인데 전자의 질량은 이미 정해진 것이니 속도를 빠르게 하여 운동량을 늘리면 그만큼 파장이 짧아지고, 더 세밀하게 관측할 수 있는 것이지요. 그래서 전자현미경은 5~10만 볼트의 높은 전압을 이용해서 전자를 가속시킵니다. 10만 볼트의 전압에서 전자의 파장은 약 0.0039나노미터입니다.

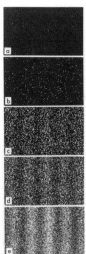

전자의 파동성을 증명한 이중슬릿 실험 결과. 전자의 물질파 파동의 간섭무늬가 관찰된다.

보통 면역반응에 결정적인 역할을 하는 항체가 1나노미터 정도 되고, DNA사슬이 2나노미터 그리고 원자의 크기가 0.01나노미터 입니다. 그러니 10만 볼트의 전압을 사용하는 전자현미경으로는 원자의 세계까지도 모두 볼 수 있는 것이지요.

전자현미경에는 투과 전자현미경 말고 주사 전자현미경scanning electron microscope이란 것도 있습니다. 주사란 영어 'scanning'을 번역한 말인데 훑어본다는 의미를 가집니다. 즉 표본의 표면을 훑어보는 현미경이란 뜻이지요. 1937년 벨기에의 맨프레드 폰 아드네 Manfred von Ardenne에 의해 처음 개발되었습니다. 주사 전자현미경은 전자총에서 나온 전자가 관찰 대상인 물체에 부딪치면 그 결과로 물체의 표면에서 발생하는 이차전자나 반사전자, 투과전자 등의 다양한 신호를 검출하여 이를 모니터 상에서 관찰하는 장치입니다. 특히 이차전자의 검출이 중요한데 이차전자의 발생량이 표면의 물질 종류와 굴곡에 의해 결정되는 것을 이용합니다.

주사 전자현미경은 물체 표면의 입체적 모양을 관측하는 데 탁월한 성능을 보이는 장치입니다. 재료 표면의 형태와 입체적 구조를 파악하기 쉬운 것이지요. 또 표본을 투과하지 않기 때문에 표본을 얇게 자르지 않아도 된다는 장점이 있습니다.

그리고 세 번째로 개발된 것이 주사 터널링 현미경입니다. 이 전자현미경은 양자터널링 현상quantum tunneling effect이라는 양자역학적 효과를 이용하는 현미경이지요. 앞서 전자와 같은 물질도 물질파

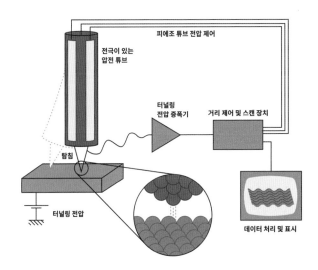

주사 터널링 현미경의 구조. 탐침과 관측 대상 사이의 간격에 따라 전류의 흐름이 달라지는 현상을 통해 물체 표면을 관측한다.

라는 파동을 가지고 있다고 말씀드렸습니다. 그런데 물질파는 본질적으로 '존재할 확률'의 파동입니다. 한마디로 아주 작은 세계에서는 실제로 관측하기 전까지 물질이 한 곳에 있는 것이 아니라 일정한 범위에 확률함수의 형태로 퍼져 있는데 이 확률이 파동함수로 나타나는 것입니다.

여기서 중요한 것은 물질이 어딘가 존재하는데 우리가 그 장소를 모르는 것이 아니라, 실제로 물질이 공간상에 일정한 확률로 파동처럼 퍼져 있다는 뜻입니다. 작은 연못에 돌을 하나 던지면 수면에 파동이 생깁니다. 이때 연못의 한 지점에만 파동이 있는 것이 아니라 연못의 수면 전체에 파동이 있는 것처럼 물질도 상호작용을 하기 전에는 파동으로 퍼져 있다는 뜻이지요. 그러다가 다른 물질과 상호작용을 하게 되면 파동은 사라지고 한 지점에 물질이 나타납니다. 이를 파동함수가 붕괴되었다고 표현합니다. 이때 물질이 나타나는 장소는 파동함수 값이 존재하는 곳 어디든 가능합니다.

예를 들어 작은 상자 안에 전자를 하나 넣고 뚜껑을 닫습니다. 상자 내부를 우리가 전혀 볼 수 없다면 이 전자는 확률파동의 형태로 퍼져 있는데 그 파동이 상자의 바깥까지 퍼져 있다고 가정합시다. 우리가 아는 거시세계에선 전자가 상자 벽을 뚫을 만큼의 에너지를 가지고 부딪치지 않는 한 상자 밖으로 나갈 수가 없습니다. 그러나 아주 작은 미시세계에선 전자가 이 상자의 바깥으로 나갈 수가 있습니다. 즉 존재의 확률함수 중 일부가 상자 밖에 존재한다면 어느 순간 전자가 상자 밖에서 발견되는 거지요. 그리고 발견되는 비율은 정확히 확률함수를 따릅니다. 마치 전자가 상자를 뚫고 나간 것처럼 말이지요. 하지만 전자는 실제로 상자를 뚫은 것이 아니라 그저 어느 순간 상자 밖에서 발견된 것뿐입니다. 바로 이런 현상을 양자터널링 효과라고 합니다.

이제 주사 터널링 현미경의 탐침으로 돌아가 보지요. 탐침 끝의 원자에는 전자가 있습니다. 이 전자는 탐침을 이루는 원자핵에 묶여 있어서 원래는 관측하려는 물체 쪽으로 나갈 수가 없습니다. 그런데 탐침과 관측 대상물 사이의 거리가 아주 가까우면 양자터널링 효과로 탐침의 전자가 관측물의 표면 쪽에서 관측이 되는 거지요. 이 과정에서 전류가 흐르는데 그 세기를 측정하는 것이 주사 터널링 현미경의 기본 원리입니다. 이 때 터널링이 일어나는 비율은 탐침과 관측물 사이의 거리에 의해 결정됩니다. 사이가 가까울수록 더 자주 일어나고 그러면 전류의 세기가 더 커지지요. 그래서 표면의 굴곡에 따라 전자가 나타나는 비율이 달라지고 이를 측정하면 표면의 입체구조를 원자 규모에서 알 수 있게 되는 거지요.

돋보기에서 전자현미경까지, 보이지 않는 물체를 보기 위한 인류의 노력은 이제 원자를 보는 데까지 이르고 있습니다. 그리고 이렇게 볼 수 있다는 것은 그것을 컨트롤할 수 있다는 것이기도 합니다. 실제로 주사 터널링 현미경은 물체를 움직이거나 깎아낼 수도 있습니다. 탐침과 재료 표면의 원자 사이에 만들어지는 전류를 이용하여 원자 하나하나를 따로 움직이는 것이 가능합니다. 아래 사진의 CENS란 글씨는 실리콘 원자 하나하나를 주사 터널링 현미경으로 조정하여 새겨 넣은 것입니다. 원자 하나하나를 컨트롤해서 새로운 물질을 만드는 나노테크놀로지는 그래서 전자현미경 기술의 발달과 밀접한 관련을 맺으면서 발전하고 있습니다.

하지만 주사 전자현미경은 절연체를 관측하기 힘듭니다. 전류가 흐르질 않으니까요. 이런 물체를 관찰하기 위해 만들

CENS 글자가 새겨진 실리콘 결정 한 층

어진 것이 원자간힘 현미경Atomic Force Microscope, AFM입니다. 원자간힘 현미경은 탐침과 시료의 원자끼리 끌어당기는 힘을 이용하는 것으로 시료에 금속을 입히지 않아도 되고 진공장치도 필요 없습니다. 유리나 고무 같은 물체 관측에 유리합니다. 원자간힘이란 아주 인접한 두 원자 사이에서 작용하는 힘인데 이 또한 양자역학적 원리로부터 나타나는 현상이지요. 이 때 두 물체가 끌어당기는 힘은 둘 간의 거리가 좁을수록 커지는데 이를 이용해서 관측을 합니다.

생체 분자는 그러나 이런 첨단 현미경으로도 관찰이 힘들었습니다. 이에 새로 개발된 것이 극저온 전자현미경cryo-EM입니다. 생체 분자를 −199℃로 얼린 후 관찰하는 것이지요. 전자빔에 의해 타는 것도 방지되고 물이 증발하며 분자구조가 붕괴되는 것도 막을 수 있어 분자 생물학 연구에 큰 보탬이 되었습니다.

양자역학적 원리를 이용한 첨단 현미경은 현대 과학기술 발달에 큰 도움이 되고 있습니다. 세포막 단백질이나 탄소나노튜브의 표면구조, 바이러스 단백질 결정 형태 등을 파악하는 일이 모두 첨단 현미경의 도움으로 이루어졌고 반도체 회로 연구나 다양한 합금 조성에서도 그 역할은 더욱 커질 것입니다.

극저온 전자현미경으로 본 지카바이러스
이미지에 색을 입힌 사진

점점 진화하는 반도체

현대를 사는 우리에게 반도체는 필수불가결합니다. 오죽하면 전자 산업의 쌀이라고까지 부를까요? 그런데 이 반도체의 원리 자체가 양자역학을 기반으로 한다는 것은 잘 알려지지 않은 사실입니다. 반도체는 말 그대로 도체(전기가 잘 통하는 물질)도, 부도체(전기가 잘 통하지 않는 물질)도 아닌 중간 정도의 전도도를 가진 물질입니다. 이 어중간한 상태가 반도체를 반도체이게끔 하는 것이지요.

왜 이들은 어중간한 성질을 가지고 있을까요? 전기가 잘 통한다는 것은 전자가 비교적 자유롭다는 뜻입니다. 우리가 아는 도체는 거의 대부분 금속입니다. 철, 구리, 알루미늄 같은 것들이지요. 이들은 모두 비슷한 성질을 가지고 있는데 전기뿐 아니라 열도 잘 전달하는 성질을 가지고 있지요. 또 아주 얇게 펼 수도 있고, 가늘게 뽑을 수도 있습니다. 금박이니 알루미늄 호일 같은 것을 만들 수도 있고, 금실, 은실 같은 걸 만들 수도 있지요. 이런 성질을 가지게 된 이유는 이들의 금속 결합에 있습니다.

금속 원소들은 자신들이 가진 전자의 일부를 잘 내놓는 성질이 있습니다. 흔히 전기음성도가 낮은 원소들이 그렇습니다. 이들이 결합을 할 때 내놓은 전자를 자유전자라고 합니다. 금속들은 그 내부에 어느 원자에도 속박되지 않은 자유전자를 가지고 있는 거지요. 이들은 원자에 속박된 전자에 비해 움직임이 자유로워 전기나 열을 잘 전달할 수 있습니다.

이에 비해 부도체들은 보통 이온결합을 하거나 공유결합을 하게 됩니다. 이온결합을 하는 대표적인 물질이 소금, 즉 염화나트륨입니다. 두 원소 중 나트륨은 전자를 내놓길 좋아하는 편이고 염소는 전자를 뺏어가길 좋아하지요. 그러니 나트륨이 내놓은 전자를 옳거니 하며 염소가 가져갑니다. 나트륨은 전자가 하나 줄어들어 +전기를 띠는 이온이 되고, 염소는 전자가 하나 늘어 −전기를 띠는 이온이 되지요. 서로 반대의 전하를 가졌으니 이 둘 사이에는 서로 끌어당기는 인력이 생깁니다. 이 둘이 결합한 것을 이온결합이라고 합니다. 이 경우 모든 전자들이 각각의 원자에 속박되어 있으니 자유롭게 움직이질 못합니다. 그래서 전기가 잘 통하질 않게 되는 거지요.

공유결합은 상황이 좀 다릅니다. 대표적인 공유결합 물질로 산소 분자나 이산화탄소 분자가 있습니다. 산소 원자는 전자를 얻어오길 좋아합니다. 두 개의 전자를 얻어오면 아주 만족스런 상태가 되지요. 그런데 이런 산소 원자끼리 만나면 어떻게 될까요? 서로 전자를 얻으려고만 하고 내놓을 생각을 하지 않지요. 그래서 제일 바깥쪽에 있는 전자 두 개를 양쪽의 원자핵이 서로 끌어당기는 상황이 연출됩니다. 그래서 각각의 제일 바깥쪽 전자 두 개씩 총 네 개의 전자를 서로 끌어당기면서, 즉 공유하면서 분자 형태를 유지합니다. 우리가 '분자'라고 부르는 물질들은 모두 이런 공유결합을 하고 있지요. 이런 경우도 전기가 잘 통하지 않지요. 자유로운 전자는 없으니까요. 하지만 이 경우 공유 전자는 이쪽 원자의 것도 저쪽 원자의 것도 아니니 어느 한쪽에만 속한다고 볼 순 없습니다. 그래서 이온결합보다는 전자가 속박된 정도가 좀 약하지요.

그런데 전자를 공유하는 시스템에서 공유전자의 속박 정도가 가장 약한 것이 주기율표상의 4족 원소들입니다. 탄소와 실리콘, 저마늄 등이 여기에 해당합니다. 이들의 경우 아주 작은 자극으로도, 즉 아주 작은 에너지만 넣어줘도 전자가 튀어나올 수 있지요. 그래서 완전한 부도체도 완전한 도체도 아닌 어중간한 상태가 되어서 반도체라 부르는 물질이 됩니다. 물론 현재 우리가 쓰는 반도체는 실리콘으로만 이루어진 것은 아니고 거기에 불순물을 조금 섞어서 씁니다.

그런데 다시 한번 생각해 보죠. 원자에 속박된 전자도 에너지가 충분히 공급되면 전자가 튀어나올 수 있지 않을까요? 당연히 그렇습니다. 온도를 높이거나 강한 전압을 걸어주면 당연히 전자가 원자의 속박을 벗어나서 자유전자가 될 수 있습니다. 대표적인 현상이 정전기나 벼락이지요. 부도체인 공기 중으로 전자가 움직이는 현상입니다.

그렇다면 부도체와 도체, 반도체를 구분하는 것은 무엇일까요? 아래 그림으로부터 설명이 가능합니다. 그림의 위쪽에 있는 전도대는 일종의 자유전자가 가질 수 있는 에너지 영역입니다. 그리고 아래쪽의 진한 띠는 가전자대로 전자가 원자에 속박된 상태에서 가질 수 있는 에너지 영역입니다. 그림으로는 굵은 띠 형태로 보이지만 실제로는 띠가 아닙니다. 양자역학에 따르면 전자는 자신이 가질 수 있는 에너지양이 연속적이지 않습니다. 즉 1, 2, 3.. 이렇게 불연속적인 양을 가지는 거지요. 그런데 저 전도 영역과 가전자 영역에선 가질 수 있는 에너지 값이 아주 조밀하게 형성되어 우리 눈에 보이기에는 연속적인 값으로 보이는 것입니다. 그래서 이름도 밴드, 즉 띠라고 붙였지요.

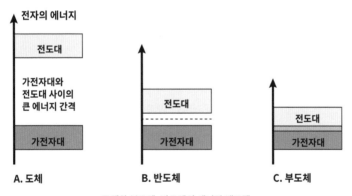

도체와 부도체, 반도체의 에너지 밴드갭

그런데 두 영역 사이에 빈 곳이 있습니다. 저 빈 곳은 전자가 가질 수 있는 에너지 값이 아예 없는 영역입니다. 이를 밴드갭band gap이라고 합니다. 왼쪽 부도체의 경우 두 밴드 사이의 밴드갭이 아주 큽니다. 그리고 오른쪽 도체의 경우에는 아주 얇지요. 가운데 반도체는 어느 정도 떨어져 있기는 하지만 아주 크지는 않습니다. 바로 저 밴드갭의 폭이 물질의 전도성을 결정하는 것입니다. 그리고 밴드갭의 폭을 결정하는 것은 원소의 종류와 결합방식 등인데 이를 계산하는 데 있어 바로 양자역학적 방법이 동원되는 것이지요. 결국 우리가 쓰는 반도체는 모두 양자역학적 현상의 결과물인 셈입니다.

반도체에 숨어 있는 또 다른 양자역학적 원리를 살펴보고자 합니다. 제가 처음 사용했던 컴퓨터는 XT컴퓨터라고 하던 것이었습니다. 당시의 중앙연산처리장치CPU 성능과 지금 컴퓨터를 비교하면 사람이 직접 뛰는 것과 경주용 자동차가 최고 속도로 달리는 것보다 더 차이가 크죠. 그리고 처리할 데이터가 많아지니 메모리의 용량도 그 차이가 어마어마해졌습니다. 제 첫 컴퓨터의 메모리 용량은 불과 124킬로바이트였던 걸로 기억합니다. 지금 이 글을 쓰는 컴퓨터의 메모리는 16기가바이트니 대략 10만 배보다 조금 더 커진 셈입니다. 이 중앙연산처리장치나 메모리는 모두 반도체로 만들어집니다.

반도체는 사실 실리콘이나 저마늄 등 밴드갭이 전도체와 부도체 사이에 이르는 물질의 이름입니다. 하지만 흔히들 쓰는 반도체라는 용어는 실리콘이나 저마늄에 다른 원소들을 일부 포함시켜 만든, 필요에 따라 전기를 통하게도 그렇지 않게도 만들어 일종의 정보를 제공하는 반도체 소자semiconductor device나 이런 디바이스를 모아놓은 집적회로를 이야기하는 경우가 오히려 더 많습니다.

이런 반도체 집적회로에 무어의 법칙Moore's Law이 있습니다. 반도체 집적회로의 성능이 2년마다 2배로 증가한다는 법칙으로 인텔의 공동 설립자인 고든 무어Gordon Moore가 1965년에 주장했지요. 정확하게는 천 달러로 살 수 있는 반도체 집적회로의 성능이 2년마다 2배씩 증가한다는 법칙입니다. 어떤 원리가 있는 건 아니고 실제로 그럴 것이라는 일종의 기대와 기술 개발 방침 정도였죠. 그리고 그 때부터 꽤 오래 지켜졌습니다. 그런데 21세기 들어 삼성전자의 황창규 사장은 이를 1년마다 두 배로 개선하겠다고 했지요. 이것을 그의 성을 따라 황의 법칙이라고 합니다. 그리고 실제로 삼성전자는 이 법칙대로 개선했고 결국 메모리 반도체 부문에서 부동의 1위를 하게 됩니다.

반도체 집적회로가 이렇게 지수함수적으로 발달할 수 있었던 이유 중 가장 중요한 것은 반도체 소자를 좁은 면적에 더 많이 집어넣어 집적도를 높이는 것이었습니다. 집적도를 높임으로서 동일한 재료에서 더 성능 좋은 제품을 만들 수 있고 또 소모 전력도 훨씬 적게 줄일 수 있기 때문이지요. 노트북이 성능이 더 좋아짐에도 소모 전력이 그대로거나 더 줄어드는 이유도 그 때문입니다. 그런데 집적도를 높이는 과정에서도 양자역학적 원리가 중요하게 대두됩니다. 집적도를 높이기 위해선 반도체 소자의 크기를 작게 만드는 것이 중요합니다.

반도체 소자의 대표적인 것이 트랜지스터입니다. 트랜지스터는 전자를 공급하는 한 쪽과 전자를 공급받는 쪽 그리고 둘 사이에서 전자를 줄지 말지를 결정하는 스위치 세 가지 요소가 모인 반도체 소자입니다. 흔히 중고등학교 때 배우는 트랜지스터는 접합형 트랜지스터입니다. 1947년 벨 연구소에서 처음으로 개발된 트랜지스터지요. 이 고전적인 형태는 반도체 소자 세 개가 모여 하나의 트랜지스터를 만들었죠. 구조에 따라 NPN형이나 PNP형으로 나뉩니다. 시중에서 간단하게 구입할 수 있고 많이 사용되기도 합니다.

하지만 집적회로에서는 이제 거의 사용되지 않습니다. 대신 전계효과 트랜지스터의 일종인 금속 산화막 트랜지스터*가 쓰입니다. 접합형에 비해 좁은 면적에 많이 집어넣기 쉽고 누설전류가 없어 전류 소모가 적기 때문이지요. 트랜지스터가 수억 개씩 집적되는 현대의 집적회로에서는 전력 소모를 어떻게 줄이는가도 큰 문제가 됩니다.

---

* 정확한 명칭을 말하자면 금속 산화막 반도체 전계효과 트랜지스터Metal-Oxide-Semiconductor field-effect transistor입니다. 처음 트랜지스터가 개발되었을 때 게이트로 금속을 사용했기 때문에 붙은 명칭입니다. 그러나 현재는 본문에 나오다시피 게이트로 폴리실리콘을 주로 사용합니다.

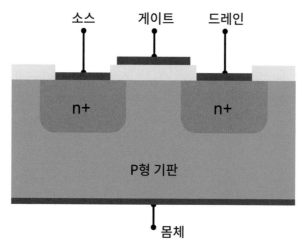

소스   게이트   드레인

n+   n+

P형 기판

몸체

금속 산화막 트랜지스터 구조

금속 산화막 트랜지스터의 구조를 보면 먼저 전자를 집어넣는 곳인 전자입구source와 전자가 나가는 곳인 전자출구drain가 있고 둘 사이를 실리콘이 막고 있습니다. 그리고 그 위에는 전기가 통하지 못하는 절연체인 산화실리콘Gate oxide이 발라져 있고 다시 그 위에 전류를 흐르게 하거나 흐르지 못하게 하는 전류조절장치gate가 있습니다. 이 자체로도 접합형보다 적게 만드는 데는 별 문제가 없었습니다. 그러나 시장은 더 작은 크기에 더 많은 회로를 욱여넣은 것을 원했고 기술자들과 과학자들은 그걸 이루어냅니다.

반도체 집적회로의 집적도를 높이는 방법은 트랜지스터 자체를 어떻게 더 작게 만드냐에 달려있지요. 첫 번째 방법은 전자입구와 전자출구 사이의 길이 즉 게이트 길이gate length를 줄이는 것입니다.

또 다른 방법은 절연체인 산화실리콘의 두께를 줄이는 것입니다. 하지만 줄이고 줄이다 보니 또 다른 문제가 생깁니다. 2010년대 쯤 되니 이제 게이트 길이가 몇십 나노미터 단위로 줄어들면서 발생한 거지요. 전자입구와 전자출구 사이가 분명히 닫혀있는 상태인데도 전류가 조금씩 흐르는 현상인 누설전류가 발생한 겁니다. 앞서 금속 산화막 반도체는 접합형에 비해 누설전류가 없어 전류 소모가 적다고 했는데 줄이다 보니 그 문제가 발생한 거지요. 휴대폰이나 컴퓨터를 사용하지 않는 상태에서도 계속 전기가 소모되는 문제가 발생한 겁니다. 더구나 트랜지스터가 수억 개 집적된 회로니 그 양이 무시할 수 없을 정도가 됩니다. 또 흐르지 않아야 할 전류가 흐르게 되면 정보 전달이 제대로 되지 않는 문제도 있습니다. 어쩌면 이쪽이 더 본질적인 문제지요.

이렇게 누설전류가 생기는 이유는 바로 앞서 살펴보았던 양자터널링 현상 때문이지요. 즉 분명히 둘 사이에 문이 잠겨 있는데 자꾸 전자가 문을 그냥 통과하는 현상이 나타나는 겁니다. 양자역학적으로 보았을 때 전자는 존재 자체가 확률함수로 나타난다고 말씀드렸습니다. 전자입구와 전자출구 사이가 너무 좁아지자 전자입구에 있는 전자의 확률함수가 드레인에서도 의미 있는 크기를 가지게 된 것이지요. 확률함수에 의한 양자터널링 효과는 둘 사이의 길이에 반비례해서 그 크기가 커집니다.

또 둘 사이 공간의 유전률, 즉 쉽게 말해서 전기가 얼마나 잘 통하는지에 의해서도 결정되는데 절연체인 산화실리콘이 얇아지면서 터널링 효과가 더 커진 것이지요. 결국 '더 작게, 더 작게'라는 목표 아래 몇십 년을 계속 좁히다 보니 이제 양자역학적 한계에 다다른 겁니다.

물론 이 부분을 헤쳐 나가는 방법이 없는 건 아니었습니다. 2차원 구조였던 것을 3차원으로 바꾸고 또 절연체의 성능을 더 좋은 것으로 바꾸면서 이 문제를 해결하게 됩니다. High-K라는 절연체를 사용하고 게이트도 평면FET란 것에서 FIN-FET로 바꾸면서 말이지요.

하지만 이제 집적도가 더욱 올라가 삼성전자나 TSMC 같은 기업들은 싱글나노 세대가 되었습니다. 즉 10나노미터 이하로 줄어든 것이죠. 2020년 정도가 되자 7나노미터 공정과 5나노미터 공정인 상황입니다. 몇 년 안에 3나노 공정, 2나노 공정도 시작될 것으로 보입니다. 이렇게 줄어들게 되면 이젠 실리콘을 기반으로 한 반도체로선 더 이상 집적도를 올리기 힘들어집니다. 그 대안으로 떠오르고 있는 것 중 하나가 양자컴퓨터입니다. 이어서는 양자컴퓨터에 대해 알아보겠습니다.

궁극의 컴퓨터, 양자컴퓨터

얼마 전 구글에서 슈퍼컴퓨터를 능가하는 양자컴퓨터를 만들었다는 소식이 전해졌습니다. 최고의 슈퍼컴퓨터로 1만 년이 걸리는 연산 작업을 단 200초 만에 계산했다는 이야기였습니다. 구글에서 만든 53개의 큐비트로 구성된 시커모어Sycamore라는 양자컴퓨터 칩이 양자우월성quantum supremacy*에 도달했다고도 이야기합니다. 하지만 나오는 용어들이 모두 낯설어 무슨 말인지 이해가 힘든 뉴스였지요. 여기서 잠깐 양자컴퓨터가 어떤 원리에 의해 구현되는지 알아보기에 앞서 먼저 기존 컴퓨터가 어떤 한계를 가지기에 새로운 컴퓨터가 필요하게 되었는지를 살펴보지요.

처음 컴퓨터가 나왔을 때에 비하면 현재의 컴퓨터는 엄청나게 발달했습니다. 그럼에도 크기는 더 작아졌지요. 이를 위해 엔지니어들은 컴퓨터의 중앙처리장치CPU와 메모리의 회로를 가능한 작게 만들기 위해 노력했습니다. 그 결과 현재 회로의 선폭은 불과 14나노미터 정도가 됩니다. 그런데 이렇게 선폭이 좁아지면 새로

---

* 양자컴퓨터가 기존 컴퓨터의 성능을 앞지르는 것을 뜻합니다.

양자우월성에 도달했다는 구글의 시커모어 칩과 양자컴퓨터

운 문제가 생깁니다. 메모리나 CPU의 기본 회로는 트랜지스터로 이루어져 있는데 그 역할은 기본적으로 전류가 흐르게 하거나 아니면 막는 역할입니다. 이 두 가지가 0과 1의 신호가 되는 거지요. 수많은 트랜지스터가 만든 회로는 이 두 가지 신호에 의해 운영됩니다.

그런데 앞서도 살펴보았지만 회로가 나노미터 단위로 좁아지면 양자터널링이라는 현상에 부딪칩니다. 미시세계에선 입자가 파동성을 가지게 되는데 이 파동의 확률함수에 따라 일정한 비율로 이런 말도 안 되는 현상이 일어나는 거지요. 물론 입자가 크거나 통과할 장벽이 아주 두꺼우면 거의 일어나지 않는 일입니다. 그러나 회로선폭이 불과 원자 몇 개 정도가 되면 이런 현상은 아주 빈발하게 일어나게 됩니다. 그러면 0과 1이라는 두 신호가 원래의 의도대로 전달되지 못하는 경우가 생깁니다.

세상이 발전할수록 컴퓨터에 요구하는 성능은 계속 높아지고 이 요구를 수용하려면 선폭이 좁아질 수밖에 없습니다. 하지만 현재와 같은 속도로 선폭이 좁아지면 결국 이 양자터널링 현상이 발목을 잡게 될 것으로 전문가들은 예상하고 있습니다. 이런 문제를 극복하기 위해 여러 다양한 연구들이 진행되고 있는데 그중 하나가 양자컴퓨터인 것이지요.

이전에는 엄두도 못 내던 계산을 컴퓨터가 발전함에 따라 아주 수월하게 계산하게 된 것은 20세기의 대표적 성과입니다. 하지만 사람의 욕심이란 끝이 없는 걸까요? 컴퓨터에게 풀어달라고 요구하는 계산은 컴퓨터의 성능 향상 속도보다 더 빨라집니다. 예를 들어 기상 관측을 하려면 우리나라의 수천 개가 넘는 기상 관측소에서 실시간으로 보내오는 풍향, 풍속, 기압, 습도 등의 정보와 인공위성과 이웃 나라의 실시간 기상 정보를 취합하여 아주 난이도가 높은 시뮬레이션을 해야 합니다.

일반 컴퓨터론 도저히 할 수 없어서 기상청에는 슈퍼컴퓨터가 있습니다. 도로 교통을 예측하는 문제도 비슷하게 아주 많은 데이터를 아주 빠르게 처리해야 합니다. 유전공학이나 분자생물학, 소립자 물리 등 다양한 과학 분야에서도 이전보다 훨씬 많은 정보가 쏟아져 나오고 있습니다. 특히나 21세기 들어 빅데이터를 기반으로 한 인공지능이 대두되면서 데이터를 처리하고 이를 통해 학습하는 과정에서도 수없이 많은 계산이 요구되고 있지요.

기존의 슈퍼컴퓨터로도 감당이 되지 않아 연구가 중지되는 경

IBM의 슈퍼컴퓨터로도 한계가 있다.

우도 있습니다. 슈퍼컴퓨터의 성능이 아무리 좋아져도 항상 그보다 더 높은 요구가 있어 이를 감당하기 힘든 시점이 된 것이죠. 이 문제를 해결하기 위한 다양한 방안이 연구 중인데 그중 가장 유력한 것 또한 양자컴퓨터입니다.

일반 컴퓨터는 비트를 기본 정보 단위로 쓰는데 이는 0과 1이라는 두 가지 상태 중 하나를 선택하는 것입니다. 실제로는 트랜지스터에서 전기가 통하느냐 그렇지 않느냐의 두 상태에 각기 0과 1을 부여합니다. 즉 한 개의 트랜지스터가 하나의 정보단위가 됩니다. 이를 1비트[bit]라고 합니다. 따라서 트랜지스터가 두 개가 되면 00, 01, 10, 11이라는 네 가지 정보 중 하나를 선택할 수 있지요. 이에 대해 양자컴퓨터는 큐비트[quantum bit, Qubit]라는 단위를 쓰는데 기본적으로 하나의 큐비트가 네 가지 정보를 담을 수 있습니다.

비트가 트랜지스터의 전류 허용 여부에 의해 결정되듯이 큐비트는 전자의 스핀 방향에 의해 결정됩니다. 스핀이라는 것은 전자의 회전 방향을 말하는데 (실제로 전자가 회전한다는 뜻은 아닙니다) 그 방향이 주어진 자기장의 방향과 같은지 아니면 반대인지에 따라 0과 1로 주어지는 것이지요.

그런데 아주 작은 미시세계에서의 입자는 관측되기 전에는 두 가지 상태가 중첩된 형태로 존재합니다. 즉 오른쪽으로 도는 방향과 왼쪽으로 도는 방향이 있다고 할 때, '둘 중 한 방향으로 돌고 있는데 우리가 보지 못해서 모른다'는 의미가 아니라 관측되기 전에는 50%의 확률로 '두 상태가 존재'한다는 것이지요. 이를 양자중첩이라고 합니다. 전자의 스핀은 앞서 말씀드린 것처럼 두 가지 상태가 있는데 관측 전에는 둘 다 확률적으로 존재하며 이 둘이 중첩된 상태인 것이지요. 그러다 연산을 하게 되면 큐비트를 관측하게 되고 이 관측을 통해 해당 큐비트는 0이든 1이든 결정이 됩니다.

기존의 비트는 00, 01, 10, 11 등의 상태에 2개의 숫자가 담깁니다. 즉 2개의 정보로 네 가지 상태를 표현할 수 있는 거지요. 그러나 큐비트의 경우 양자중첩에 의해 확률로 존재하기 때문에 그 확률을 표현하는 계수를 포함하여 4개의 계수가 담기게 됩니다. 우측 그림의 I0>,

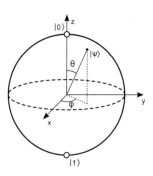

큐비트를 표현한 블로흐 구면. I0>, IΨ>, φ, I1>의 네 가지 요소가 존재한다.

IΨ>, φ, I1>가 그 계수들입니다. 이를 네 개의 정보라고 볼 수 있습니다. 그래서 양자중첩이 기존의 트랜지스터보다 2배 더 많은 연산을 할 수 있습니다. 이를 통해 기존의 컴퓨터 대비 2제곱배 더 많은 연산을 하게 됩니다. 즉 10큐비트는 10비트에 비해 1,000배

많은 연산을 하고, 20큐비트는 20비트에 비해 백만 배 많은 연산을 할 수 있는 거죠.

하지만 이런 특징을 가지고 양자컴퓨터가 잘 할 수 있는 일은 따로 있습니다. 앞서 말씀드린 것처럼 큐비트는 확률을 포함합니다. 이 확률을 통해 오답의 소거가 가능한 경우 굉장한 파워를 가지는 것이죠. 가령 10가지 경로 중 가장 빠른 길을 선택하는 문제라 한다면 기존 컴퓨터는 열 가지 길을 다 가봐야 어느 길이 가장 빠른지 알 수 있습니다. 그러나 양자컴퓨터의 경우 열 가지 길을 각각의 확률로 배정하는 동시에 측정하여 가장 먼저 도달 가능한 길을 답으로 내게 됩니다. 열 번 할 계산을 한 번에 해치우는 것이지요. 그러나 이렇게 각각의 확률에 경로를 배정하는 방식이 아닌 계산의 경우는 양자컴퓨터도 기존 컴퓨터와 별 차이가 없습니다.

따라서 단순 계산 등의 연산에서는 기존 컴퓨터에 별 우위를 점하지 못합니다. 양자컴퓨터가 잘 할 수 있는 일로 우선 소인수분해가 있습니다. 소인수란 어떤 수의 약수 중 소수(그 자신과 1 이외의 숫자로 나눠지지 않는 자연수)를 말합니다. 가령 10을 소인수 분해하면 2×5이니 2와 5가 소인수입니다. 12는 2의 제곱(4) 곱하기 3이니 2와 3이 소인수이지요. 27은 3의 세제곱이니 소인수는 3뿐입니다. 하지만 숫자가 아주 커지면 문제가 좀 심각해지지요. 가령 12345903 같은 숫자를 소인수 분해하려면 2의 배수인지, 3의 배수인지 혹은 5의 배수인지를 일일이 따져봐야 합니다. 100 이하의 소수는 모두 25개입니다. 따라서 3자리 숫자는 일단 최소한 25개의 소수로 나눠서 딱 떨어지는지를 계산해봐야 아는 것이죠. 천 이하의 소수는 총 168개이고 만 이하의 소수는 1,229개입니다.

이렇게 자리수가 하나 늘어날 때마다 해야 할 계산이 10배 약간 덜 되게 증가합니다. 따라서 자리수가 100개나 1,000개 이런 식으로 늘어나면 성능 좋은 컴퓨터도 애를 먹을 수밖에 없습니다. 그런데 양자컴퓨터의 확률을 활용하면 여러 소수가 오답인지 아닌지를 동시에 파악하여 계산 자체가 줄어들게 됩니다. 한 번에 열 개의 소수를 파악하면 계산이 10분의 일로 줄어들고 백 개의 소수를 파악하면 100분의 일로 줄어듭니다.

아니 소인수분해 따윌 잘해서 무슨 소용이냐고 생각할 수 있지만 현재 컴퓨터나 인터넷과 관련된 보안 시스템의 알고리즘은 대부분 소인수분해를 기반으로 하고 있습니다. 가령 129자리 숫자를 소인수분해 하는 데 1,600여 대의 워크스테이션으로 8개월이

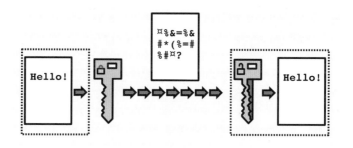

공개키 암호화 방식. 저 암호키에 소인수 분해가 이용된다.

걸렸습니다. 만약 250자리 수라면 80만 년이 걸리고 1,000자리 수라면 1,025억 년이 걸립니다. 흔히 비밀번호를 등록할 때 길게 하는 게 좋다는 것은 이처럼 자리수가 늘어나면, 그 암호인 비밀번호를 푸는 데 훨씬 더 오랜 시간이 걸리고 결국 물리적으로 불가능해지기 때문입니다. 영어 외에 숫자와 특수 기호를 넣는 것도 경우의 수를 늘리기 위해서고요. 하지만 양자컴퓨터라면 앞서 말한 식의 확률을 통해 오답을 배제하는 방식을 쓸 수 있기 때문에 연산 자체가 확 줄어들 수 있다는 것이죠.

또한 소인수분해 외에도 암호 알고리즘의 바탕이 되는 이산로그 또한 양자컴퓨터가 아주 잘 사용할 수 있는 영역입니다. 기본적으로 암호 알고리즘 자체가 기존의 컴퓨터로 푸는 데 아주 많은 시간이 걸리는 연산을 토대로 세워진 것인데 대부분 기존의 방정식으로는 풀 수 없고 일일이 대입해서 풀어야 하는 방법을 토대로 하고 있지요. 이렇게 일일이 대입해서 정답과 오답을 가리는 문제에서 양자컴퓨터는 대단히 좋은 대안이라고 볼 수 있습니다. 보안 문제뿐만 아니라 다양한 시뮬레이션도 마찬가지입니다. 교통상황이나 기후상황처럼 초기 값이 조금만 바뀌어도 결과가 대단히 다르게 나타나는 문제들(이런 문제를 비선형 문제라고 합니다)을 푸는 데 강력한 힘을 발휘할 것이라 여겨지는 것이죠.

앞서 구글이 양자우월성을 증명해보였다고 했는데 그 소식이 전해지자 암호화폐 관련 주식 가격이 뚝 떨어진 것도 이처럼 양자

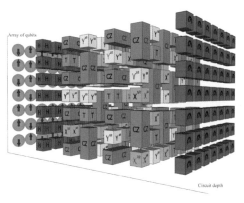

구글이 자신들의 양자컴퓨터칩의 큐비트의 배열을 시각화한 자료

컴퓨터가 가진 강력한 암호 파훼능력이 두렵기 때문입니다. 하지만 아직 그리 크게 걱정할 단계는 아닙니다. 암호 알고리즘에는 양자컴퓨터로도 파훼하기 어려운 것들이 있기도 하고요. 그와 별도로 양자컴퓨터의 실용화가 아직 그리 쉽지는 않기 때문입니다. 현재 구글이나 IBM, 마이크로소프트 등 IT업계의 대표적인 기업과 미국, 일본, 중국 우리나라 등 각국이 연구에 나서고 있는 것은 사실이나 아직 실용화까지는 꽤 많은 난제들이 산적해 있습니다.

먼저 이렇게 양자중첩 상태를 유지하기 위해서는 주변의 물질들과 상호작용을 하면 안 됩니다. 따라서 진공상태여야 하지요. 그리고 온도가 높으면, 다시 말해 양자컴퓨터 소자의 에너지가 커도 문제가 됩니다. 그러니 아주 낮은 온도를 유지해야 합니다. 현재는 액체 헬륨을 이용해서 극저온을 유지하고 있다고 합니다. 그래도 중첩상태가 깨지는 일이 종종 발생해서 오류가 생기는 일이 자주 있다고도 합니다. 그래서 양자컴퓨터는 가격 자체도 엄청나지만 유지비용도 대단하지요. 따라서 현재까지는 실험적으로 사용하면서 테스트를 하는 단계이고 당분간 이런 상황이 계속될 것으로 보입니다. 또한 앞서 말씀드린 것처럼 양자컴퓨터가 잘 할 수 있는 것과 기존의 컴퓨터가 잘 할 수 있는 일이 다르기 때문에 상용화된다고 하더라도 기존의 컴퓨터와 서로 보완적 관계를 유지하게 될 것입니다.

슈뢰딩거 방정식과 코펜하겐 해석

양자중첩에 이어 양자컴퓨터에 대해 알아 봤는데 다시 이야기를 돌려보죠. 양자얽힘과 그에 의한 비국소성을 공격했던 아인슈타인이 그리도 질색을 했던 코펜하겐 해석이란 무엇일까요? 코펜하겐 해석을 제대로 이해하기 위해서는 그 주축이 되는 세 가지 개념을 알아보는 것이 먼저일 것입니다. 막스 보른의 슈뢰딩거 방정식 해석과 하이젠베르크의 불확정성의 원리, 그리고 보어의 상보성 이론이 그것입니다. 이 세 가지는 20세기 초에 앞서거니 뒤서거니 하며 등장합니다.

지금으로부터 100년 전 흑체복사 문제와 광전효과, 러더퍼드의 원자모형 등 당시의 난제들이 해결되는 과정에서 이를 통일적으로 정리할 필요가 생겼고, 두 명이 이를 해결합니다. 한 명은 하이젠베르크$^{Werner\ Karl\ Heisenberg}$로, 행렬역학이란 것으로 양자역학의 기초가 되는 방정식을 제시하지요. 그 뒤 슈뢰딩거$^{Erwin\ Schrodinger}$가 좀 더 쉽고 직관적인 파동방정식의 형태를 제시합니다. 슈뢰딩거의 방정식은 당시 물리학자들에게 익숙한 파동방정식이었기 때문에 대다

에르윈 슈뢰딩거

수가 이를 이용해서 양자역학적 문제를 탐구하기 시작하지요.

문제는 슈뢰딩거 방정식의 해석에서 불거졌습니다. 파동방정식은 원래 매질이 진동하는 과정을 서술합니다. 욕조의 수면에서 파동이 일어나고 있다고 생각해보죠. 파동방정식은 욕조의 어느 위치에 있는 물이 지금 위아래로 얼마만큼 올라가 있는지 혹은 내려와 있는지를 알려줍니다.

동시에 이를 미분하면 물이 움직이는 속도와 가속도, 이에 따른 에너지와 운동량 등도 동시에 알려주지요. 그런데 문제는 이 방정식을 파동이 아닌 입자에 적용한다는 겁니다. 즉 전자나 양성자 같은 입자를 파동방정식으로 설명하는 거지요. 원래 슈뢰딩거의 파동방정식이 드 브로이의 물질파 식에서 기원했기 때문에 나타난 일이지요.

처음 아인슈타인이 광전효과를 설명하면서 빛이 파동이면서 동시에 입자이기도 하다는 주장을 펼칩니다. 이런 모순된 현상에 대해 당시의 물리학자들이 설명에는 수긍하면서도 이를 어떻게 해석해야 할지에 대해 골머리를 썩던 와중, 프랑스의 귀족 물리학자 드 브로이는 역발상을 하지요. 빛이 입자이자 동시에 파동이라면 반대로 이제까지 입자로 알던 녀석들도 파동성을 가지고 있을 거라는 생각을 한 겁니다.

그래서 막스 플랑크의 양자에 관한 식과 아인슈타인의 광전효과에 대한 식을 합쳐서는 물질이 만약 파동성을 가지고 있다면 그 파동성을 어떻게 나타낼 수 있는지에 대한 식을 만들어 공개합니다. 간단하게 말해서 물질이 파동성을 가진다면 그 파장이 얼마나 되는지를 알 수 있게 만든 거지요. 파동은 원래 진동수와 파장 그리고 진폭이라는 세 가지 특성을 가지고 구분할 수 있는데 그중 파장에 대해서만 알 수 있다면 나머지는 자연스레 구할 수 있습니다.

그 식을 살펴보면 물질의 파장은 결국 물질이 가진 운동량에 반비례합니다. 운동량이 커지면 파장이 짧아지고 운동량이 작아지면 파장이 길어지는 거지요. 그런데 물질의 경우 이 파장이 너무 짧아서 확인하기가 대단히 힘듭니다. 너무 촘촘하기 때문에 과연 파동이 있는 건지를 알 수가 없는 거지요. 드 브로이의 식에 따라 물질의 파동성을 파악하려면 결국 운동량이 아주 작은 물질을 관찰할 수밖에 없습니다. 운동량은 질량과 속도를 곱한 값입니다. 그러니 질량이 작거나 속도가 작은 물질을 구해야지요.

그런데 속도가 작으면 운동에너지가 작아집니다. 물론 질량이 작아도 운동에너지가 작아지지만 에너지는 속도의 제곱에 비례하니 속도가 아주 느리면 그만큼 운동에너지가 작아지는 거지요. 그런데 운동에너지가 작아지면 파동의 진폭 또한 줄어듭니다. 파동을 파악하려면 그 진폭이 어느 정도는 되어야 하니 결국 속도를 아주 느리게 해도 파동성을 발견하기 힘들어지지요.

결국 질량이 가장 작은 입자, 즉 전자의 경우가 파동성을 파악하기 가장 쉽습니다. 실제로 드 브로이가 물질파의 원리에 대해 발표한 5년 뒤 실험을 통해 전자가 파동성을 가지고 있다는 것이 증명됩니다. 양자역학을 이해하는 데 가장 중요한 실험이라고 말하는 전자의 이중슬릿 실험이 바로 그것이지요.

어찌되었건 이렇게 확실하게 증명된 물질파의 공식을 전개해서 슈뢰딩거는 어떤 물질 혹은 빛에도 적용 가능한 일반적인 파동방정식을 만듭니다. 당시 그는 보어와 하이젠베르크의 양자역학에 불만을 가지고 있었습니다. 전자 궤도의 전이에 대한 보어의 설명도 마음에 들지 않았고, 원자 내에서 움직이는 전자에 대해 그 궤도를 설명할 필요가 없다는 하이젠베르크의 주장도 별로였지요. 그러던 차에 드 브로이의 물질파 논문을 보고는 이를 확장시켜 파동방정식을 만들면 보어나 하이젠베르크보다 훨씬 간명하고 직관적일 거라 생각한 거지요. 그리고 실제로 그게 이루어집니다.

양자역학이 드디어 역학적 기초가 되는 식을 가지게 됩니다. 뉴턴이 힘과 가속도의 법칙 그리고 만유인력의 법칙이라는 두 식에 기초해서 뉴턴역학을 만들고, 아인슈타인이 로렌츠 변환이라는 식으로 특수상대성이론을 전개하듯이 양자역학은 슈뢰딩거 방정식이라는 기초 위에 서게 된 것입니다. 드 브로이의 물질파 논문을 기초로 했다고 하지만 슈뢰딩거 방정식은 다른 방정식에서 유도된 것이 아닌 그 자체가 근원적 원리입니다. 마치 뉴턴의 F=ma라는 공식이 다른 공식으로부터 유도된 것이 아닌 것과 같습니다.

어찌되었든 앞서 말했듯이 이는 파동방정식입니다. 이를 전개하면 전자라는 입자가 파동으로 나타나는 거지요. 한 점을 중심으로 사방으로 퍼져 있는 전자의 파동함수를 어떻게 해석해야 할지를 놓고 의견이 분분했습니다.

식을 만든 슈뢰딩거는 이를 전자의 전하밀도로 해석했습니다. 마치 전기장과 비슷하게 말이지요. 하지만 전자가 아무리 파동이라고 하더라도 전자가 공간 전체를 차지하고 있다고 여기는 것은 영 납득할 수 없지요. 더구나 전자는 파동이기도 하지만 입자이기도 합니다. 입자로서의 전자가 공간 전체에 자신의 전하를 흩뿌린다는 건 무리가 있는 해석이지요. 만약 우주에 전자 하나가 달랑 있다고 하면, 그 전자의 전하밀도가 우주 전체에 퍼지는 거니까요. 사실 슈뢰딩거 자신도 자신의 해석에 만족하진 못했을 겁니다.

이 때 막스 보른이 등장합니다. 독일 출신의 물리학자지요. 아인슈타인과도 꽤나 친분관계가 있고 슈뢰딩거와도 같이 연구를 했지만 바로 이 시점에서 그는 슈뢰딩거, 아인슈타인과 다른 길을 갑니다. 다른 '해석'을 하지요. 막스 보른은 원래 전자가 파동이 아니라 입자라고 생각했다고 합니다. 그러니 그가 슈뢰딩거 방정식을 볼 때도 관점이 아무래도 달랐겠지요. 하이젠베르크의 행렬역학보다는 훨씬 멋진 방정식이지만 이 방정식을 꼭 '파동'방정식으로만 봐야하느냐는 문제의식을 가진 거지요. 시작은 파동에서 했지만 결과는 아닐 수 있다고 보른은 생각합니다. 당시의 양자역학은 보어의 대응원리를 중심으로 문제를 해결할 수만 있다면 어떤 방식이든 괜찮다고 생각했으니 뭐 아주 특별하진 않습니다.

어찌 되었건 만약 전자를 입자라고 생각한다면 저 방정식의 파동함수는 뭘 의미할까를 고민한 끝에 파동함수가 확률이라는 결론에 도달합니다. 즉 공간 전체에 퍼진 파동함수는 각각의 위치에서 입자가 발견될 확률이라고 해석한 겁니다.

대충 넘어갈 일이 아닙니다. 이 해석을 잘 음미해봅시다. 전자 하나가 있는데 그 녀석이 어디 있을지는 아무도 모른다는 거지요. 다만 그 녀석이 있을 가능성이 높은 곳들과 그 가능성이 낮은 곳만을 안다는 뜻입니다. 이 해석의 함의는 결국 수소 원자의 달랑 하나 있는 전자가 어느 순간 어디에 있을지를 완전히 파악하는 것이 불가능하다는 것입니다. 오로지 우리는 어떤 에너지 상태의 전자가 가지는 각각의 위치에서의 확률만을 알 수 있다는 것이지요.

흔히 양자역학이 '확률'을 중요시한다거나 혹은 분명하지 못하게 모든 설명을 확률적으로 한다는 등으로 인식되는 것에는 바로 이 막스 보른의 해석이 결정적입니다. 보른은 자신이 만든 방정식은 아니지만 그 방정식에 대한 해석을 통해 양자역학의 가장 중요한 변곡점을 만들어 낸 것이지요.

2부
자연에서 만난
양자역학

역설이란 실재와 그 실재가
어떠해야 한다고 여기는
당신의 감각 사이의 대립일 뿐이다.

The 'paradox' is only a conflict between reality
and your feeling of what reality 'ought to be'.

리처드 파인만
Richard Feynman

빛을 연구하다, 광학의 역사

빛의 특성을 연구하는 학문을 광학이라고 합니다. 빛에 대해 인류는 문명의 초기부터 관심을 가져왔지요. 고대 그리스의 유클리드Euclid는 자신의 책 『반사광학』에서 빛의 직진성과 반사의 법칙 등을 언급했고 아리스토텔레스나 프톨레마이오스Ptolemaeos 등도 자신들이 쓴 책에서 빛의 성질을 다루었습니다. 알렉산드리아의 헤론Heron은 빛이 한 점에서 다른 점으로 갈 때 가장 짧은 경로를 따라 이동한다고 주장했습니다. 클레오메데스Cleomedes는 빛의 굴절 현상을 정량적으로 해석하기도 했지요.

이븐 일하이삼

하지만 광학의 역사에서 주목할 사람은 중세 이슬람의 이븐 알하이삼Ibn al-Haytham입니다. 마치 이슬람의 아리스토텔레스처럼 여러 학문 분야에서 커다란 성과를 쌓았던 그의 업적 중 가장 중요한 것이 『광학의 서』라는 책입니다. 이 책을 통해 그는 근대 광학으로 가는 길의 중요한 교두보를 닦았지요. 이후 책은 라틴어로 번역되어 유럽으로 전파되었고, 르네상스 시기 유럽에서 광학의 교과서로 대우를 받았습니다. 사실상 근대 광학 이전에 있어 가장 중요한 책이라고 볼 수 있습니다.

알하이삼 이전에는 시각에 관해 두 가지 이론이 있었습니다. 방출이론은 에우클레이데스^{Eucleides}와 프톨레마이오스가 주장하였는데, 눈에서 빛이 나감으로써 시각이 작용한다는 이론입니다. 두 번째 이론인 흡수 이론은 아리스토텔레스와 그를 따르는 사람들이 주장한 이론으로서 물체로부터 눈에 들어오는 (빛이 아닌) 어떤 물리적인 것에 의해서 물체를 볼 수 있다는 이론입니다.

그러나 알하이삼은 시각은 눈에서 빛이 나오는 것도, 물리적인 어떤 것이 들어오는 것도 아니라고 주장하지요. 그는 두 가지를 근거로 들었습니다. 하나는 우리 눈에서 빛을 내보낸다면 그 빛이 별까지 갔다가 다시 우리 눈으로 돌아와야 별빛을 볼 수 있는데, 광년 단위로 떨어져 있는 별의 빛을 우리는 바로 볼 수 있다는 것입니다. 두 번째 근거는 아주 밝은 빛을 봤을 때 우리의 눈이 부시거나 아프다는 사실이었지요. 알하이삼은 빛이 물체의 각 지점으로부터 어떻게 우리 눈까지 올 수 있는가를 설명한 성공적인 이론을 완성하고, 그것을 실험으로 증명합니다. 그의 기하광학과 시각, 사진술에 대한 연구는 현대 광학의 기초를 이룹니다.

뿐만 아니라 알하이삼은 빛이 직선으로 움직인다는 것을 증명했고, 렌즈와 거울을 써서 굴절과 반사 실험을 했습니다. 그는 기하광학의 기본인 굴절과 반사를 수직과 수평 성분으로 나누어 연구한 최초의 사람입니다.

알하이삼은 또한 카메라 옵스큐라^{camera obscura}에 대해 옳은 설명을 한 최초의 사람이기도 합니다. 어두운 상자에 작은 구멍을 뚫으면 반대쪽에 구멍을 통해 들어온 빛에 의해 상이 맺히는데 이를 카메라 옵스큐라라고 합니다. 현대의 카메라도 기본적으로 이 원리를 기반으로 하지요. 알하이삼 이전에는 아무도 구멍을 통과해서 스크린에 맺히는 상에 대해서는 묘사한 적이 없었습니다. 알하이삼은 이 내용을 넓은 지역에서 여러 가지 종류의 광원을 가지고 한 램프 실험을 통해서 최초로 증명합니다.

서유럽에서 광학이 과학으로서 체계적으로 연구되기 시작한 것은 17세기 이후의 일입니다. 알하이삼의 책이 전파된 후 그를 뛰어넘는 연구가 시작되기까지 근 400년 가까이 흘렀던 거지요. 아이작 뉴턴은 태양광을 프리즘에 통과시켜 굴절률의 차이에 따라 색이 분해된다는 것을 관찰하고 『광학』이라는 책을 출판하면서 빛을 입자로 설명했습니다. 우리가 학교에서 배운 빛의 삼원색을 이때 발견했지요. 뉴턴은 또 무지개를 일곱 색으로 구분했습니다. 원래 다섯 가지 색이었는데 음계의 일곱(도레미파솔라시)과 같은 일곱 가지로 구분을 한 거지요.

비슷한 시기 네덜란드의 하위헌스는 빛을 파동으로 여겼고, 이를 바탕으로 빛의 반사와 굴절을 설명하는 수학적 모델을 수립하였습니다. 이 모델은 현재까지도 다양한 영역에서 사용되고 있으며, 고등학교 물리시간에 배우는 파동, 빛의 굴절과 반사의 내용도 하위헌스에 의해 정립된 것입니다. 그 뒤 토머스 영은 이중슬릿 실험을 통해 빛의 간섭현상을 확인하면서 파동설을 뒷받침했습니다. 올레 크리스텐센 뢰머Ole Christensen Røme는 빛의 속도가 유한하며 1초에 약 30만 킬로미터를 간다는 것을 목성의 위성 이오Io가 목성에 가려 보이지 않다가 다시 보이는 현상(식이라고 합니다)을 관찰하다가 발견합니다. 그 이전까지는 빛의 속도가 무한이라고 여기는 사람이 많았지요. 이렇게 여러 과학자들의 연구를 거쳐 광학은 발전합니다.

그러나 빛의 연구에서 획기적인 전기를 마련한 것은 19세기입니다. 그중 하나는 맥스웰의 공로입니다. 맥스웰은 전자기에 대한 공식을 정리하면서 빛이 전기장과 자기장에 의해 형성되는 전자기파라는 것을 밝혀냈습니다. 이를 통해 빛이 파동이라는 사실이 공고히 되었습니다.

또 하나 광학의 발전에 커다란 전기를 만든 것은 분광기였습니다. 분광기는 빛의 스펙트럼을 관찰하는 장치지요. 빛이 파장에 따라 다른 굴절률을 가진다는 것은 이미 알려진 사실이었는데 기존의 프리즘보다 훨씬 정교하게 빛을 나눌 수 있는 분광기가 등장함으로써 광학은 여타 학문분야에도 엄청난 영향을 끼치게 됩니다. 19세기에서 20세기 초에 이르는 시기에 새로 발견된 원소의 절반 이상이 이 분광기를 이용한 것이기도 합니다.

또한 분광기를 통해 태양이나 다른 별의 빛을 연구하여 어떤 원소로 구성되어 있는지도 밝혀내지요. 이제 빛이 파동이라는 건 너무나도 당연한 것이라 생각되었고 뉴턴의 빛 입자설은 낡고 틀린 이야기가 되었지요.

그러나 광전효과를 연구하던 아인슈타인은 빛이 일종의 에너지 덩어리인 입자의 성질을 가진다는 것을 밝혔습니다. 광전효과에서 나타나는 여러 현상은 빛을 에너지 덩어리인 일종의 입자, 즉 광자photon라 여기면 아주 깔끔하게 문제가 정리되는 것이었죠. 기존의 파동이론에서는 진동수에 의해 빛의 색깔이 결정된다고 여겼지만 입자이론에서는 입자 한 개가 가지고 있는 에너지의 크기가 빛의 색을 정한다고 바뀌는 식이었습니다.

사람들은 다시 혼란에 빠졌지요. 빛이 대체 입자야 파동이야 이러면서 말이죠. 여기서 양자역학이 결정적인 역할을 합니다. 양자역학은 빛이 입자성과 파동성을 함께 가짐을 모순 없이 설명합니다. 고전 양자역학을 이은 현대 양자역학에서 빛은 맥스웰 방정식을 만족하는 전자기파의 성질을 가지면서 동시에 다른 물질과 상호작용을 할 때 양자화 된 에너지의 특성이 나타나는 입자적 성질을 보여준다고 이야기합니다.

광학

일반적으로 광학적 현상을 설명하는 방법으로는 빛을 전자파, 즉 전자기의 파동으로 보고 맥스웰의 방정식을 기반으로 설명하는 물리광학과, 빛을 직진하는 광선으로 파악하여 기하학적 도형으로 설명하는 기하광학을 사용합니다.

물리광학은 빛의 위상이나 편광과 같은 복잡한 현상을 감안하기 때문에 빛의 운동을 정확히 기술할 수 있지만 매우 복잡한 수학을 사용해야 합니다. 빛을 받는 물체의 크기가 파장보다 충분히 크면 기하학적 모형으로도 비교적 정확한 결과를 얻을 수 있기 때문에 간단한 계산에서는 기하광학을 많이 사용합니다. 하지만 기하광학은 간섭효과나 회절, 위상과 같은 것을 감안하지 않기 때문에 정밀한 계산 작업에는 사용되지 않습니다.

더 세부적으로 들어가면 기하광학, 파동광학, 분광학, 양자광학, 비선형광학 등이 있습니다. 기하광학은 광학기기에 비해 충분히 짧은 파장을 가진 빛에 대한 근사적인 광학 이론입니다. 빛을 파동으로 나타내며, 굴절과 반사 법칙을 이용하여 거울, 렌즈, 프리즘 등의 광학기기의 원리를 설명할 수 있지요.

파동광학은 맥스웰 방정식에서 편광을 무시하고 빛이 한 종류의 파동, 또는 근사적으로 단색광이라 가정한 상태에서의 광학 이론입니다. 기하광학의 모든 결론을 포함하고 있으며, 회절과 간섭

등 파동에서만 나타나는 현상들을 추가적으로 설명할 수 있습니다. 영의 간섭 실험으로부터 빛이 파동이라는 사실이 증명된 후 여러 가지 종류의 간섭계가 등장합니다. 빛의 간섭현상을 이용하는 이들 간섭계를 통하면 매우 정밀한 측정이 가능하지요.

물리광학은 파동광학에서 편광에 대한 부분을 포함하는 광학 이론입니다. 일반적으로 빛, 즉 전자기파는 빛이 진행하는 방향에 수직한 모든 방향으로 진동하는 빛이 혼합된 상태입니다. 이 때 빛에 수직한 방향은 하나의 평면으로 생각할 수 있습니다. 따라서 빛의 파동은 두 가지 벡터성분으로 나눌 수 있지요. 복굴절, 광학 활성 등 편광에 따라 다르게 나타나는 물질의 성질을 설명하기 위해선 물리광학을 이용해야 합니다.

양자광학은 빛의 특성과 매질과의 상호작용을 양자역학적으로 설명합니다. 여기서 빛은 전자기파이자 동시에 광자라는 입자로 다루어지지요. 빛과 매질의 상호작용에서 빛은 광자 하나에 해당하는 에너지를 기본 단위로 매질에 흡수되거나 방출되는데 이를 정확히 다루자면 양자전기역학이 필요합니다. 광자 하나만 있는 단광자 상태나 광자간의 양자얽힘, 다광자 간섭현상, 양자지우개 등이 양자광학적으로만 설명할 수 있는 경우입니다.

빛의 성질

빛의 성질 중 첫 번째는 직진성입니다. 휘거나 굽지 않고 일직선으로 나아간다는 거죠. 그림자가 지는 것은 이에 대한 가장 간단하고 직관적인 증거입니다. 물체가 빛이 가는 길을 가로막으면 더 이상 전진하지 못하니 그 뒤에 빛이 닿지 않는 곳, 즉 그림자가 지게 되는 거지요. 중력 등에 의해 빛이 휘어지는 경우도 직진성은 변하지 않습니다. 일반상대성이론에 따르면 빛이 휘는 것이 아니라 빛이 진행하는 공간 자체가 휘어진 것이기 때문이지요.

빛은 또한 얇은 유리판이나 공기와 같은 투명한 매질에 들어갈 때 투과하는 성질이 있습니다. 빛의 파장이 매질을 이루는 원자나 분자의 간격보다 훨씬 크기 때문에 가능한 일입니다. 물론 이 과정에서 일부 빛은 원자나 분자와 부딪쳐 튕겨져 나오는 경우도 있는데 이를 반사라고 합니다. 반사와 투과는 빛의 두 번째 성질입니다.

세 번째로 빛은 어떤 매질의 경계를 지날 때 휘거나 구부러지는 현상을 나타내는데 이를 굴절이라고 합니다. 이는 매질에 따라 빛의 속도가 달라지기 때문입니다. 예를 들어 물속의 동전은 밖에서 보면 원래 있던 자리보다 위에 있는 것처럼 보이는데 이는 공기보다 물에서 빛의 속도가 느려져 굴절이 일어났기 때문입니다.

빛의 네 번째 성질은 간섭입니다. 즉 두 개 이상의 빛이 상호작용하여 그 진폭이 더 커지거나 작아지는 현상을 말합니다. 무대에

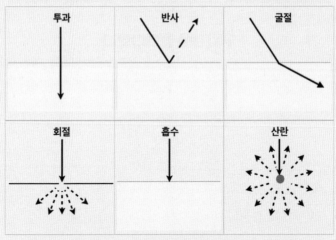

빛의 성질

서 여러 개의 조명이 주인공을 비추면 주변보다 더 밝아지는 것은 이런 간섭현상 때문입니다. 또 노란 조명과 녹색 조명 그리고 파란 조명을 한 곳에 비추면 하얀색이 되는 것도 이런 현상이라 볼 수 있습니다. 간섭현상은 빛뿐이 아니라 모든 파동에서 나타나는 파동의 고유한 성질이기도 합니다.

회절 또한 빛뿐이 아니라 모든 파동에서 나타나는 현상입니다. 파동이 진행하는 방향에 파동의 진행을 가로막는 장애물이 있을 경우 그 경계면에서 파동이 퍼져나가는 현상을 말합니다. 담 너머에서 나는 소리가 들리는 것은 이런 회절현상에 의한 것이지요. 손가락 두 개를 아주 가깝게 접근시켜 전등을 보면 손가락의 경계면이 흐릿해지는 것도 이런 회절현상의 하나입니다.

무지개를 들여다보니

한 여름날 소나기를 흠뻑 맞은 아이들의 모습에

살며시 미소를 띠워 보내고

뒷산 위에 무지개가 가득히 떠오를 때면

가도 가도 잡히지 않는 무지개를

따라갔었죠.

제가 좋아하는 가수 조규찬 씨의 <무지개>라는 노래 가사 일부입니다. 우린 흔히 빨주노초파남보 일곱 빛깔 무지개라고 하지요. 그런데 무지개가 정말 일곱 가지 색깔일까요? 원래 우리나라에선 오색 무지개라고 해서 무지개 색깔을 다섯 가지로 구분했었지요. 서양이라고 다르진 않습니다. 르네상스 시기까지 옛 유럽에선 무지개는 다섯 색깔이라고 생각했지요. 뉴턴이 무지개 색이 일곱 가지라고 주장하기까지는

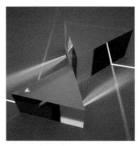

프리즘

말이지요. 뉴턴은 비가 오지 않아도 무지개를 볼 수 있는 프리즘을 가지고 빛을 연구했지요.

프리즘은 고대 로마제국의 문서에서도 언급될 만큼 그 역사가 오래되었는데 17세기 아이작 뉴턴에 와서 비로소 빛을 발합니다. 뉴턴 이전의 사람들은 일반적으로 빛에는 색이 없다고 생각했습니다. 색은 물체가 가진 고유한 성질이라고 여겼지요. 하지만 뉴턴은 프리즘을 이용하여 백색광에서 일곱 색깔 무지개를 만들어 냈습니다. 그리고 다시 프리즘을 이용해 이 일곱 색깔의 무지개가 하나의 백색광으로 합쳐질 수 있다는 것도 보여주었지요. 백색광이 사실은 여러 색이 합쳐진 것이란 사실을 보여준 것이죠.

앞서 말했다시피 뉴턴은 무지개를 일곱 색깔로 만든 장본인이기도 합니다. 뉴턴은 음악이 도레미파솔라시의 일곱 음계가 있는 것처럼 색도 일곱 가지여야 된다고 생각해서 주황과 남색을 추가해서 일곱 색깔이라고 주장합니다. 이렇게 단색광을 여러 색의 빛으로 나누어 보여주는 것을 스펙트럼이라고 한 것도 뉴턴이지요.

그리고 이런 실험의 결과들을 정리하여 『광학』이라는 책을 펴냅니다. 이 책에서 뉴턴은 빛은 여러 색깔의 입자가 모인 것이라고 이야기합니다. 하지만 그 입자가 너무 작아 눈으로 볼 수 없다고 주장하지요. 뉴턴이 『광학』을 펴낸 이후 빛이 입자라는 생각이 주류를 이루게 됩니다.

하지만 과학계에는 여전히 빛이 파동일 것이라 생각하는 사람

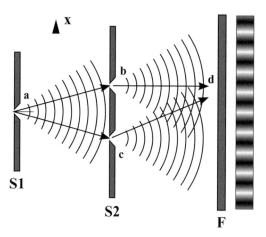

S1의 슬릿 a를 통해 들어온 빛은 S2의 슬릿 b와 c를 통과한 뒤 F의 스크린에 닿을 때 간섭무늬를 만든다. 상쇄간섭에 의한 검은 부분과 보강간섭에 의한 밝은 부분이 번갈아 나타남을 F뒤의 무늬가 보여준다.

들이 있었습니다. 그중 토마스 영이 빛의 파동성을 입증하는 역사적인 실험을 합니다. 앞서 간섭현상을 설명할 때 다루었던 영의 이중슬릿 실험이지요. 그림처럼 앞에 하나의 슬릿을 놓고 그 뒤에 간격이 아주 좁은 두 개의 슬릿을 설치합니다. 빛은 앞쪽의 슬릿을 통과하면서 살짝 분산이 되어 다시 두 개의 슬릿을 통과합니다. 그 뒤 뒤쪽의 스크린에 상을 맺게 되지요.

빛이 만약 입자라면 가운데가 밝고 양쪽 끝으로 갈수록 어두운 상을 맺게 될 것인데 실제 실험 결과는 달랐습니다. 어둡고 밝은 무늬가 일정한 간격을 두고 되풀이되는 상이 나타났습니다. 이는 파동이 가지는 고유한 특성인 간섭현상 때문입니다. 반대의 위치를 가진 파동이 서로 섞이면 진폭이 서로의 차이만큼 줄어들고

(상쇄간섭), 같은 위치를 가진 파동이 섞이면 서로의 합만큼 진폭이 늘어나는(보강간섭) 현상이었지요. 그래서 두 슬릿을 통과한 빛이 거리 차에 따라 보강간섭과 상쇄간섭을 되풀이하는 모습이 상에 나타나는 것이지요. 토머스 영의 실험으로 빛은 파동이라는 견해가 더 강해집니다.

19세기 초 프리즘에서 발전한 분광기의 성능이 크게 개선이 됩니다. 무지개, 즉 스펙트럼을 보다 자세히 살펴볼 수 있게 된 거지요. 이를 사용하여 햇빛을 연구하니 연속인 줄 알았던 햇빛의 스펙트럼 중간에 검은 선들이 수백 개나 있다는 사실을 알게 됩니다. 프라운호퍼Joseph von Fraunhofer는 분광기로 스펙트럼의 검은 선들을 관찰하면서 그 상대적 위치가 일정하다는 것을 발견하고 그 비율을 당시로선 대단히 정확히 측정합니다. 하지만 그 검은 선들의

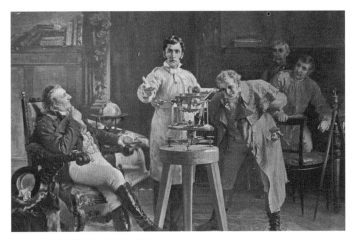

프라운호퍼가 분광기를 시연하는 장면

철의 선스펙트럼과 루비듐의 선스펙트럼

정체가 뭔지는 파악하지 못했습니다.

프라운호퍼의 발견에 고무된 과학자들은 다른 빛에서도 비슷한 현상이 일어나는지 연구하기 시작했습니다. 그중 키르히호프Kirchhoff와 분젠Bunsen은 햇빛이 아닌 금속을 대상으로 실험하면서 또 검은 선을 발견합니다. 금속을 불꽃에 넣은 뒤 그 불꽃에 빛을 통과시키면 스펙트럼에 검은 선이 생긴다는 사실을 발견한 것이지요. 또 금속을 넣은 불꽃에서 나오는 빛에선 반대로 검은 선이 생긴 곳에서만 밝은 선이 생긴다는 사실을 발견합니다. 이를 통해 키르히호프와 분젠은 금속의 종류에 따라 각기 흡수하거나(흡수 선스펙트럼) 방출하는(방출 선스펙트럼) 빛의 파장이 같다는 결론을 내립니다. 하지만 왜 원소들마다 서로 다른 선스펙트럼을 가지는지에 대해선 아무도 알지 못했습니다.

19세기 말에서 20세기 초까지는 새로운 분자를 발견하는 붐이 일어납니다. 모두 선스펙트럼 덕분이지요. 먼저 기존에 알고 있던 원소의 스펙트럼을 모두 정리합니다. 그리고 새로운 종류의 광물이 발견되면 이의 스펙트럼을 분광기로 조사합니다. 기존 스펙트럼과 다른 스펙트럼 선이 발견되면 곧 새로운 원소의 발견이 되는 것이지요. 이제 광물을 분리하여 새로운 원소의 실체를 확인하는 방법으로 이전보다 훨씬 빠르게 그리고 많이 발견하게 됩니다.

1861년 분젠과 키르히호프가 이 방법을 이용해 루비듐을 발견합니다. 루비와 같은 붉은색 계통의 선스펙트럼을 낸다고 루비듐이란 이름이 붙었지요. 1863년에는 인듐이 발견됩니다. 푸른색 영역에 선이 그려졌기 때문에 푸르다는 뜻의 인디고에서 원소 이름을 땄습니다. 태양에서 오는 빛의 선스펙트럼을 통해선 헬륨을 발견합니다. 아르곤 기체도 이런 과정을 통해 발견됩니다.

20세기 초반에는 눈부시게 발전한 양자역학이 드디어 선스펙트럼의 비밀을 풀었습니다. 입자들이 가질 수 있는 에너지(에너지준위)는 그 양이 정해져 있다는 것이지요. 그래서 가진 에너지가 적은 상태(바닥상태)의 입자가 높은 에너지 상태(들뜬상태)가 될 때 외부로부터 흡수할 수 있는 빛의 파장이 정해지는 것입니다. 이때 입자들이 흡수한 빛의 파장 부분이 검은 띠가 되는 것이지요.

그런데 이 바닥상태와 들뜬상태의 에너지 차이가 입자마다 다 달라서 서로 다른 파장에 검은 띠가 그려지게 됩니다. 반대로 들뜬상태에서 바닥상태로 내려갈 때는 입자들이 빛을 내는데 이때 내놓는 파장이 바닥상태에서 흡수한 파장과 동일합니다. 그래서 흡수할 때의 검은 띠와 방출할 때의 밝은 띠가 같은 곳에 그려지게 되는 것이지요. 마치 자동판매기에 투입할 수 있는 돈은 500원

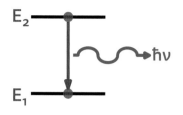

선스펙트럼의 기본 원리. 바닥상태에서 들뜬 상태가 될 때는 hν만큼의 에너지를 가진 전자기파를 흡수하고 반대 상황에서는 내놓는다.

짜리와 100원짜리뿐이고, 자판기에서 내놓는 잔돈도 500원짜리와 100원짜리뿐인 것과 비슷합니다.

가장 먼저는 원자들의 전자가 흡수하고 내놓는 전자기파에 대해 연구가 되었고, 뒤이어 원자가 서로 결합한 분자들에 대해서도 연구가 이루어집니다. 분자들은 전자와 달리 진동하거나 회전하는 움직임이 있는데 이와 관련된 에너지도 마찬가지로 특정한 영역의 전자기파를 내놓거나 흡수하게 됩니다. 그리고 어떤 종류의 전자기파를 내놓는지는 분자 구조에 의해 결정됩니다. 그런데 이 에너지 상태의 변화는 그 폭이 적어서, 즉 내놓거나 흡수하는 에너지가 매우 작아서 파장이 아주 긴 것과 달리 적외선이나 마이크로파* 영역의 전자기파를 내놓습니다. 그리고 분자들마다 구조가 다르니 이 때 내놓는 적외선이나 마이크로파도 분자마다 다 다릅니다.

스펙트럼 분석의 범위가 이렇듯 적외선과 마이크로파로 넓어지면서 분광학의 범위도 넓어지고 활용도도 더 커집니다. 이제 분자들의 종류와 그 농도도 알 수 있게 되고 분자의 구조도 알 수 있지요. 앞서 설명한 MRI도 인체 내의 물 분자의 핵자기공명 스펙트럼

* 파장이 약 1mm 보다 짧은 전파를 따로 마이크로파라고 합니다.

을 분석해서 신체의 이상을
찾는 장치입니다.

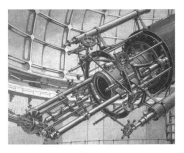

천문대의 분광기

밤하늘에 떠 있는 수많은
별들에 대해 19세기까지 알
수 있었던 것은 별로 없었습
니다. 그저 밝기 정도만 파악

하는 것이 최선이었지요. 하지만 분광기가 손에 들어오자 사정이
달라졌습니다. 분광기로 별의 스펙트럼을 분석하면 별을 구성하
는 원소들이 무엇인지 파악할 수 있지요. 더구나 적외선 분광장치
나 마이크로파 분광장치 그리고 자외선과 X선 감마선까지 동원되
면서 이전보다 훨씬 자세한 사항들을 알 수 있게 되었습니다.

스펙트럼선이 원래의 영역에서 벗어나는 정도를 관측하면 지구
로부터 얼마나 빨리 멀어지는지 혹은 가까워지고 있는지 그 속도
를 알 수 있습니다. 또 스펙트럼선의 분석을 통해 천체의 온도나
밀도, 자기장뿐만 아니라 화학조성도 알 수 있습니다. 그리고 천체
가 팽창하고 수축하는 등의 상황도 파악할 수 있지요. 수억 광년
이상 떨어진 별의 구성요소와 운동을 스펙트럼으로 파악할 수 있
게 된 것입니다.

양자역학의 시작이 된 '하얀 해'

예전에 태양이 지구 주위를 돈다고 믿던 시절, 태양의 궤도를 황도라고 이름 붙였지요. 태양이 황금빛으로 빛나고 있기 때문입니다. 노랑은 금을 나타내기도 하지만 태양을 상징하는 색이기도 합니다. 그런데 지구를 벗어난 우주선이나 인공위성에서 보면 태양은 노란색이 아니라 하얀색을 띠고 있습니다. 지구 대기권을 통과해서 우리 눈에 오는 동안 뭔가 일이 일어난 거지요. 대기권에서 햇빛에 무슨 일이 일어났는지는 조금 뒤쪽에서 알아보기로 하고요, 그렇다면 햇빛은 왜 하얀 걸까요?

빛은 물리학에서 전자기파라고 합니다. 일종의 파동이란 뜻이지요. 파동은 1초에 몇 번 진동하느냐에 따라 그 특성이 조금씩 달라집니다. 소리는 진동수가 많으면 많을수록 더 높은 음이 되고 적으면 낮은 음이 되지요. 빛에서도 마찬가지여서 진동수가 가장 많은 것은 감마선이라 합니다. 그 다음부터 순서대로 X선, 자외선, 가시광선, 적외선, 전파라고 하지요. 그중 우리가 눈으로 볼 수 있는 영역을 가시광선이라고 합니다. 가시광선 중에서도 진동수에 따라 그 색깔이 달리 보입니다. 진동수가 많은 순서로 보라, 남색, 파란색, 초록색, 노란색, 주황색, 빨간색이지요.

태양이 흰색인 이유는 이 가시광선대의 빛들이 저마다 비슷한 비율로 나오기 때문입니다. 빛은 원래 섞이면 더 밝아지는데 그중에서 빨간색과 초록색, 파란색이 같은 비율로 합쳐지면 완전히 흰색이 됩니다. 대뇌가 그렇게 느끼도록 세팅이 된 것이지요. 하지만 이는 엄밀히 말하면 우리 눈이 그렇게 진화한 것이기도 합니다. 즉 태양에서 가장 많은 양이 나오는 빛들을 보는 것이 적은 양이 나오는 것보다 보기가 수월하니 그리 진화한 것이지요.

그럼 왜 태양에선 이 가시광선 영역의 빛들이 이렇게 골고루 나오는 걸까요? 이유는 태양의 표면 온도에 있습니다. 물리학에 따르면 어떤 물체든 자신의 표면 온도에 의해 결정되는 빛이 나옵니다. 이를 복사radiation이라고 합니다. 앞서 빛은 전자기파라고 했는데 이를 이해하면 더 쉽습니다. 전자기파는 전기를 띠는 입자가 가속운동을 할 때 생기는 현상입니다. 물질을 구성하는 원자 안에는 전기를 띠는 양성자와 전자들이 있는데 이들이 전자기파를 내는 것이지요. 어찌되었든 이들이 내는 전자기파인 빛에너지는 물체의 온도와 표면적 그리고 표면의 성질에 따라 결정됩니다. 그중에서 빛의 색을 결정하는 것은 표면 온도입니다. 이는 슈테판-볼츠만 식으로 나타납니다.

$$E = \sigma T^4$$

여기서 E는 에너지고 σ는 슈테판·볼츠만 상수이며 T는 온도입니다. 간단히 말해 복사의 형태로 나오는 에너지는 온도의 네제곱에 비례한다는 뜻이지요. 결국 온도가 높을수록 더 많은 에너지가 전자기파의 형태로 나온다는 뜻입니다.

그리고 빛에너지는 진동수가 많은 빛일수록 큽니다. 즉 온도가 높다는 것은 그만큼 진동수가 많은 빛이 더 강하게 나온다는 뜻이지요. 쇠젓가락을 달궈보면 아주 쉽게 볼 수 있습니다. 처음에는 빛이 나지 않다가 (우리 눈에 보이는 빛이 아닌 진동수가 적은 적외선이 나오다가) 온도가 높아지면 먼저 벌겋게 달아오릅니다. 온도가 조금 더 올라가면 차츰 주황색에서 노란색으로 바뀌다가 더 올라가면 하얗게 빛나지요. 즉 온도가 높아짐에 따라 진동수가 더 많은 빛들이 나오는 겁니다. 물론 온도가 낮을 때 나오던 진동수가 작은 빛도 같이 나옵니다. 그래서 처음에는 빨갛다가 녹색과 푸른색 빛까지 같이 나오는 온도가 되면 하얗게 변하는 거지요.

태양의 표면 온도는 약 5,000도 정도입니다. 충분히 뜨겁지요. 그래서 가시광선 영역의 빛들이 모두 나와서 하얀색이 되는 겁니다. 이렇게 온도에 따라 색이 달라지는 이유는 근본적으로 양자역학에 있었던 것이죠.

그런데 이 이야기 어디에 양자역학이 있을까요? 먼저 물체의 온도와 빛에 대한 이야기에 양자역학의 시작이 숨어 있습니다. 앞서 물체의 표면 온도가 올라가면 내놓는 빛, 즉 전자기파의 비율이 달라진다고 했습니다. 태양은 흰색이지만 태양보다 표면 온도가 더 높은 별들은 푸른빛을 띠지요. 가시광선 영역에서 가장 진동수가 많은 푸른빛을 압도적으로 많이 내기 때문입니다. 그런데 이렇게 물체의 온도가 높을수록 진동수가 더 많은 전자기파가 나오는 것까지는 좋은데 이를 전통적인 물리학으로 계산해 보니 나오는 빛의 양이 무한대가 된다는 문제가 19세기 말에 밝혀졌습니다. 이를 앞서 흑체문제라고 했습니다.

검은색으로 칠한 철판으로 박스를 만들고 내부는 진공상태로 합니다. 한쪽 면에 아주 작은 구멍을 뚫고 거기로 전자기파를 쏘아 넣습니다. 철판이 전자기파의 에너지를 모두 흡수한다고 가정합니다. 온도가 올라가겠지요. 그리고 전자기파를 냅니다. 박스 내부는 어떻게 될까요? 내부는 진공상태이니 열을 전달받을 어떤 물질도 없습니다. 철판은 외부로 전자기파를 내놓는 것처럼 내부로도 동일한 형태의 전자기파를 내놓습니다. 박스 내부는 철판이 내놓은 전자기파로 가득하게 됩니다. 이제 철판에 뚫은 구멍으로 박스 내부의 전자기파가 빠져나오게 됩니다. 이를 측정하면 철판의 온도와 외부로 방출되는 전자기파의 상관관계를 정확히 조사할 수 있습니다.

그런데 문제는 실제 측정된 결과와 이론적 예측이 잘 맞아 들

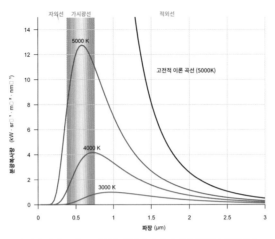

자외선 파탄 그래프. 자외선 영역에서 에너지가 한없이 올라간다.

어가지 않는 겁니다. 위의 그래프를 보면 온도에 따라 다른 모습이 보이시죠? 3,500K에서 5,500K로 온도가 높아질수록 진동수가 더 큰 쪽이 더 많은 양의 빛을 내놓습니다. 하지만 가장 많은 양의 빛을 내놓는 곳을 지나면 더 진동수가 큰 빛들은 그 양이 급격히 줄어들다가 거의 0에 가깝게 됩니다.

그런데 볼츠만의 통계역학으로부터 유도된 공식인 레일리-진스 이론에 따르면 이런 그래프가 그려지지 않습니다. 레일리-진스 이론에 따르면 '에너지(U)는 진동수(ν)의 제곱에 비례하고 온도(T)에도 비례한다'입니다. 같은 온도에서 서로 다른 진동수 간의 에너지를 비교해보면 에너지는 진동수의 제곱에 비례하니까 진동수가 클수록 더 큰 에너지를 가져야 합니다. 즉 진동수가 더 클수록 더 높은 세기의 전자기파를 내놓는 거지요.

그런데 이건 말이 되지 않습니다. 아까의 그래프를 보면 특정 진동수보다 더 큰 영역에서는 세기가 급속히 줄어드는 것이 보이시지요? 그런데 레일리-진스 이론에 의하면 진동수가 커질수록 무한히 더 커져야 한다는 거니 실제 상황과 완전히 다른 거지요. 더구나 레일리-진스 이론은 이론 자체로도 문제가 있는 것이 진동수가 커질수록 더 많은 에너지를 내놓는다면 결국 전자기파의 형태로 무한히 많은 에너지를 내놔야 한다는 결론입니다.

흑체가 가진 에너지는 유한한데 무한히 많은 에너지를 내놓아야 한다니 말이 되질 않지요. 물리학자들이 가장 싫어하는 것 중 하나가 에너지 보존의 법칙을 어기는 것이지요. 이런 결과를 레일리-진스 이론의 '자외선 파탄'이라고들 합니다. 진동수가 높아져 자외선 영역으로 가면 그야말로 하늘 높은 줄 모르고 치솟아 올라가기 때문이지요. 진동수가 적은 경우에는 실제 실험 결과와 그래도 비슷하게 들어맞는데 진동수가 커지면 완전히 달라져버리는 것이 레일리-진스 공식의 결과입니다.

이즈음 빌헬름 빈 $^{Wilhelm\ Wien}$이라는 사람이 새로운 공식을 들이밉니다. 빈은 독일의 실험 물리학자로 실제 실험과정에서 나타나는 흑체복사에 최대한 맞추어 공식을 만듭니다. 그러나 빈의 공식은 진동수가 아주 큰 경우에는 실험과 잘 맞는데 진동수가 작으면 실험 결과와 잘 어울리질 않았습니다.

이제 플랑크가 등장할 차례입니다. 머리 좋고(사실 머리 나쁜

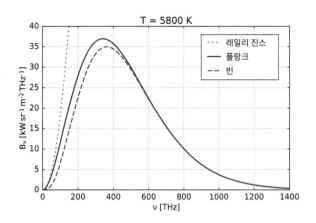

물리학자가 어디 있겠습니까만) 성실하고 보수적인 플랑크는 당시 흑체복사에 대해 열심히 연구 중이었죠. 그는 레일리-진스 공식과 빈의 공식을 보면서 진동수가 적을 땐 레일리-진스가 되고, 진동수가 커지면 빈의 공식이 되는 제3의 공식을 만들면 어떨까하는 착안을 하게 됩니다. 고민과 고민 끝에 그는 마침내 아주 근사한 식을 만듭니다. 자외선 영역에서도 그보다 낮은 영역에서도 실제 실험과 같은 결과를 내놓는 식이었습니다.

하지만 플랑크에겐 또 다른 과제가 남아 있었습니다. 수학적 기교를 통해 레일리-진스와 빈의 공식을 하나로 만들어 실제 흑체복사 그래프를 수식으로 만들었지만, 저 수식이 의미하는 바가 뭔지를 이야기해야 하는 거지요. 사람들 앞에 나가서 '하다 보니 이렇게 되었어요'라고 할 수는 없으니까요. 그런데 사실 플랑크가 처음 발표할 때 이와 비슷한 식으로 이야기했습니다. 하지만 본인도 찝찝했던 거지요.

플랑크 식의 핵심은 흑체복사는 고전역학과는 달리 높은 진동수에서 많은 에너지가 나오지 않는다는 점입니다(물론 빈 공식의 핵심이기도 합니다). 왜 그럴까요? 플랑크는 여기서 과감한 한 발을 내딛습니다. 평생 '과감'과는 거리가 먼 삶을 살아온 플랑크로서는 일생일대의 결단이었지요.

플랑크는 여기에 새로운 제안을 합니다. "빛은 자기 진동수의 정수배에 해당하는 에너지만 가질 수 있다." 그런데 진동수와 진폭에 의해 결정된 에너지 값이 '일정한 값의 배수'가 되지 않으면 어떻게 될까요? 네, 그런 값은 가질 수가 없게 됩니다.

가령 진동수가 100Hz인 빛의 기본 에너지가 100이라 합시다. 그러면 진동수가 200Hz인 빛은 기본에너지가 200이 되고 300Hz인 빛은 기본 에너지가 300이 됩니다. 그러면 각 진동수의 빛은 이 기본 진동수의 배가 되는 에너지만 가질 수 있습니다. 100Hz인 빛은 100, 200, 300이, 200Hz인 빛은 200, 400, 600이, 300Hz인 빛은 300, 600, 900이 되는 식입니다.

자 그런데 흑체는 내부에 가지고 있는 에너지에 한계가 있지요. 가령 흑체가 가지고 있는 에너지가 250이라고 합시다. 그럼 어떤 진동수의 빛이든 250 이상의 에너지를 가질 순 없습니다. 따라서 100Hz의 빛은 100이나 200을 가질 수 있고 200Hz의 빛은 200 하나만 가질 수 있습니다. 그리고 300Hz의 빛은 기본 에너지가 300으로 흑체의 에너지 250을 넘어버리기 때문에 어떤 에너지도 가질 수 없습니다. 즉 아예 나올 수가 없는 거지요.

이제 모든 문제가 깔끔하게 해결되었습니다. 전자기파는 진동수마다 가질 수 있는 기본 에너지가 정해져 있던 것이고, 그 정수배에 해당하는 에너지 말고는 가질 수 없습니다. 이제 흑체문제는 기억에서 지워도 좋지요. 하지만 플랑크는 기분이 좋지 않았습니다. 왜냐하면 고전역학에 어긋나는 일이었기 때문이지요.

고전역학에 따르면 파동은 에너지를 저런 식으로 설정하지 않습니다. 어떤 진동수건 파동은 아주 작은 에너지도 가질 수 있다는 게 고전역학의 파동이론이거든요. 가령 진동수가 아주 높은 파동의 경우 대신 진폭을 아주 작게 하면 얼마든지 다양한 종류의 에너지를 가질 수 있는 거지요. 기타로 예를 들자면 맨 위의 줄은 아래줄보다 진동수가 기본적으로 더 커서 높은 음을 냅니다. 그러나 아주 약하게 쳐서 진폭을 작게 하면 아주 작은 소리가 나고 그러면 파동에너지가 작아질 수 있는 거지요.

결국 파동인 전자기파가 '난 아무 에너지나 가지지 않을 거야'라고 하면 파동이 아닌 척 하는 거나 다름없는 것입니다. 고전역학을 거의 신앙 수준으로 믿고 있던 플랑크로서는 영 찜찜한 일이었습니다. 그러나 저렇게 가정하지 않고는 문제가 풀리지 않으니 임시변통이라 여겼지요. 아마 속으로 '원래 전자기파는 아무 진폭이

나 가질 수 있지만 어떤 이유 때문에 흑체복사일 때는 특정 에너지의 전자기파만 나오는 걸 거야. 언젠가 그 이유가 밝혀지겠지'라고 생각했을 듯합니다. 흑체복사에 대한 자신의 답이 양자역학을 여는 문이 될 줄 몰랐던 거지요.

태양이 빛나는 이유

'오 솔레 미오 너 참 아름답다'로 시작하는 이탈리아 노래가 있지요. '오 솔레 미오$^{O Sole Mio}$'는 '오 나의 태양' 정도로 번역이 되는데요. 지구의 생명이라면 모두 태양에서 나오는 에너지로 살아간다고 볼 수 있지요. 45억 년 전 빛을 내놓기 시작해서 지금까지 그리고 앞으로도 몇십억 년을 계속 빛을 낼 태양. 예전 사람들은 태양이 아주 커다란 석탄 덩어리라 생각했습니다. 그래서 끊임없이 불타오른다고 생각했지요. 하지만 그 당시 과학자들이 계산을 해보니 태양 정도의 석탄 덩어리라도 몇천 년 이상 불탈 수 없다는 겁니다. 그 때부터 태양이 어떻게 그 오랜 기간 동안 계속 빛을 낼 수 있는지는 과학계에서 풀리지 않는 수수께끼였지요.

그러다 20세기 들어 비밀이 풀렸습니다. 태양이 빛나는 이유는 바로 핵융합 때문입니다. 태양은 75% 정도가 수소이고 25% 가량이 헬륨입니다. 우주에서 가장 가벼운 두 원소로 이루어져 있지요. 하지만 워낙 덩치가 크다 보니 스스로 만든 중력 때문에 중심부위는 엄청난 압력을 받습니다. 그리고 그 압력 때문에 아주 높은 온도를 유지하지요. 이런 상황에서 수소의 원자핵들은 서로 합쳐져서 헬륨이 됩니다. 이 과정에서 수소의 원자핵이 가지고 있던 질량의 일부가 사라지면서 에너지가 되고 빛, 즉 전자기파의 형태로 온 우주로 퍼져나가는 것이지요.

이 과정을 조금 자세히 살펴보죠. 먼저 수소의 원자핵, 즉 양성자 두 개가 합쳐집니다. 이 과정에서 뉴트리노와 양전자가 하나씩 나오고 대신 양성자 하나가 중성자가 됩니다. 즉 중성자 하나와 양성자 하나로 이루어진 중수소 원자핵이 되는 거지요. 이 중수소 원자핵이 다시 양성자 하나와 부딪치면 감마선을 내면서 양성자 두 개와 중성자 하나인 동위원소 헬륨 원자핵이 됩니다. 이 동위원소 헬륨 원자핵 두 개가 서로 부딪쳐 양성자 두 개는 떨어져 나가고 양성자 두 개와 중성자 두 개의 헬륨 원자핵이 되는 것으로 마무리 됩니다. 전체적으로 감마선 두 개가 나오는데 이 감마선이 햇빛이 되는 거지요.

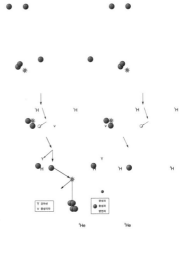

태양의 수소 핵융합

그런데 이 과정이 왜 태양의 중심처럼 아주 뜨겁고 고압이 유지되어야 가능한 걸까요? 이유는 두 가지 힘이 대결을 펼치기 때문입니다. 수소 원자핵, 즉 양성자는 전기적으로 플러스(+) 성질을 띠고 있지요. 그래서 두 양성자 간에는 서로를 밀어내는 척력이 작용합니다. 그리고 그 힘의 크기는 서로 간의 거리의 제곱에 반비례합니다. 즉 거리가 $\frac{1}{2}$이 되면 힘은 네 배가 되고 거리가 $\frac{1}{10}$이 되면 힘은 백 배가 됩니다. 이 힘을 이겨내고 아주 가깝게 가야 비로소 새로운 힘이 작용하여 둘을 묶어둘 수 있게 되지요.

이렇게 양성자나 중성자를 묶어두는 힘을 '강력' 또는 '강한 상호작용'이라고 합니다. 강한 상호작용은 그 힘의 크기가 전자기력보다 훨씬 크기 때문에 양성자들끼리도 서로 떨어지지 않도록 잡을 수 있습니다. 강한 상호작용은 아주 좁은 범위에서만 작용하기 때문에 그 범위까지 들어가려면 양성자들이 서로 아주 빠른 속도로 다가가야 합니다. 느린 화살은 공기의 저항 때문에 과녁에 도착하기도 전에 떨어지지만 빠른 화살은 공기의 저항을 이겨내고 과녁에 꽂히는 것과 같은 이치이지요. 그래서 이런 속도를 얻기 위해 아주 높은 온도가 필요합니다. 또 압력이 높아 서로 부딪칠 기회가 많아야 하지요. 이런 조건에서야 비로소 핵융합이 일어납니다.

그런데 여기 한 가지 함정이 있습니다. 태양의 중심에서 움직이는 양성자들의 평균 운동에너지는 사실 서로 간의 척력을 뚫어낼 정도로 아주 빠르지 않다는 것입니다. 그런데 어떻게 핵융합이 일어날까요? 이유는 두 가지입니다.

먼저 평균 운동에너지는 말 그대로 평균일 뿐이지요. 아주 많은 양성자들이 있으니 그 속도가 서로 다릅니다. 그래서 아주 극소수는 속도가 아주 빨라 척력을 뚫어버리는 것이지요. 전체의 0.1% 혹은 0.01%라고 하더라도 전체 양이 워낙 많으니 핵융합이 일어나는 경우가 드물지만 수로는 아주 많습니다.

두 번째는 바로 양자터널링 효과 때문입니다. 양자터널링이란 앞서도 설명했지만 원래 통과할 수 없는 벽을 통과하는 양자역학의 희한한 현상입니다. 양자역학에서 입자는 파동함수를 가집니다. 이때 파동함수는 입자가 존재할 확률입니다. 즉 여기 존재할 확률은 20%이고 저기 존재할 확률은 10%, 저어기 존재할 확률은 5%, 이런 식으로 공간상의 여기저기에 그 입자가 존재할 확률이 퍼져있는데 이 확률이 일종의 함수값으로 존재하는 것이지요.

그래서 서로 간의 전자기적 척력 때문에 도저히 다가갈 수 없을 것 같은 곳에도 양성자가 존재할 확률이 아주 작게나마 있게 됩니다. 그리고 실제로 그 일이 일어나는 거지요. 아주 작은 확률로요. 가령 두 양성자가 전자기적 척력을 뚫고 강한 상호작용이 작용할 수 있을 만큼 가까운 거리에 존재할 파동함수의 값이 만약 0.0001%라고 한다면 실제 그만큼의 확률로, 즉 백만 개 중 하나의 꼴로 그곳에 존재하는 녀석이 있는 겁니다. 그럼 백만 개 중 하나는 핵융합에 성공하는 것이지요.

그래서 실제 태양에서의 핵융합은 폭발적으로 일어나는 일이 아닙니다. 아주 천천히 일어나지요. 아주 빠른 속도를 가진 양성자도 비율상 아직 적고, 또 양자터널링도 아주 낮은 확률로 일어나기 때문에 그리 흔한 현상이 아니기 때문입니다. 하지만 태양 자체가 워낙 크고 핵융합이 일어나는 중심부의 양성자도 워낙 많으니 전체 양으로 치면 아주 엄청난 양이 됩니다.

태양의 중심부에서 만들어진 감마선이 바로 지구로 오지는 못합니다. 높은 압력으로 여러 입자들이 빽빽하게 들어차 있기 때문에 조금만 움직여도 양성자나 전자 같은 입자에 부딪치게 되지요. 부딪친 감마선은 다시 입자에 흡수되고, 입자는 고에너지 상태가 되었다가 다시 전자기파를 내놓으며 안정된 상태가 됩니다.

이 때 입자들은 한꺼번에 흡수한 감마선과 동일한 감마선을 내놓기도 하지만 몇 단계에 걸쳐 전자기파를 내놓기도 합니다. 에너지양이 적은 자외선이나 X선 혹은 가시광선 영역의 빛을 내놓지요. 이렇게 나온 전자기파는 다시 조금 움직이다가 또 다른 입자에 부딪치면서 동일한 과정을 되풀이합니다. 태양 중심부가 워낙 빽빽한 데다 크기도 커서 처음 핵융합으로 만들어진 감마선이 태양 표면까지 나오는 데는 거의 1만 년이 걸립니다. 그리고 이 과정에서 주로 가시광선이나 자외선 영역의 빛들로 바뀌게 되지요.

결국 지금 우리가 보고 있는 빛은 1만 년 전 우리 조상들이 처음 문명을 일굴 때 생겨난 것이고, 이제 우리 문명이 그 빛의 생성 원리를 이해하며 볼 수 있게 된 거지요.

붉은 노을, 푸른 하늘, 노란 태양, 하얀 구름

붉게 물든 노을 바라보며 슬픈 그대 얼굴 생각이 나

고개 숙이네 눈물 흘러 아무 말 할 수가 없지만

가수 이문세 씨가 처음 불렀고 빅뱅 등의 많은 가수들이 저마다 자기만의 색깔로 부른 <붉은 노을>이라는 노래가 있습니다. 애인과 헤어지고 터덜터덜 걸어가다 붉게 물든 노을을 바라보면서 그래도 난 너를 사랑한다고 외치는 모습이지요. 사실 저는 그런 경험보다 버스를 타고 가다 붉게 물든 노을을 볼 때면 그저 사진이라도 찍어 SNS에 올리기 바쁩니다. 어찌되었든 해가 뜰 때나 질 때에 바라보면 태양 주변이 온통 붉은색으로 뒤덮이지요. 어떤 이는 태양도 붉다고 착각하지만 실제 노을을 보면 정작 태양은 노란색입니다. 그렇다면 태양이 대기권을 통과해 우리 눈에 비칠 때 노란색을 띠고, 특히 노을이 질 때 주변 하늘이 온통 붉은색을 띠는 이유는 뭘까요? 이 현상은 사실 하늘이 파란 것과 동일한 이유 때문에 일어납니다.

레일리 산란에 의해 붉고 노랗게 보이는 석양

태양에서 오는 전자기파는 우리 눈에 닿기 전에 먼저 대기권의 공기 분자들과 만나게 됩니다. 공기 중에는 질소와 산소가 대부분 (99%)을 차지하고 그 다음으로 아르곤, 이산화탄소, 수증기 등이 있습니다. 빛이 공기 분자들과 만나면 산란을 일으킵니다. 산란이란 한 방향으로 진행하던 파동이 물체에 부딪혀서는 사방으로 퍼지는 현상입니다. 그런데 이 때 물체가 파동의 파장보다 아주 크면 거의 산란이 되질 않습니다. 산란이 일어나려면 부딪치는 물체의 크기가 파장과 비슷하거나 작아야 하지요. 공기 속 산소나 질소 같은 기체 분자들은 그 크기가 워낙 작아서 빛의 산란이 일어나기 아주 좋은 조건을 갖추고 있습니다.

가시광선 중 양쪽 끝인 파랑색은 470나노미터 정도의 파장을 가지고 빨강색은 630~750나노미터의 파장을 가집니다. 파란색이 빨간색의 절반 조금 더한 정도지요. 기체상태의 질소 분자는 약 0.364나노미터 정도고 산소 분자는 약 0.346나노미터 정도 됩니다. 즉 가시광선에 비해 기체 분자들의 크기가 아주 작은 거지요.

하지만 모든 빛이 다 비슷할 정도로 산란이 일어나지는 않습니다. 대기에서의 빛의 산란을 처음 발견한 물리학자 레일리*의 이름을 따서 레일리 산란이라고 합니다. 바로 앞에서 자외선 파탄을 이야기할 때 나왔던 그 레일리 맞습니다. 이 레일리 산란은 파장의 네제곱에 반비례합니다. 만약 파장이 절반이면 산란되는 양은 16배가 되는 셈입니다. 파장이 짧은 쪽이 훨씬 더 많이 산란을 일으키게 되지요. 그래서 태양에서 오는 빛 중 파란색은 산란이 많이 되어 사방으로 퍼지고 눈으로 들어오는 양은 줄어드니 나머지 초록색에서 빨간색에 이르는 파장의 빛들이 모여 우리에겐 태양이 노란색으로 보이는 것입니다.

대신 산란된 파란색 빛은 대기 중을 떠돌다 다시 우리 눈에 들어오게 되지요. 그래서 태양을 제외한 하늘이 푸른빛으로 보이는 것입니다. 그럼 파란색보다 더 짧은 보라색은 어디로 간 걸까요? 워낙 산란이 많이 되어서 아예 우리 눈에 도달을 하질 못합니다.

노을이 질 때 태양 쪽 하늘이 붉게 물드는 것은 태양빛이 대기를 지나는 거리가 더 길어져서입니다. 대기권은 그 두께가 약 1,000km 정도인데 한낮에는 태양이 우리 머리 위에서 꽂히니 이 정도 거리만 통과합니다. 하지만 노을이 지는 저녁이나 해가 뜰 때는 대기권을 비스듬하게 들어오게 되어 몇 배나 더 긴 거리를 지

* 존 윌리엄 스트럿 레일리John William Strutt, 3rd Baron Rayleigh는 19세기 영국의 과학자입니다.

나야 합니다. 거리가 기니 산란도 많이 일어날 수밖에요. 파장이 짧은 푸른빛과 보라빛이 한낮보다 더 많이 산란되어 날아가니 눈에는 붉은색만 들어오게 됩니다.

여기서 조금만 더 깊이 들어가 볼까요? 레일리 산란이 일어나는 이유는 무엇일까요? 레일리 산란은 입자의 전기 분극성*으로 인해 발생합니다. 빛은 원래 전기장과 자기장이 서로에게 영향을 주면서 지속적으로 변하는 과정이기도 합니다. 빛의 전기장은 공기 분자의 전자나 양성자 같이 전기를 띤 입자에 작용하여 동일한 주파수로 이동합니다. 따라서 입자는 작은 방사 쌍극자가 되며 그 복사는 산란된 빛으로 간주됩니다. 간단히 말해서 빛을 흡수한 입자들이 다시 빛을 내놓는데 그 방향이 제각기 다르다는 이야깁니다. 레일리 산란은 투명한 고체와 액체를 통과할 때도 발생할 수 있지만 기체에서 가장 두드러집니다.

그런데 혹시 보름달이 휘영청 떠오른 날 하늘을 본 적 있나요? 달은 원래 햇빛을 반사하는 것이니 보름달도 마찬가지지요. 그렇다면 보름달이 뜬 날 하늘은 푸른색이어야 하는데 우리 눈에는 여전히 다른 밤과 같이 까맣기만 합니다. 이유가 뭘까요? 이번엔 하늘이 문제가 아니라 우리 눈이 문제입니다. 우리 눈에는 빛을 감지하는 시세포가 두 종류인데요. 하나는 색깔을 구분할 수 있는

---

* 입자 전체의 전하는 중성을 지니지만 입자의 한쪽과 반대쪽이 서로 다른 전하를 띠는 걸 말합니다.

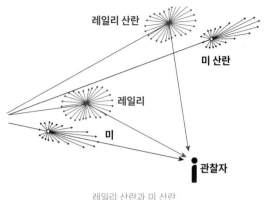

레일리 산란과 미 산란

원추세포고 나머지 하나는 밝고 어두운 것만 감지하는 막대세포지요. 원추세포는 빛이 어느 정도 밝아야 활동을 할 수 있습니다. 그러나 보름달이 떴다고 하더라도 밤은 빛이 너무 적어 원추세포는 그 빛을 감지하지 못하지요. 대신 명암만 확인하는 막대세포만 활동해서 하늘의 푸른색을 알 수 없는 것입니다.

그런데 같은 산란이긴 하지만 약간 다른 현상이 있습니다. 바로 하늘의 흰 구름입니다. 구름은 사실 하늘에 떠 있는 응결핵 역할을 하는 작은 얼음(빙정)과 물방울로 이루어져 있습니다. 이 두 물질은 그 크기가 질소 분자나 산소 분자에 비해선 꽤 큰 편으로 물방울은 약 0.02밀리미터입니다. 여기에 구름의 응결핵은 0.001밀리미터입니다. 가시광선의 파장과 얼추 비슷합니다.

이렇게 입자의 크기가 빛의 파장과 비슷하거나 조금 더 큰 경우에는 앞서의 레일리 산란이 아니라 미 산란Mie scattiring을 하게 되지

미 산란으로 하얗게 보이는 구름

요. 미 산란의 특징은 광선의 성분, 즉 다양한 색깔의 전자기파가 각기 다른 비율로 산란하는 게 아니라 함께 뭉쳐 산란을 일으킨다는 것입니다. 그래서 색이 나뉘거나 바뀌질 않는 거지요. 구름의 흰색은 태양광선이 그 묶음 그대로 산란한 결과지요. 결국 우리는 구름을 보면서 태양의 본디 색을 보는 것이라 할 수 있습니다. 미 산란은 독일의 물리학자 구스타프 미^{Gustav Mie}가 발견한 건데요. 이 경우에는 빛의 파장은 별로 중요하지 않고 입자의 크기와 밀도에 따라 반응하게 됩니다.

결국 하늘의 파란색, 태양의 노란색, 노을의 붉은색 그리고 구름의 하얀색은 모두 빛의 산란이란 한 가지 사건 때문에 일어나는 현상입니다. 하늘의 파랑과 태양의 노랑을 섞으면 흰색이 되는데, 이것으로 하늘의 푸르름도 태양에서 기인한다고 알 수 있습니다.

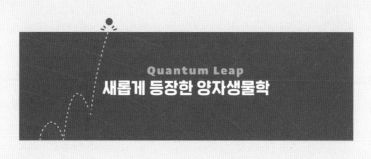

양자생물학^{Quantum biology}은 양자역학의 개척자 중 한 명인 파스쿠알 요르단^{Pascual Jordan}이 1932년에 제안한 오래된 용어입니다. 요르단이 양자생물학을 언급했을 때는 앞으로 그런 단어가 필요할 것이라는 희망에 불과했지요. 1960~70년대에 허버트 프뢸리히 ^{Herbert Fröhlich}가 대사 과정에서 발생하는 에너지 흐름에 의해 생체 분자의 양자결맞음 상태가 유지될 수 있음을 보였지만, 당시로서는 검증하기가 쉽지 않아 가능성 있는 가설 정도로 여겨졌습니다. 이렇듯 양자생물학이란 말이 처음 등장했을 때는 생물학에서 크게 고려 대상이 되질 못했습니다. 대신 고전역학에 뿌리를 둔 분자생물학이 20세기 생물학의 새로운 분야로 각광을 받습니다.

분자생물학이란 말은 1938년 록펠러재단의 워렌 위버^{Warren Weaver}가 처음 사용했습니다. 양자생물학보다 오히려 늦게 등장했지요. 분자생물학 역시 처음 등장 때부터 생물학계의 관심을 받은 건 아닙니다. 1953년 제임스 왓슨^{James Watson}과 프랜시스 크릭^{Francis Crick}이 DNA의 나선구조를 밝혀내 유전현상의 메커니즘을 분자적 수준으로 낮춘 것이 어찌 보면 진정한 분자생물학의 시작이었지요.

왓슨과 크릭이 DNA 구조를 파악하려 할 때의 결정적인 자료는 로절린드 프랭클린Rosalind E. Franklin의 X선 회절구조를 촬영한 사진이었습니다. 전자기파의 일종인 X선을 통해 생물 분자의 구조를 밝히는 작업이 기초가 된 것이지요. 이후 발전을 거듭하면서 주로 DNA와 RNA의 구조 그리고 유전 발현을 분자 수준에서 탐구하는 학문으로 자리 잡습니다. 분자생물학만이 아닙니다. X선 회절연구와 전자현미경 등 새로운 기술이 등장하면서 다양한 생체 내 물질대사 활동에 대해 분자 수준에서의 접근이 광범위하게 이루어집니다.

그중 하나는 생화학Biochemistry입니다. 생물체 내에서 이루어지는 화학반응, 생물체의 화학적 조성 등을 연구하는 학문이지요. 20세기 초 효소가 단백질로 구성되어 있음이 밝혀지고, 20세기 중반에는 핵산의 구조가 밝혀지는 과정을 통해서 하나의 분야로 자리 잡았지요. 주로 생물체 내에서 당이나 단백질, 지방산, DNA나 RNA 등의 분자들이 어떻게 합성되고 분해되는지, 그리고 이 과정에서 효소가 어떠한 역할을 하는지 등을 연구합니다.

또 하나 역사는 오래되었지만 생리학Physiology이 있습니다. 생리학은 생물의 기능적 측면을 연구하는 학문으로 고대 그리스까지 올라갑니다. 생리학의 어원이 그리스어 Physis에서 유래하지요. 그리고 내과의사physician라는 단어의 어원이기도 합니다. 20세기 들어 생리학은 분자생물학이나 유전학, 생화학, 생물리 등과 연계하면서 심장의 전기적 작동방식이나 세포막 수용체의 막 전위, 신경세포에서 신경전달물질의 분비 등을 연구하기도 합니다.

양자생물학

21세기에 들어서야 양자생물학은 기술적 발전과 연구에 의해 새롭게 주목받았습니다. 특히 노벨 물리학상 수상자인 로저 펜로즈^{Roger Penrose}는 뇌 신경세포의 골격을 구성하는 미세소관^{microtubule}에서 일어나는 특수한 양자결맞음을 가정하고 이로부터 뇌의 인지 기능이 근원한다고 주장하며 센세이션을 일으켰죠. 이 주장은 아직 가설의 단계에 지나지 않지만, 로저 펜로즈의 주장 말고도 양자생물학은 구체적인 생명현상에 대한 설명을 통해 자신의 영역을 넓혀나가고 있습니다.

먼저 우리의 감각에 대해 생각해보죠. 시각, 청각, 후각, 미각, 촉각 등 우리의 모든 감각은 감각세포가 외부 정보를 얻는 것으로부터 시작됩니다. 이 감각세포에는 저마다의 적합한 자극을 받아들이는 수용체^{receptor}가 있습니다. 가령 시각의 경우에는 빛을 받아들이는 로돕신이란 물질이 원추세포나 간상세포에 있고, 청각의 경우 음파의 자극을 받아들이는 섬모들이 청세포에 있습니다. 미각세포나 후각세포에는 맛이나 냄새의 원인이 되는 물질과 결합하는 수용체들이 있지요. 이들 수용체는 대부분 세포막에 존재합니다.

이전에는 이들 수용체들이 외부 자극에 대해 어떻게 반응하는지에 대해 큰 그림으로는 알고 있었지만 그 구체적인 과정은 잘 몰랐습니다. 가령 로돕신은 적합한 파장의 빛을 흡수하면 옵신과 레티날이라는 물질로 분해가 됩니다. 그러면 옵신이 다시 세포 내의 다른 물질과 결합하면서 여러 과정을 거쳐 결국 원추세포나 간상세포 말단에서 분비되는 신경전달물질이 더 이상 나오지 않도록 하지요.

그런데 과학자들은 궁금질쟁이입니다. 로돕신이 빛을 흡수하여 옵신과 레티날로 분해되는 과정이 어떻게 이루어지는지가 궁금한 거지요. 이는 생물학이면서 동시에 화학이기도 합니다. 이런 분야를 연구하는 것이 분자생물학입니다. 그런데 이 화학적 과정을 정확하게 이해하기 위해서는 양자역학적인 과정이 필요하다는 주장이 있습니다. 로돕신 분자의 양자중첩 현상이 빛을 감지하는 기능과 관련해서 중요한 역할을 한다는 것이죠. 또 후각세포의 수용체와 냄새 분자 사이의 결합에서도 전자터널링 현상이 일정한 역할을 한다는 주장도 발표됩니다. 효소의 반응에서도 양성자 터널링 효과에 주목하는 연구들도 있지요.

이뿐만이 아닙니다. 광합성을 할 때 빛을 흡수한 전자가 여러 경로를 통해 전달되는 과정에서도 엑시톤exciton*생성 모형이 유력

---

* 엑시톤은 전자와 전자가 빠져나온 구멍(양공이라고 합니다)의 쌍이 준입자를 형성한 것을 말합니다. 절연체나 반도체 내에서 만들어집니다.

한 이론으로 주목받고 있지요. 기존 고전화학에 기댄 설명으로는 광합성 과정이 그렇게 빠를 수 없을 것이라는 거지요. 거기에 엑시톤 생성 모형을 적용하면 광합성의 빠른 속도를 설명할 수 있다고 주장합니다. 철새들이 이동할 때 지구 자기장을 파악해서 길을 찾아간다는 건 이제 잘 알려진 사실입니다. 이 때 새들의 망막에 있는 크립토크롬 단백질의 라디칼 쌍이 가지는 양자역학적 얽힘 상태가 주요하다는 가설도 대두되고 있지요.

사실 분자 단위에서의 각종 현상이 양자역학적 원리를 바탕으로 이루어진다는 건 어찌 보면 당연한 이야기입니다. 하지만 기존 생물학에서는 양자역학적 원리까지 파고들기 보다 고전화학으로도 생물체 내의 물질대사가 충분히 설명될 것이라 생각했었습니다. 또 양자역학적 현상이 두드러지기 힘든 것이 생체조직이라고도 판단했었지요. 양자역학적 현상은 그야말로 아주 작은 단위에서 일어나는데 생체 조직처럼 빽빽한 곳에서는 주변의 다른 물질들과 상호작용이 워낙 긴밀하고 자주 일어나니 양자역학적 효과가 나타나지 못할 것이라 생각한 겁니다.

그런데 21세기 들어 이런 생각이 조금씩 바뀌고 있습니다. 특히 세포막에서의 여러 다양한 물질대사에 양자역학적 효과가 영향을 미칠 가능성에 대한 광범위한 연구가 진행 중입니다.

우리 눈은 왜 자외선을 볼 수 없을까?

흔히 눈을 마음을 보는 창이라고들 합니다. 눈을 보면 그 사람의 심정을 알 수 있다고 여기기 때문이지요. 사실 눈은 마음을 들여다보는 창이라기보다, 눈에 담기는 세상의 모든 모습을 반사하는 거울인데 말이죠. 가까이서 들여다볼 상대가 있다면 그의 눈을 자세히 볼 때 그 눈에 반사된 세상이 보일 겁니다. 이렇게 반사된 모습은 그가 보는 세상이기도 합니다.

우리가 보는 세상은 고정되어 있지 않고 변합니다. 따라서 눈도 이런 변화에 맞출 수 있어야 하지요. 먼저 낮과 밤은 우리 눈이 느

사람의 홍채

끼는 가장 큰 혼란입니다. 눈으로 들어오는 빛의 세기가 아주 크게 차이 나지요. 이를 해결하기 위해 우리 눈에는 홍채가 있습니다. 홍채는 각막과 수정체 사이에 도넛 모양의 원판형태로 자리 잡고 있지요. 홍채에

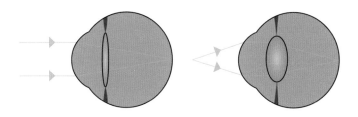

수정체의 역할

는 멜라닌이라는 색소가 있어 눈으로 들어오는 빛을 막아주는 가림막 구실을 합니다. 어두운 곳에서는 홍채의 환상근이 늘어나고 종주근이 줄어들어 바깥쪽으로 수축하여 동공을 확장하고, 밝은 곳에서는 반대로 환상근이 줄어들고 종주근이 늘어나 안쪽으로 확장하여 동공을 줄여줍니다.

두 번째로 우리는 가까운 곳도 보고 먼 곳도 보지요. 이때 가까운 곳의 물체는 상이 크게 맺히고 먼 곳의 물체는 상이 작게 맺히는데 그에 따라 상이 맺히는 위치가 달라집니다. 이를 조절하여 정확하게 망막에 상이 맺히게 해야 사물의 형태가 선명하게 보입니다. 이를 조절하는 것이 수정체입니다. 우리가 가까운 곳을 볼 때 수정체는 두꺼워져서 빛의 굴절률을 크게 하여 상이 망막 뒤에 맺히지 않고 망막에 맺힐 수 있게 됩니다. 반대로 먼 곳을 볼 때는 수정체가 얇아지면서 상이 망막 앞에 맺히지 않게 조절을 해주지요. 이런 기능에 문제가 생기면 근시나 원시가 됩니다.

이런 조절 끝에야 물체에서 반사되거나 나온 빛이 망막에 맺힙니다. 망막에는 이런 빛을 느끼는 두 가지 종류의 시각세포가 있습니다. 간상세포와 원추세포지요. 그중 간상세포는 광자(빛 알갱이) 하나에도 반응할 만큼 민감도가 높습니다. 간상세포는 빛에 느리게 반응하는데 이런 느린 반응 자체가 적은 양의 빛에도 반응할 수 있게 해주지요. 또 간상세포는 여러 개가 하나의 시신경에 연결되어 있습니다. 그래서 빛의 세기가 약해도 그를 모아서 시신경에 전달할 수가 있지요.

반대로 원추세포는 세포 하나당 시신경이 하나만 연결되어 있습니다. 그래서 빛의 세기가 어느 정도 되어야 신경에서 감지하여 뇌로 연결할 수 있지요. 어두운 곳에서는 원추세포를 통한 시각 기능은 활성화되질 않습니다. 대신 원추세포는 세 종류가 있는데 종류에 따라 주로 받아들이는 빛의 파장이 다릅니다. 이를 통해 색을 감지할 수 있지요. 어두운 밤에 사물을 볼 때 형태는 볼 수 있지만 색을 구분할 수 없는 것은 빛의 세기가 약해 원추세포는 반응을 하지 못하고 간상세포로만 빛을 감지할 수 있기 때문입니다.

원추세포와 간상세포 안에는 얇은 막들이 켜켜이 쌓여있습니다. 마치 여러 개의 원반이 원통 모양으로 쌓여있는 모습이지요. 그얇은 막에는 앞서 이야기한 로돕신이라는 화합물이 박혀 있습니다. 옵신이라는 거대 단백질과 레티넨(레티날)이라는 생체 분자 두 물질이 결합한 형태의 화합물이지요. 빛이 망막의 시각 세포로 와서는 이 로돕신을 때립니다. 로돕신의 레티넨은 빛의 자극에 의해 구조가 바뀝니다. 어두울 때는 양 끝이 같은 쪽으로 굽어 있다가 빛을 받으면 서로 대칭적 형태가 되는 것이지요. 그에 따라 레티넨이 떨어져 나가게 되면 이제 홀로 남은 옵신의 구조가 바뀝니다.

이런 옵신의 변화는 이후 여러 과정을 거쳐 결국 축색돌기 말단에서 신경전달물질의 분비를 중단하게 됩니다. 신경전달물질은 연결된 신경세포들이 신호를 전달하는 것을 억제하는 역할을 합니다. 그래서 신경전달물질의 분비가 차단되면 신경세포들이 빛이 왔다는 정보를 뇌로 보내게 되지요.

그런데 왜 우리 눈의 시각세포들은 특정한 전자기파에만 반응을 하는 걸까요? 달리 말해서 우리 눈은 자외선이나 적외선을 볼 수 없습니다. 또 전파나 X선 감마선도 볼 수 없지요. 흔히 우리가 빛이라고 이야기하는 것은 전자기파의 한 종류입니다. 전자기파는 진동수에 따라 감마선에서부터 X선, 자외선, 가시광선(빛), 적외선 전파 등으로 나뉘는데 본질적으로 차이가 없지요. 시각세포의 레티넨이 모양을 변화시키는 것은 레티넨의 전자 일부가 빛으로부터 에너지를 흡수해서 들뜬상태가 되기 때문인데, 왜 자외선이나 적외선 등 파장이 다른 영역의 빛은 레티넨의 전자에 흡수되지 못하는 것일까요?

빛은 원래 파동이라고 여겨졌습니다. 다양한 실험이 빛이 파동임을 증명했지요. 그런데 20세기 초 아인슈타인은 광전효과라는 현상에 대해 빛이 입자의 성질을 가지고 있다고 주장했지요. 아인슈타인에 따르면 빛의 색이 다른 것은, 즉 진동수가 다른 것은 빛 입자 한 개가 가지고 있는 에너지의 크기가 다르기 때문이라는 것입니다. 그의 이론에 따르면 파란색 빛은 빨간색 빛보다 입자 한 개가 가지는 에너지가 더 큽니다.

그런데 이 이론만으로는 앞서의 의문에 모두 답할 수가 없습니다. 가시광선보다 빛 입자 한 개의 에너지가 적은 적외선이나 전파는 그렇다고 치고 가시광선보다 에너지가 더 많은 자외선이나 엑스선은 왜 레티넨의 구조를 바꾸지 못하는 것일까요?

앞서도 살펴봤지만 여기에 대한 답은 닐스 보어가 내놓았지요. 전자는 가질 수 있는 에너지 값의 영역이 정해져 있어서 딱 그 값에 맞는 에너지를 가진 빛이 올 때만 흡수하고 그 외의 빛이 오면 외면해버린다는 것이죠. 이 때 전자가 흡수할 수 있는 에너지는 그 전자가 어느 원자핵에 붙어 있는가에 따라 달라지고, 또 어떤 분자의 어디에 놓여있는지에 따라서도 달라집니다. 지독한 편식쟁이라 할 수 있습니다. 따라서 이제 우리는 레티넨의 특정 부위에 있는 전자가 왜 가시광선 영역의 빛만 흡수해서 모양을 변화시키는지 알 수 있게 되었습니다.

원추세포가 세 종류라는 것은 결국 세 가지 종류의 레티넨이 있다는 말이 됩니다. 각각의 레티넨은 구조가 조금씩 달라서 서로 흡수할 수 있는 파장의 영역이 다른 것이죠. 어느 레티넨을 가지고 있느냐에 따라 흡수하는 빛이 달라지고 이를 통해 우리는 색깔을

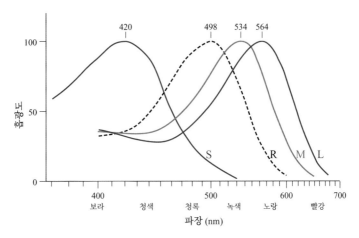

세 가지 원추세포는 각기 다른 파장의 빛을 흡수한다.

구분합니다. 양자역학의 시작이 된 아인슈타인의 광전효과와 보어의 이론이 우리가 볼 수 있는 색이 정해진 이유를 말해주지요.

여기서 잠시 쉬어 가는 겸 흥미로운 점을 하나 알아볼까요? 인간이나 원숭이, 호랑이, 늑대 등을 포유류라고 합니다. 털이 나고, 알 대신 새끼를 낳고, 젖을 먹이는 동물이지요. 그런데 포유류의 대부분은 원추세포의 종류가 두 가지입니다. 원추세포를 세 종류 가지고 있는 것은 인간을 포함한 영장류 정도 빼고는 별로 없지요. 왜 영장류만 원추세포를 한 종류 더 가지고 있는 걸까요?

원래 공룡이 지상을 호령하던 중생대에 포유류의 선조들은 대부분 야행성이었습니다. 즉 밤에만 돌아다녔다는 이야기지요. 그러니 색을 굳이 여러 가지로 구분할 필요가 없었습니다. 가시광선의 양쪽 끝인 빨간색과 파란색을 받아들이는 적원추세포와 청원추세포만 있어도 되었던 거지요.

그러나 공룡의 시대가 끝나고 포유류가 여러 다양한 무리로 진화를 했는데 그중 숲에서 사는 영장류는 주로 열매나 꽃의 꿀을 먹었지요. 온통 녹색인 숲에서 빨갛고 노랗고 파란 열매와 꽃을 찾으려면 아무래도 색을 구분하는 능력이 더 좋은 편이 유리하지요. 그 와중에 적원추세포의 일부가 구조가 바뀌어 초록색 부분의 빛을 주로 받아들이는 녹원추세포가 되었습니다. 돌연변이가 나타난 것이지요.

대부분의 돌연변이는 불리하지만 이 돌연변이는 아주 유리하지요. 이 돌연변이를 가진 영장류의 자손들이 더 많이 번성하고 현재의 영장류와 우리의 조상이 되었습니다. 그래서일까요? 녹원추세포가 제대로 기능하지 않는 옛 조상과 비슷한 경우도 있는데 이를 적녹색맹이라고 합니다. 지금 우리가 이처럼 다양한 색의 세상을 볼 수 있는 이유도 결국 영장류 시절의 선조가 이뤄낸 진화의 결과인 것이지요.

파트리크 쥐스킨트 Patrick Suskind의 『향수』는 일반인을 뛰어넘는 후각을 가진 주인공이 최고의 체취를 가진 여인들을 찾아 죽이고 그들의 사체로부터 향을 추출하는 과정을 담은 소설입니다. 소설에서 주인공은 그러나 반대로 어떤 체취도 가지지 않은 인물로 나오죠. 그는 용매에 적신 린넨 천으로 사체를 감싸고 그 린넨 천에서 향을 채취합니다. 향에 대한 욕망은 이 소설의 내용뿐만 아니라 인간의 역사에서 꽤나 오랜 동안 이어져온 전통이기도 합니다.

인간이 향에 대한 갈증과 욕망을 가지게 된 건 어쩌면 후각이라는 감각이 인간을 포함한 포유동물, 아니 척추동물에게 있어 가장 먼저 시작된 감각이었기 때문일 수도 있겠습니다. 후각 중추도 뇌 속에서 가장 역사가 오래된 부분인 고피질에 존재합니다. 아주 오래전 척추동물의 조상이 바다 속에 살 때 최초로 발달한 감각이 후각이었던 것이죠. 이후 미각이 후각으로부터 분리되었고, 다시 일종의 종파인 음파를 느끼는 청각과 전자기파의 특정 영역을 느끼는 시각이 탄생하였습니다. 약 5억 년 전의 일이지요. 또 피부에 닿는 여러 가지 자극, 압력, 화학물질, 온도 등을 느끼는 피부 감각과, 지구 자기장을 느끼고 회전을 느끼는 등의 감각이 발생한 것도 후각 이후의 일입니다.

연구에 따르면 후각수용체를 만드는 유전자는 약 7억 년 전 척추동물로부터 분리된 척색동물에게서도 동일하게 발견되며 따라서 후각의 발달은 그 이전으로 볼 수 있습니다. 후각수용체는 물에 살던 척추동물의 조상이 육상으로 진출하면서 다시 한번 큰 진화를 겪습니다. 물을 통해 냄새를 맡던 바다에서 건조한 육상으로 환경이 변하면서 생긴 어찌 보면 당연한 변화지요.

그중 포유류는 신생대에 접어들면서 다른 감각 기관의 발달에 따라 또 한 번 변화를 겪습니다. 중생대 내내 공룡의 횡포에 시달리며 주로 밤에 활동을 하던 포유류는 후각에 많이 의존했지요. 그러나 신생대가 되어 한 낮의 빈 공백을 메우면서 시각이 발달하고 상대적으로 후각의 역할이 줄어듭니다. 그렇게 낮의 삶에 젖어든 일부 포유류는 후각 기능이 많이 줄어듭니다. 인류도 그중 하나지요. 인간은 개에 비해 단위 면적당 후각수용체가 약 100분의 1 정도밖에 되질 않습니다. 뭐 그래도 우리가 맡고 싶은 냄새는 대략 다 맡으니 큰 불만은 없습니다.

흔히 우리는 냄새를 코로 맡는다고 하는데 사실 후각상피세포가 자리 잡고 있는 곳은 콧구멍에 있지 않습니다. 그보다 더 뒤쪽, 그리고 눈이 있는 곳 안쪽에 위치하고 있지요. 이 후각상피세포는

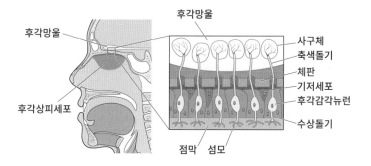

후각망울

후각망울

후각상피세포

사구체
축색돌기
체판
기저세포
후각감각뉴런
수상돌기

점막　섬모

후각망울과 후각상피세포의 구조

일종의 신경세포로 섬모들이 길게 뻗어 있는데 이 표면 세포막에 냄새 분자들과 결합하는 막단백질, 즉 후각수용체들이 있습니다.

후각수용체의 종류는 인간의 경우 적게는 수백 개에서 많게는 1,000개 정도가 있습니다. 그렇다고 1,000가지의 냄새만 맡을 수 있는 건 아닙니다. 한 물질에 대해 한 종류의 후각수용체만 반응하는 것이 아니라 여러 수용체가 반응할 수 있습니다. 그러면 뇌가 어떤 수용체들이 반응하는지 그 조합에 따라 다른 종류의 냄새로 파악하는 거지요. 여기에 각 수용체가 활성화되는 강도의 차이도 중요합니다. 그러니 이론적으로는 무한대에 가까운 조합이 이루어질 수 있습니다.

그런데 후각수용체는 어떻게 이 냄새물질들과 반응하는 걸까요? 이 부분에 대해선 아직도 완전한 결론이 나진 않았습니다. 현재 두 가지 가설이 유력하게 대두되고 있지요. 그중 하나는 후각모형이론olfaction shape theory입니다. 냄새의 원인물질과 후각수용체의 상호작용은 분자의 크기와 모양 그리고 작용기(특별한 화학적 반응성을 갖는 하이드록시기나 카르보닐기 같은 분자의 특정 부분)에 의해 결정된다는 이론이지요.

따라서 분자구조가 비슷하거나 동일한 작용기를 가지고 있는 여러 분자에 한 수용체가 모두 반응할 수 있다는 겁니다. 그러면 여러 분자의 냄새를 동일하게 느낄 수 있겠죠. 여기서 한 분자에 대해 어떤 수용체들이 반응하는지 그리고 그 반응 강도가 어떤지의 조합을 통해 구분을 할 수 있다는 겁니다.

여기에 대해 대체 이론으로 등장하는 것이 진동이론olfaction vibration theory입니다. 기존의 후각모형이론으로는 모양이 서로 다른 두 분자를 동일한 향으로 맡는 이유를 설명할 수 없다는 것이죠. 예를 들면 아몬드의 냄새와 독약인 청산가리의 시안화칼륨 냄새를 동일하게 느끼는데 이 둘은 완전히 화학구조가 다릅니다. 이 진동이론에 따르면 냄새를 내는 분자가 수용체와 결합하는 것은 맞지만 그 과정에서 분자의 진동이 수용체에게 전달되고 이 진동을 감지한다는 겁니다.

여기서 중요한 것은 수용체 분자의 바닥상태 에너지와 들뜬상태 에너지

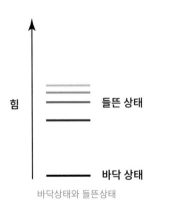

바닥상태와 들뜬상태

의 차이에 해당하는 만큼의 진동에너지를 냄새 분자가 가져야 한다는 거지요. 그리고 이 진동이 전달되는 시간이 얼마나 되는가에 따라 강도가 정해진다는 겁니다.

이 진동이론은 같은 종류의 분자이지만 거울상 이성질체인 두 물질에 대해 우리가 서로 다른 냄새로 구분하는 이유를 알려줍니다. 거울상 이성질체*는 분자를 이루는 원자의 종류와 배치는 완전히 동일하지만 그 기하학적 구조가 왼손과 오른손처럼 정반대인 물질입니다. 그런데 후각세포는 이 둘을 구분한다는 거지요. 그 이유를 진동이 지속되는 시간이 다르기 때문인 것으로 설명합니다.

하지만 진동이론이 틀렸다는 연구도 있습니다. 이 연구에서는 향수의 베이스노트로 많이 쓰이는 머스크 분자의 수소를 중수소로 대체했습니다. 이렇게 되면 수소와 탄소사이의 결합이 더 강해지고

머스크 분자. 끝단의 CH_3에서 C는 탄소고 H는 수소이다. H를 중수소로 교체하면 둘 사이의 인력이 강해져서 C와 H 사이의 간격이 짧아진다.

결합 길이는 짧아집니다. 이에 따라 진동에너지가 달라지지요. 그런데 실험에 참가한 피실험자들이 모두 이 차이를 구분하지 못했

---

* 분자식은 같으나 분자 내에 있는 구성원자의 연결방식이나 공간배열이 동일하지 않은 화합물을 말합니다.

다는 겁니다. 물론 이에 반박하는 실험과 연구 또한 있습니다.

냄새 분자의 형태가 중요한 수용체와 진동이 중요한 수용체가 서로 다른 종류일 수도 있겠지요. 어찌되었건 냄새를 맡는다는 일은 후각수용체와 냄새 분자 사이의 긴밀한 상호작용이 일차적인 역할을 합니다. 그런데 이 냄새 분자의 3차원 구조나 진동에너지는 역시 양자역학적 결과일 수밖에 없습니다. 앞서 전자는 물질이자 파동이라고 이야기했습니다. 이들이 가질 수 있는 바닥 에너지 상태는 주변 전자와 원자핵의 양성자 개수 등에 의해 결정됩니다.

물론 이는 원자핵의 경우도 마찬가지입니다. 독립적으로 존재하는 원자가 아니고서는 결합한 다른 원자와의 관계에 의해 원자핵의 바닥에너지 상태가 정해지지요. 그리고 이들이 들뜬상태가 될 때 얼마만큼의 에너지가 추가적으로 필요한지도 정해집니다. 이에 의해 이들의 구조도 에너지가 가장 낮은 상태가 되도록 정해지고 진동 에너지값도 정해지는 거지요.

아직 단백질과 같은 고분자의 경우 이런 양자역학적 관계를 따지기에는 너무나 많은 변수들이 존재하여 쉽진 않습니다만 앞으로 컴퓨터 시뮬레이션과 연산 기능이 더 발전하고 여기에 인공지능이 추가된다면 머지않아 그 관계를 훨씬 더 명확하게 파악할 수 있겠지요. 그렇게 되면 현재 아직 불분명하게 남아 있는 문제인, 가장 오래된 감각 후각의 비밀도 더 많이 벗겨질 것입니다.

식물의 잎은 왜 녹색을 띨까?

전자는 현재 우리가 아는 기본입자 중 뉴트리노^{neutrino}를 제외하고 가장 가벼운 입자입니다. 그런데 이 전자를 이용해서 지구의 생물들은 광합성을 하고, 또 생명에너지를 만들어 냅니다. 이를 살펴보는 것은 참으로 흥미로운 일이 아닐 수 없는데요, 전자현미경으로도 보기 힘든 이 전자를 생물들은 어떻게 이용하는 걸까요?

먼저 식물의 광합성을 살펴보지요. 식물 세포에서 광합성을 담당하는 것은 엽록체입니다. 먼저 다음 페이지의 그림으로 엽록체의 구조를 살펴봅시다. 꼭 조개처럼 생긴 겉모양 안쪽을 보면 동그란 동전 같은 것이 쌓여 있는 걸 볼 수 있습니다. 동전은 틸라코이드^{thylakoid}라고 하고, 이들이 쌓여있는 것을 그라나^{grana}라고 합니다. 그라나 바깥은 스트로마^{stroma}라고 부르지요.

광합성은 크게 두 단계로 진행됩니다. 먼저 명반응이라고 해서 빛에너지를 흡수해 물을 분해하고 ATP$^{adenosine\ triphosphate}$를 만드는 과정이 있습니다. 그리고 ATP와 물의 분해를 통해서 얻게 된 수소와 이산화탄소로 포도당을 만드는 암반응이 두 번째 단계입니다.

명반응은 그라나에서 시작됩니다. 그라나의 막, 틸라코이드에는 아이들이 사용하는 약간 뭉툭한 숟가락 모양으로 생긴 엽록소가 있는데 머리에 해당하는 부분을 포르피린^{porphyrin} 구조라고 부릅니다. 포르피린 구조 한가운데 마그네슘 원자가 자리 잡고 있지요. 빛이 마그네슘에 닿으면 전자가 튀어나옵니다. 일종의 광전효과라 볼 수 있지요.

이렇게 튀어나온 전자는 빛에너지를 흡수해서 들뜬상태(에너지가 높은 상태)가 됩니다. 이 전자는 틸라코이드 막의 전자전달계를 통해 이동하는데 이 과정에서 자신이 가진 에너지를 조금씩 내놓습니다. 이렇게 빠져나온 에너지로 틸라코이드 바깥, 즉 스트로마의 수소 이온을 틸라코이드 내부로 옮겨옵니다. 이런 과정을 거치면서 틸라코이드 내부에 가득 찬 수소이온은 다시 막에 박혀있는 단백질 통로를 통해 바깥으로 빠져나가는데 이 때 ATP가 만들

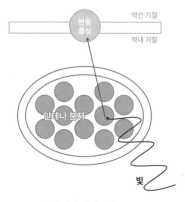

엽록체의 틸라코이드 구조

어집니다. 그리고 이 과정 중간에 물(H_2O)이 분해되어 수소는 NAD라는 물질과 결합하여 NADH가 되고 남은 산소는 빠져나옵니다. 이 ATP와 NADH가 암반응에서 이산화탄소와 함께 포도당을 만들면 광합성이 마무리됩니다.

그런데 이 과정 어디에 양자역학적 현상이 있는 걸까요? 먼저 마그네슘의 전자가 빛을 흡수해서 튀어나온다고 했습니다. 그런데 이 때 전자가 튀어나오는 것 자체가 앞서 우리가 살펴본 광전효과지요. 물론 이것만 있는 것은 아닙니다. 엽록체의 틸라코이드에는 반응중심^{reaction center}이 있는데 그 주변에 여러 종류의 색소가 모여 있습니다. 이들을 안테나 색소라고 합니다. 이들은 구조에 따라 흡수하는 빛의 파장대가 다르지요. 이들에 의해 식물의 잎은 붉은색부터 파란색까지 녹색 파장을 제외한 다양한 영역의 빛을 흡수하게 됩니다. 그중 녹색만 반사하게 되어서 식물의 잎이 녹색을 띠게 됩니다.

어찌 되었건 이렇게 에너지를 흡수해서 들뜬상태가 된 색소의 전자는 이웃 색소의 전자에게 자신이 흡수한 에너지를 전달하고 다시 안정된 상태가 됩니다. 이렇게 아주 가까이 이웃한 거의 비슷한 분자들의 전자 사이에서 에너지가 이동하는 것을 공명 전달 ^{exciton transfer}이라고 하지요.

엑시톤^{exciton}은 원래 전자와 전자구멍이 정전기적 힘에 의해 서로 묶여 있는 바닥상태를 말하는데 일종의 준입자로 취급합니다.

이 방법은 에너지를 아주 빠르게 전달할 수 있으면서도 동시에 자신이 얻은 에너지의 거의 전부를 전달하는 방식입니다. 기본적으로 양자전기역학으로 이해될 수 있는 방식이지요. 주변의 안테나 색소에 흡수된 에너지는 이런 방법으로 서로 간에 이동하다 마지막으로 반응중심의 색소로 전달됩니다.

그리고 이 빛에너지들을 받은 반응중심의 포르피린 구조 한가운데에 있는 마그네슘의 전자는 마침내 들뜬상태 정도가 아니라 아예 마그네슘으로부터 탈출하기에 이릅니다. 이 때 전자를 튀어나오게 하는 빛의 파장도 정해져 있습니다. 명반응은 실제로는 광계I과 광계II로 나뉘는데 두 광계의 마그네슘이 흡수하는 빛의 파장은 각기 700㎚와 680㎚이지요. 앞서 우리는 수소 원자의 전자가 특정 영역의 파장을 가진 빛만 흡수할 수 있다고 했는데 이는 수소뿐만이 아니라 다른 원자, 그리고 화합물의 특정 부위 전자에게도 모두 해당되는 것이죠. 그래서 광계의 포르피린 구조에 속박된 마그네슘의 전자도 특정 영역의 파장에만 반응하여 튀어나올 수 있는 것입니다.

더욱 재미있는 것은 이렇게 튀어나온 전자가 전자전달계로 이동하는 과정이 앞서 살펴본 양자터널링 현상을 이용하고 있다는 것이죠. 실제 연구에 따르면 양자터널링을 고려하지 않는다면 전자가 전자전달계로 이동하는 과정이 훨씬 더 길게 걸릴 수밖에 없다고 합니다. 그만큼 광합성도 지체되는 거지요. 물론 인간도 20세기가 되어서야 알게 된 양자터널링을 식물들이 몇 억 년 전에 알고 이용했을 리는 없지요. 진화의 과정에서 양자터널링이 가능한 구조가 탄생했을 뿐입니다.

앞서 엽록소에서 빛을 받아들여 전자를 내놓는 부분이 포르피린 구조라고 말씀드렸는데 이 구조는 다양한 생물에서 다양한 역할을 합니다. 세균이 합성하는 바이타민 B_{12}도 포르피린 구조를 중심으로 한 물질인데 가운데 마그네슘 대신 코발트가 들어가 있습니다.

우리 혈액의 적혈구에 있는 헤모글로빈은 글로빈과 헴heme으로 이루어진 물질입니다. 또 근육에 있는 미오글로빈도 마찬가지입니다. 여기서 헴이 포르피린 구조로 이루어져 있습니다. 콩과 식물의 뿌리혹에 레그헤모글로빈이란 물질이 있는데 이 녀석도 포르피린 구조를 중심으로 형성되어 있지요. 다만 이들 헤모글로빈과 미오글로빈 그리고 레그헤모글로빈의 포르피린 정중앙에는 마그네슘 대신 철이 있다는 것만 다르지요. 이 철은 산소와 결합하면 붉은색을 띠고 이산화탄소와 결합하면 청색을 띠게 됩니다. 철이 누구와 결합하느냐에 따라 흡수하는 빛의 파장이 달라지기 때문에 생기는 현상이지요.

포르피린 구조를 중심으로 한 광합성 색소는 엽록소나 황색소 등 다양한데 이들 중 일부는 원핵생물, 즉 세균에서도 발견됩니다. 그러니 포르피린 구조라는 것이 세균에서부터 인간에 이르기까지 아주 다양한 생물에 모두 존재하는 거지요. 즉 이들 생물들의 공통조상에서 처음 포르피린 구조가 나타났고, 이 구조를 조금씩 변형해서 각자 자기들의 쓰임새에 맞게 이용하는 거지요.

포르피린은 피롤^{pyrrole}이라는 화합물 네 개가 묶여 있는 모양입니다. 피롤은 탄소 네 개와 질소가 오각형으로 고리를 형성하고 각각 수소 원자를 하나씩 가지고 있는 모양입니다. 이 때 고리를 형성하는 질소와 탄소는 서로 1.5결합을 하고

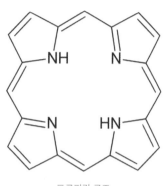

포르피린 구조

있지요. 즉 벤젠에서 나타났던 공명구조가 여기서도 나타납니다. 전자가 단순한 입자가 아니라 파동성을 가지고 있기 때문에 가능한 구조인 거지요. 이렇게 탄소를 중심으로 고리를 만드는 다양한 화합물들이 기본적으로 양자역학적 현상을 이용하는 걸 흔히 볼 수 있습니다.

어찌되었건 이렇게 피롤 네 분자가 모여 만들어진 사각형 모양의 포르피린은 가운데 금속 원자가 들어갈 공간을 만듭니다. 원래 금속 원자는 전자를 쉽게 내놓는 성질을 가지고 있지요. 거기에다 포로피린 구조 자체가 그런 금속의 성질을 더욱 배가시킵니다. 피롤의 질소와 결합된 수소가 금속 쪽을 향하고 있지요. 이 수소의

전자가 금속을 약하게 잡고 있는 모습인데 여기에 약간의 에너지가 들어가거나 전자를 포획하는 성질이 강한 산소나 일산화질소 등의 물질이 가까이하면 금속은 쉽게 전자를 내놓게 됩니다.

초기 지구 생물들은 포르피린의 이런 성질을 이용해서 산소를 잡아두려 했던 것으로 보입니다. 이들은 산소가 없는 환경에서 살았지요. 하지만 세포 내의 물질대사 과정에서 산소가 생기는 것은 어쩔 수 없는 일입니다. 오늘날 사람도 인체 내의 활성 산소 문제로 골치를 앓듯이 당시 생물들도 마찬가지였습니다. 산소는 다른 원자나 분자와의 결합력이 아주 강해서 세포 내 소기관 등을 파괴하는 경향이 있기 때문이지요. 따라서 내부에서 생긴 혹은 외부에서 유입된 산소를 처리할 필요가 있었겠지요. 포르피린이 이 산소를 자신의 금속 원자와 결합시켜 제거한 것입니다.

콩과 식물의 뿌리혹에서 발견되는 레그헤모글로빈이 바로 이런 역할을 합니다. 그러다 인간처럼 산소 호흡을 하는 다세포생물에서는 역할이 바뀝니다. 산소 호흡을 위해 몸 안의 여러 세포에 산소를 공급해야 하는데 이를 안전하고 안정적으로 운반하는 역할을 맡은 거지요. 근육세포의 미오글로빈과 적혈구의 헤모글로빈이 이런 역할을 합니다. 그리고 식물과 조류algae에서는 이 포르피린이 빛을 받으면 전자를 내놓는 성질을 이용해서 광합성을 하게 된 거고요. 지구의 생물은 그 시작에서부터 양자역학적 원리를 이용했던 거지요.

지구 자기장을 읽는 철새들

전라남도 순천을 가면 꼭 들러야 할 곳이 순천만 습지입니다. 특히 가을에서 겨울 사이 순천만 습지 용산전망대에 오르면 수천 마리의 철새들이 떼를 지어 갈대밭 위를 나는 장관을 볼 수 있습니다. 기러기와 쇠기러기는 러시아에서, 아비는 알라스카에서 날아옵니다. 그 외에도 흑두루미, 도요새, 고방오리 등도 이곳을 찾지요.

해마다 늦가을 무렵 일을 만들어서라도 순천만을 찾는 이유입니다. 우리야 KTX를 타면 알아서 기차가 순천까지 데려다주지만 철새들은 저 북쪽 끝에서 순천만까지 어찌 알고 해마다 오는지, 이것은 꽤 오랜 시간 동안 알 수 없는 일이었습니다. 물론 철새만의 일은 아니지요. 바다거북도 알을 낳기 위해 수천 킬로미터를 가고, 연어나 고래들도 마찬가지입니다.

과학자들은 연구를 통해 이들 중 많은 종류가 지구 자기장을 이용해 자기가 가야할 곳을 파악한다는 사실을 밝혀냈습니다. 특히 철새들의 경우는 자기장이 굉장히 중요한 역할을 합니다. 철새의 몸에 작은 자석을 붙이면 이내 어디로 가야할지를 몰라 허둥지

둥대기 시작합니다. 아무리 작은 자석이라도 지구 자기장보다는 워낙 세서 지구 자기장이 묻혀버리기 때문이지요.

그런데 철새들은 지구 자기장의 방향을 어떻게 읽을 수 있는 걸까요? 여기에는 두 가지 이론이 있습니다. 하나는 자철석 이론입니다. 철새들의 몸속에 작은 자석이 있어서 이 자석이 나침판과 같은 역할을 한다는 거지요. 사람도 뇌에 자철석 결정이 있고 특히 뇌간과 소뇌에 높은 농도로 존재한다고 합니다. 박테리아 중에도 세포 안에 자철석이 있어 이를 이용해 지구 자기장을 감지하는 것으로 알려졌고 연어나 바다거북도 몸 안에 자철석 결정을 가지고 지구 자기장을 감지한다는 주장이 유력하게 대두되고 있습니다.[*]

하지만 철새에 관해서는 크립토크롬 모델cryptochrome model이라는 가설이 더 유력하기도 합니다. 동물의 눈 망막에는 빛을 수용하는 원추세포가 있는데 그 원추세포 안에 크립토크롬이라는 단백질이 있습니다. '숨겨진 색'이란 뜻의 그리스어에서 유래했지요. 크립토크롬은 푸른색에 반응하는 단백질로 1990년대가 되어서야 그 기능과 존재가 밝혀지기 시작했습니다.

이 크립토크롬은 FAD라는 분자를 감싸고 있는데 청색광이 이곳에 닿으면 FAD에서 전자가 튀어나갑니다. 이 빈 자리를 크립토크롬을 구성하는 트립토판이라는 아미노산에 있던 전자 하나가

* 동아사이언스 <강석기 과학카페> '사람도 지구자기장을 느낄 수 있을까', 2019년 3월 26일 참조 http://dongascience.donga.com/news.php?idx=27628

크립토크롬으로 자기장을 보는 유럽울새

메우게 되지요. 그러면 트립토판이 지구자기장과 같은 약한 자기장에도 반응하는 상태가 되어 화학반응이 일어납니다. 이를 이용해서 지구자기장을 읽는다는 거지요.*

실제로 크립토크롬 유전자에 문제가 있는 초파리는 지구자기장을 감지하지 못하는데, 다른 초파리나 인간의 크립토크롬 유전자를 넣어주면 능력을 회복한다는 연구결과도 있고, 크립토크롬을 발현시키는 철새 눈의 유전자를 가지게 해도 지구자기장을 감지하지 못한다는 연구도 있습니다. 또 크립토크롬 단백질을 만드는 mRNA가 이동 시기에 훨씬 많아지는 것으로 확인되었습니다. 현재까지 최소한 철새에 있어서는 크립토크롬 모델이 가장 유력하다고 볼 수 있지요.

그런데 이 현상이 양자역학과 무슨 관계가 있을까요? 바로 양자얽힘quantum entanglement이 깊숙이 관여하고 있습니다. 양자얽힘이란 말 그대로 두 입자가 서로 얽혀있는 상태를 말합니다. 예를 들면 전자의 스핀이 있습니다. 원래 스핀은 앞에서 이야기한 것처럼 일종

---

* 철새가 아닌 일반적인 동물의 경우 크립토크롬은 있지만 그 부분이 수용한 자극을 신경을 통해 전달해야 하는데 이 부분이 발현되지 않아 결과적으로 뇌가 자기장을 느낄 수가 없게 됩니다.

의 방향입니다. 전자의 스핀은 원래 어떤 방향을 향하든 상관이 없습니다. 하지만 전자 두 개가 한 세트로 묶이면 말이 달라집니다.

헬륨 원자로 예를 들어보지요. 헬륨은 원자핵에 양성자가 두 개 있습니다. 따라서 전자도 당연히 두 개가 있지요. 안정된 상태에서 헬륨의 전자 두 개는 모두 같은 1S 오비탈에 있습니다. 하지만 앞서 살펴본 파울리의 배타원리에 따라 이 둘은 서로 다른 양자수를 가져야 합니다. 주양자수, 방위양자수, 자기양자수 세 가지가 모두 똑같은 이 둘은 스핀양자수만이 서로 다릅니다. 하나는 $\frac{1}{2}$이고 다른 하나는 $-\frac{1}{2}$이지요.

하지만 우리는 관찰하기 전까지 두 전자 중 누가 $\frac{1}{2}$이고 누가 $-\frac{1}{2}$인지 알 수가 없습니다. 모르는 것뿐만 아니라 두 전자 모두 $\frac{1}{2}$과 $-\frac{1}{2}$이 혼재된 상태지요. $\frac{1}{2}$과 $-\frac{1}{2}$ 스핀의 확률함수를 모두 가지고 있는 것입니다. 그러다 우리가 하나의 전자를 관찰하면 그 순간 전자의 스핀양자수가 둘 중 하나로 정해집니다. 관찰한 전자가 $\frac{1}{2}$이면 다른 전자는 반대인 $-\frac{1}{2}$이 되는 거지요. 이 때 두 전자를 서로 얽혀있다고 합니다.

이런 양자얽힘은 양자암호, 양자컴퓨터, 양자전송 등 다양한 방면에서 앞으로 주목받고 있는 현상이기도 합니다. 또 이 양자얽힘이 국소성의 원리를 위반하는 문제도 물리학에서는 아주 중요한 문제입니다. 하지만 이 부분은 좀 더 뒤에서 다뤄보기로 하고 철새로 돌아가 보지요.

철새의 크립토크롬 단백질의 트립토판은 청색빛을 받으면 두 개의 서로 얽힌 전자 중 하나가 FAD로 건너갑니다. 그 순간 두 전자의 스핀이 정해지는 거지요. 그리고 이에 따라 화학반응이 일어납니다. 이 때 지구 자기장이 두 전자의 스핀에 영향을 미치게 되는데 이에 의해 자기장을 철새가 읽을 수 있게 되는 거지요.

새의 망막에는 수많은 원추세포들이 망막의 공처럼 오목한 안쪽 면에 촘촘히 들어차 있습니다. 그리고 이들은 각기 조금씩 다른 방향을 향하고 있지요. 그래서 지구 자기장이 트립토판에 있는 전자의 스핀에 영향을 미치면 그에 따라 해당 화학반응이 일어나는 세포가 달라지고 이를 감지하는 것입니다. 앞서 기본입자의 스핀은 자기장에 의해 그 방향이 달라진다고 했던 것 기억하시지요? 이 반응의 결과는 다른 빛에 의한 반응과 마찬가지로 원추세포와 연결된 신경세포로 전달될 것이니 새들의 경우 실제로 지구 자기장이 어떤 선으로 읽힐 수도 있을 것입니다.

그런데 이 크립토크롬이란 단백질은 새에게도 인간에게도 그리고 식물과 박테리아에도 마찬가지로 존재합니다. 이것은 이 단백질이 생명의 진화에서 아주 초기에 생성되었다는 걸 의미합니다. 물론 크립토크롬 단백질의 첫 쓰임새는 청색광을 감지하는 것이었을 수도 있습니다. 청색광을 감지하는 것이 중요한 이유는 청색광의 비율이 하루 중 계속 달라지기 때문입니다. 햇빛은 대기를 통과하는 과정에서 산란을 일으키는데 주로 청색광이 산란이 잘 됩니다. 따라서 햇빛이 대기를 통과하는 길이가 길어지는 아침과 저녁에는 상대적으로 적은 양만 우리 눈에 들어오게 되지요. 한낮이 되면 햇빛이 대기를 통과하는 길이가 짧아져서 조금 더 많은 청색광이 망막에 닿게 됩니다. 따라서 청색광을 감지한다는 것은 하루 중 어느 때인지를 파악하는 데 중요한 역할을 하는 거지요.

즉 크립토크롬은 일종의 생체시계 역할을 할 수 있습니다. 눈이 없는 식물이나 박테리아에도 크립토크롬이 있는 이유입니다. 식물은 이 크립토크롬을 통해 하루 중 꽃잎을 피워야 할 때가 언제인지 알 수 있고, 박테리아는 지금이 물 위로 올라갈 때인지 아니면 내려갈 때인지를 구분할 수 있었던 거죠. 먼 옛날 세균과 지금의 진핵생물 모두의 조상이 바다에 살 때, 한낮이 되면 수면 가까이 올라갔다가 밤이 되면 다시 아래로 내려가는 일일 주기의 운동을 할 때 사용했을 수도 있을 겁니다.

그런데 이 크립토크롬이 양자얽힘이 나타나는, 현재까지 발견된 유일한 단백질이다 보니 이를 이용해서 지구 자기장을 읽어내는 데 사용하는 방향으로 진화의 압력이 작용했을 수 있지요. 아니면 반대로 지구 자기장을 읽어내는 데 먼저 사용되다가 역으로 청색광을 감지하는 용도로 변경된 것일 수도 있고요. 어찌되었든 생명이 아주 오래전부터 양자얽힘을 이용해왔던 건 분명합니다.

지구에서 안드로메다까지 곧바로?
양자얽힘과 비국소성

그럼 이제 이 양자얽힘이 국소성^{locality}을 위반한다는 이야기를 좀 더 해보기로 하지요. 앞서 이야기한 것처럼 헬륨의 전자 두 개는 서로 반대방향의 스핀을 가지지만 그를 관찰하기 전에는 두 전자 모두 $\frac{1}{2}$과 $-\frac{1}{2}$의 스핀을 중첩하고 있다고 했습니다. 이제 이 전자 두 개를 각각 밀봉한 뒤 하나를 멀리 목성이나 토성 정도까지 보낸다고 가정합시다. 아직 두 전자는 자신의 스핀을 결정하지 않은 상태입니다. 지구와 토성이면 빛의 속도로도 30분 정도가 걸립니다. 이제 지구에 남은 전자가 담긴 박스를 개봉해 그 스핀을 확인합니다. 아 $\frac{1}{2}$이군요. 그 순간 동시에 토성에 있는 전자도 자신의 스핀을 $-\frac{1}{2}$로 정해버립니다. 지구의 전자와 토성의 전자는 그야말로 동시에 자신의 스핀을 확정합니다.

우리는 이미 특수상대성이론에 따라 우주의 어떠한 것도 빛의 속도보다 빠를 수 없다는 걸 압니다. 그래서 한 지역에서 일어난 변화는 최대로 빨라도 빛의 속도로 그 정보를 전할 수 있을 뿐입니다. 이를 우리는 국소성의 원리라고 합니다. 하지만 서로 얽혀있는 두 전자는 이 원리를 가뿐히 뛰어넘습니다. 지구에서 우리가 전자 하나를 관측한 행위는 동시에 토성의 전자에게 영향을 미치는 거죠. 만약 토성이 아니라 안드로메다은하에 가져다 놔도 마찬가지입니다.

아인슈타인 vs 코펜하겐 해석

이건 아인슈타인이 제일 처음 지적한 사실이지요. 당시 아인슈타인은 보어와 하이젠베르크로 대표되는 양자역학의 코펜하겐 해석에 반대하고 있었죠. 유명한 '신은 주사위 놀이를 하지 않는다'는 말도 이 때 나온 말인데요. 코펜하겐 해석의 문제점을 지적하는 과정에서 이 비국소성 문제를 제기한 것입니다. 아인슈타인의 특수상대성이론은 모든 물질은 그리고 그들의 정보는 빛의 속도보다 빠르게 움직일 수 없다고 했습니다. 따라서 원자나 전자 양성자 같은 입자들은 물론이고 중력이나 전자기력 같은 힘도 빛의 속도로만 진행할 수 있습니다. 즉 태양의 중력이 지구에 영향을 미치려면 8분 정도의 시간이 걸리는 거죠. 그런데 서로 얽혀있는 두 입자는 각자가 가진 정보를 확인하는 순간 바로 전달할 수 있다는 거니 이는 특수상대성이론에 위배된다는 것이죠.

이것은 아인슈타인과 포돌스키[Boris Podolsky] 그리고 로젠[Nathan

Rosen이 1935년에 같이 발표한 사고실험으로 흔히 세 사람 이름의 머리글자를 따서 EPR 역설이라고 부릅니다. 즉 양자역학의 코펜하겐 해석은 아인슈타인의 특수상대성이론의 국소성을 위반하기 때문에 틀린 이론이라는 주장이었지요. 아인슈타인은 서로 떨어져 있는 두 물체 사이에서 국소성이 위반되지 않으려면 전자의 스핀을 결정하는, 아직 밝혀지지 않은 숨은 변수hidden variables가 있어야 한다고 주장했지요. 그리고 이 주장은 당시 양자역학의 핵심적 원리인 하이젠베르크의 불확정성의 원리*가 틀렸다는 것과 다름 아니었습니다. 당시 아인슈타인이 물리학에서 차지하는 위치를 빼더라도 특수상대성이론이 거둔 엄청난 성과를 생각하면 이를 위반한다는 사실은 갓 태동한 양자역학의 입장에서는 상당히 곤혹스러운 것이었지요. 더구나 이 비국소성 문제에 대해 제대로 된 답변을 내놓지도 못했거든요.

여기서 하나 확실하게 하고 넘어가야 합니다. 정보가 빛보다 빠르게 갈 수 없다는 건 맞습니다만 이 경우에는 해당되지 않습니다. 즉 비국소성을 지닌 것은 양자얽힘 자체이고, 이 관계를 이용해 즉각적으로 정보를 전달할 순 없습니다. 그러니 정보가 빛보다 빠르게 전달된다는 건 사실이 아니었지요. 하지만 그렇다고 양자얽힘의 비국소성이 바뀌는 것은 아닙니다.

이는 또 양자역학의 특별한 세계관과도 관련이 있습니다. 스핀

---

* 3부 배경정보 '양자역학이 걸어온 길: 불확정성의 원리'를 참조하세요.

이 결정되는 것은 관찰하기 때문입니다. 관찰 이전에는 결정되지 않지요. 따라서 스핀의 결정에는 관찰자가 핵심적 역할을 합니다. 결국 관찰자와 관찰 대상은 관찰이라는 행위로 서로 묶여있는 것이지요. 이 때 관찰자가 꼭 지적 생명체일 필요는 없습니다. 우연히 전자 주변을 지나던 다른 전자이어도 괜찮은 것이지요. 결국 이 우주의 모든 물질은 서로가 서로에게 관찰자이자 관찰 대상으로 상호 관계를 이루고 있는 것이고 그런 의미에서 우주 전체는 비국소적이고 양자적으로 연결된 하나라고 볼 수도 있지요.

코펜하겐 해석의 승리

어찌되었건 이 논쟁은 당시엔 깔끔하게 마무리되지 못했지만 1964년 존 벨John Stewart Bell이 획기적인 실험을 제안함으로써 새로운 단계로 접어듭니다. 흔히 '벨의 부등식'이라고 말하는 건데요, 간단하게 설명하자면 이렇습니다. 아인슈타인이 주장하는 것처럼 전자 둘이 얽혀있고 우리가 아직 두 전자의 스핀을 관찰하지 않았을 때 만약 둘의 스핀이 정해져 있다고 가정합니다. 그럼 이 두 전자의 스핀을 관찰하는 실험 결과가 일정한 범위 안의 숫자(2와 –2 사이)로 나타나야 한다는 겁니다. 사고실험thought experiment이 이제 실제로 해볼 수 있는 실험이 된 것이지요. 그리고 실험 결과는 양자역학에 대한 코펜하겐 해석의 손을 들어주었습니다. 이 우주는 실제로 비국소적이었던 거지요.

이후 양자얽힘과 비국소성은 물리학을 넘어 철학 등 인문학에도 큰 영향을 주었지요. 천문학에서도 양자얽힘은 블랙홀 주변의 현상에 대한 설명을 위해 사용됩니다. 또한 공학적으로도 양자얽힘은 양자컴퓨터나 양자암호의 기본이 됩니다.

3부
양자역학의
세계로

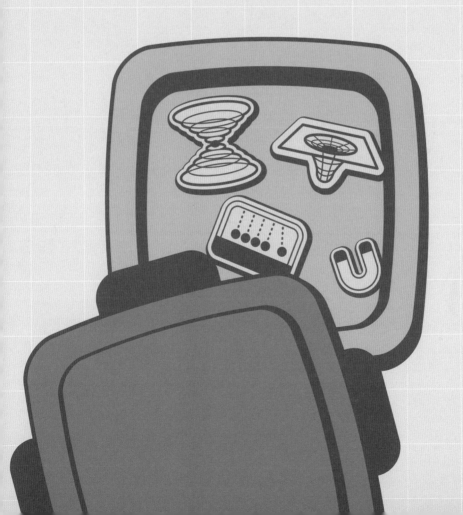

양성자는 원자에 정체성을 부여하고,
전자는 그 성격을 부여한다.

Protons give an atom its identity,
electrons its personality

빌 브라이슨
Bill Bryson

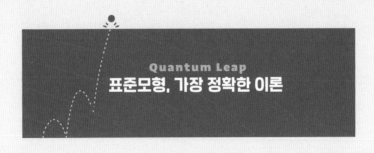

표준모형, 가장 정확한 이론

앞서 책의 서두에서 19세기 말에 나타난 세 가지 난제가 양자역학의 문을 열게 된 계기가 되었다고 했습니다. 막스 플랑크와 닐스 보어, 하이젠베르크, 슈뢰딩거 등에 의해 양자역학은 점차 정교한 이론으로 자리 잡게 되었습니다. 이들은 불확정성의 원리와 상보성의 원리 등을 통해 기존의 세 가지 난제를 훌륭하게 돌파하는 양자역학의 토대를 만들었습니다. 하지만 이들의 이론은 양자역학의 시작이었습니다. 갓 태어난 양자역학은 더 세련되어져야 했고, 설명해야 될 현상이 더 많이 있었지요. 또 동시대의 위대한 물리 이론인 아인슈타인의 상대성이론과의 관계도 새롭게 정립해야 했습니다.

고전 양자역학의 문제들

가장 먼저 문제가 된 것은 수소 이외의 원자들이었습니다. 초창기 양자역학은 전자가 하나밖에 없는 수소를 중심으로 연구가 진행되었지요. 이제 그 연구를 확장하여 전자를 여러 개 가지는 원자들의 전자 분포에 적용하려니 여러 문제가 등장합니다. 그 때 파울리의 배타원리가 등장합니다. 1924년 파울리가 제창한 원리로 기본적인 개념은 같은 양자 상태에 두 개의 동일한 페르미온이 존재하지 못한다는 것입니다. 페르미온이란 정수가 아니라 $\frac{1}{2}, \frac{3}{2}$ 등과 같은 스핀 양자수를 가지는 입자지요. 전자나 양성자, 중성자 같은 입자들입니다.

다음은 폴 디랙이었습니다. 슈뢰딩거 방정식은 뉴턴의 고전역학에 기초하고 있습니다. 뉴턴역학은 일상적인 상황에서는 놀라울 정도로 현상을 잘 설명하지만 속도가 빛에 근접한 아주 빠른 조건에서는 맞지 않지요. 디랙은 슈뢰딩거의 파동방정식을 특수상대성이론이 적용되도록 확장한 디랙 방정식을 1928년 발표합니다. 물론 일반상대성이론까지 포함하진 못했다는 한계가 있지만 이는 지금도 마찬가지입니다.

그런데 디랙의 방정식에서 새로운 물질이 떠올랐습니다. 바로 반물질이었죠. 전자와 모든 물리량이 같지만 전하는 반대인 양전자, 양성자와 모든 물리량이 같지만 전하가 반대인 반양성자 등 세상에 존재하는 모든 입자는 자신의 반물질을 가져야 한다는 것이 디랙 방정식의 결론 중 하나였습니다. 그리고 그의 예측대로 반물질이 발견되었습니다. 4년 뒤인 1932년 칼 앤더슨에 의해 양전자가 발견된 것이죠. 반양성자는 1955년 가속기 실험을 통해 발견되었고 반중성자는 1956년 발견됩니다.

문제는 여기서 끝나지 않습니다. 베타붕괴의 문제가 있었지요. 베타붕괴란 삼중수소와 같은 방사능 물질이 붕괴하는 과정을 말합니다. 삼중수소의 원자핵은 중성자 둘과 양성자 하나로 이루어진 물질인데 베타붕괴를 통해 중성자 하나와 양성자 두 개를 가진 헬륨 ^3_2He 원자핵이 되고 이 과정에서 전자가 하나 나옵니다.

그런데 이 과정에서 뭔가가 빠진 걸 눈치 챈 사람들이 있습니다. 예상대로였다면 이 과정에서 발생하는 에너지는 일정한 값만 가져야 하는데 측정해보니 예측한 값보다 작은 여러 가지 값을 가지고 있는 것이었지요. 이를 안 것은 1911년부터였지만 계속 풀리질 않고 있었지요.

1930년 파울리가 이 문제를 해결하기 위해 새로운 입자인 중성자*를 제안하지요. 다음 해 엔리코 페르미가 이 입자의 이름을 중성미자로 바꾸었고, 지금껏 그렇게 불리고 있습니다. 그리고 페르미는 이 입자에 기초한 페르미의 상호작용 모델을 고안하여 베타붕괴를 성공적으로 설명합니다.

이렇게 베타붕괴를 해명하는 과정에서 새로운 힘인 약한 상호작용을 발견하게 됩니다. 이 힘은 다른 힘처럼 밀어내거나 당기는 성질은 없습니다. 대신 물질의 운동 상태나 성질을 변화시키지요.

* 이때만 하더라도 우리가 알고 있는 중성자가 발견되기 전이었습니다.

즉 약한 상호작용은 밀거나 당기지 않고 아예 물질을 바꿔버리는 힘입니다. 이 약한 상호작용은 과학자들에 의해 원래 전자기력과 같은 힘이었지만 서로 분리된 힘이었음이 증명됩니다.

또 하나의 난제가 남아 있었습니다. 바로 원자핵의 문제였습니다. 원자핵은 양성자와 중성자들이 모여서 만들어지죠. 그런데 같은 +전하를 가진 양성자들은 서로 밀어냅니다. 이를 전자기적 척력이라고 하지요. 중성자는 밀어내지는 않지만(그 때까지 파악된 바로는) 그렇다고 끌어당기는 힘을 가지고 있지도 않습니다. 원자핵이 붕괴되지 않고 유지되려면 이들을 묶어주는 힘이 필요했지요.

1935년 유카와 히데키는 이 힘이 스핀이 0인 중간자란 입자에 의해 매개된다는 이론을 세웁니다. 그리고 1947년 파이온이란 중간자가 확인되지요. 1957년에는 난부 요이치로가 파이온 말고도 로(ρ) 메손이 있을 거라고 예측했고 1961년 발견됩니다. 그리고 힘을 연구하는 과정에서 양성자나 중성자가 기본입자가 아니라 그를 구성하는 쿼크quark라는 입자가 있다고 머리 겔만이 제안합니다. 1964년의 일이었지요. 그리고 1968년 실험을 통해 증거를 얻게 됩니다. 강한 상호작용의 연구가 새로운 기본입자의 발견으로 이어진 것이지요.

이제 자연의 기본적인 힘은 중력과 전자기력 외에 약한 상호작용과 강한 상호작용까지 늘어납니다. 그리고 자연을 구성하는 기본입자의 수도 늘어나지요. 20세기 초까지만 해도 원자 정도만이 알려졌지만 원자 안에 전자와 양성자, 중성자가 있다는 게 밝혀졌고, 다시 양성자와 중성자는 여러 종류의 쿼크로 이루어진 것이 나타났습니다. 그리고 베타붕괴를 통해 중성미자의 존재가 드러났고, 강한 상호

힘의 종류

작용을 연구하는 과정에서 중간자라는 입자가 필요해졌습니다. 그리고 이와 별개로 가속기나 우주선cosmic ray에 대한 관측과 실험을 통해 뮤온과 같은 새로운 입자들도 발견되었습니다.

CP 대칭성 깨짐 현상도 문제가 되었습니다. CP 대칭성이란 패리티 대칭(P대칭)과 전하 켤레 대칭(C대칭)을 조합한 것입니다. 원래 양자역학에서는 세 가지의 대칭성이 있습니다. 패리티 대칭과 전하 켤레 대칭, 그리고 시간 역행 대칭(T대칭)이 그것이죠.

패리티 대칭은 쉽게 말해서 우리가 사는 세상의 물리 이론이 거울에 비춰보았을 때도 똑같이 적용된다는 걸 말합니다. 전하 켤레 대칭은 어떤 입자를 전하가 반대인 반입자로 바꾸었을 때 물리 법칙이 바뀌지 않는 걸 말하지요. 시간 역행 대칭은 마치 영화를 거꾸로 돌리는 것처럼 시간이 반대로 흘러도 물리 법칙이 바뀌지 않는 걸 말합니다.[*]

* 3부의 '약한 상호작용'에서 더 자세히 설명합니다

사람들은 처음에 세 가지 대칭이 각각 보존될 것이라고 생각했습니다. 고전역학의 경우 시간 역행 대칭과 패리티 대칭은 항상 성립했고, 초기 양자역학에서도 세 가지 모두 각각 성립했지요. 그런데 약한 상호작용과 강한 상호작용에서 세 가지 각각의 대칭이 깨지는 것뿐만 아니라 패리티 대칭과 전하 켤레 대칭을 조합한 대칭조차 깨진다는 사실이 드러난 것입니다.

이렇게 다양한 입자와 다양한 힘, 그리고 대칭성 깨짐의 문제까지를 해결하는 과정은 한 사람의 연구로는 불가능했습니다. 먼저 1964년 대칭성이 깨지는 문제를 해결하는 힉스 메커니즘이 발표됩니다.[*] 이를 통해 약한 상호작용과 전자기력이 빅뱅 초기에는 하나의 힘이었다가 분리된 것이라는 주장이 힘을 얻게 됩니다. 또 이 과정에서 힉스장이 입자에 질량을 부여한다는 것 또한 드러났습니다. 질량이 그냥 있는 게 아니라는 것이지요.[**] 이를 토대로 1968년 약한 상호작용과 전자기력을 하나의 이론으로 통일하는 약전자기이론electroweak theory이 스티븐 와인버그, 압두스 살람, 셸던 리글래쇼에 의해 개발되었습니다.

강력을 기술하는 이론인 양자색역학Quantum chromodynamics은 1973년 그로스, 윌첵과 폴리처가 만들어 냅니다. 이들은 약력을 기술

---

[*] 3부의 '힉스 입자와 질량'에서 더 자세히 설명합니다

[**] 하지만 지금 우리가 관측하는 질량은 힉스 메커니즘만으로 설명되지는 않습니다. 일상적인 물체가 가지는 질량의 대부분은 쿼크가 가지는 에너지입니다.

하는 와인버그, 살람, 글래쇼의 이론에 영향을 받아 강력을 기술하는 양자색역학을 개발하여 강력의 세기를 계산하는 데 성공하지요.

양자역학의 현대적 모습, 표준모형

이런 지난한 과정을 거치면서 양자역학은 현대적 모습을 갖춥니다. 17개의 기본입자를 가지고 모든 물리 현상을 설명하는 표준모형이 그것이지요. 1975년 아브라함 파이스^{Abraham Pais}와 샘 트라이만^{Sam Treiman}에 의해 처음 표준모형이라는 용어가 사용되었지요. 알려진 네 가지 힘 중 중력을 제외한 전자기력, 약한 상호작용, 강한 상호작용을 설명합니다.

표준모형은 실험과 관측을 통해 증명된 모델이기도 합니다. 완성된 표준모형은 그 때까지 발견되지 않았던 입자들이 어떠한 물리량을 가지고 존재할 것인지를 예측했는데 그 대부분이 발견된 것이죠. 톱쿼크는 1995년에, 타우중성미자는 2000년에, 힉스보손은 2012년에 발견되었고 관측된 물리량은 표준모형이 예측한 그대로였습니다.

그런데 표준모형이라는 말이 살짝 오해를 남기는 것도 같습니다. 표준모형을 보여주는 그림이 보통 다음 그림처럼 나타나서인데

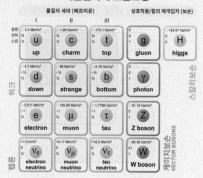

요, 사실 표준모형은 하나의 식입니다. 위의 식이 표준모형식을 간략하게 보여주는 것이죠. 아인슈타인 항과 맥스웰 양-밀스항, 디랙항, 힉스항, 유카와항으로 구성되어 있습니다.

표준모형은 대단히 성공적인 이론입니다. 흔히 실험에 대해, 그리고 여러 물리 현상에 대해 가장 정확한 예측을 한다고들 하지요. 그렇지만 표준모형이 완전한 이론인 것은 아닙니다. 뒤에서 상세하게 다시 이야기하겠지만 표준모형은 다양한 약점을 가지고 있는 이론입니다. 우선 강한 상호작용을 설명하는 양자색역학과 전자기력 및 약한 상호작용을 설명하는 약전자기이론은 하나로 통일되지 못하고 있습니다. 많은 물리학자들은 우주의 근본적인 힘이 하나였다가 어떤 이유로 분리된 것이란 생각을 놓지 못합니다.

이 단 하나의 힘 혹은 단 하나의 설명을 대통일이론이라 부르는데 표준모형은 대통일이론은 아닌 것이지요.

여기에는 일반상대성이론과의 불화도 한 몫 합니다. 이 세상을 물리학적으로 설명하는 두 이론인 표준모형과 일반상대성이론은 이 자체로는 하나의 이론으로 모아지지 않는 것이죠. 그 외에도 중성미자의 질량 문제라든가, 암흑 물질, 암흑 에너지문제, 진공 에너지 예측의 문제, 수많은 매개 변수, 세대 간의 격차 등이 여전히 풀리지 않는 문제로 남아 있습니다.

기본입자 파헤치기

정리를 한 번 해보죠. 중성자든 양성자든 중간자든 이런 모든 입자들은 결국 쿼크들로 구성되어 있습니다. 그리고 전자나 뮤온처럼 그 자체가 기본입자인 녀석들도 있습니다.

전자나 뮤온같은 기본입자들은 렙톤이라고 합니다. 렙톤의 어원은 그리스어로 가볍다는 뜻을 가지죠. 전자가 워낙 가벼우니 이런 이름이 붙었습니다만 렙톤 중에는 꽤 무거운 파이온도 있긴 합니다.

원자의 경우 쿼크를 기본으로 하는 양성자와 중성자 그리고 렙톤인 전자로 이루어져 있습니다. 우리가 보는 세계는 거의 대부분 원자로 이루어져 있으니 사실 쿼크와 렙톤이 물질을 이루는 가장 기본 단위라고 할 수 있겠지요.

그렇다면 렙톤과 쿼크를 나누는 기준은 뭘까요? 크기이거나 질량일까요? 아닙니다. 핵심은 강한 상호작용을 하느냐 마느냐입니다. 쿼크들은 모두 강한 상호작용을 하는 녀석들이고, 렙톤은 강한 상호작용을 하지 않는 녀석들이지요. 그래서 쿼크로 이루어진

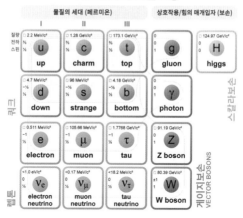

기본입자의 표준모형

이해를 위해 다시 보는 기본입자의 표준모형

양성자와 중성자는 강한 상호작용을 통해 원자핵에 묶여 있고 전자는 원자핵으로부터 벗어나 있게 되는 것입니다.

그런데 말이지요. 양성자와 중성자는 모두 다운쿼크와 업쿼크라는 두 종류의 쿼크로 이루어져 있습니다. 그리고 전자가 있지요. 양성자의 베타붕괴 시 전자중성미자가 튀어나오고요. 이 쿼크들 사이의 상호작용을 위해 글루온이, 그리고 베타붕괴를 위해 W/Z 보손이 있고, 전자기력을 매개하기 위해 광자가 있습니다. 이러면 모두 합해서 8가지의 입자가 있는 것이지요. 세상이 이렇게 소박하다면 얼마나 좋을까요? 대충 우리가 사는 세계를 구성하는 건 이들 여덟 가지이지만, 실제 기본입자들의 종류는 이를 훨씬 뛰어넘습니다.

우선 쿼크는 앞서 이야기했듯이 여섯 종류가 있습니다. 업쿼크와 다운쿼크가 한 쌍을 이루고, 참쿼크와 스트레인지쿼크가 한 쌍, 톱쿼크와 보톰쿼크가 한 쌍을 이룹니다. 이들 쌍을 세대 generation라고 합니다. 총 세 세대, 여섯 가지의 쿼크가 있는 거죠. 렙톤도 마찬가지로 세 종류가 세 세대를 이룹니다. 전자가 있고, 뮤온과 타우가 있습니다. 그리고 이들과 짝을 이루는 전자중성미자와 뮤온중성미자, 타우중성미자가 있어서 총 세 세대, 여섯 종류의 렙톤이 있지요.

그리고 렙톤과 쿼크는 각 세대별로 베타붕괴를 통해 서로 얽혀 있습니다. 세대 내에서는 베타붕괴를 통해 서로 변할 수 있는 거지요. 업쿼크는 다운쿼크로, 다운쿼크는 업쿼크로 바뀌고 이 때 W보손이나 Z보손이 드나듭니다. 나머지 쌍들도 마찬가지구요. 그리고 이렇게 붕괴가 일어날 때 드나드는 렙톤도 정해져 있습니다. 업쿼크와 다운쿼크에서는 전자와 전자중성미자가 드나듭니다. 2세대인 참쿼크와 스트레인지쿼크에서는 뮤온과 뮤온중성미자가 드나듭니다. 3세대인 톱쿼크와 보톰쿼크에서는 타우와 타우중성미자가 드나들지요.

이렇게 정리를 해놓으니 그래도 조금 마음이 편해집니다. 쿼크와 렙톤이 각각 동일한 수의 세대를 가지는 것도 이해가 되지요. 그러나 이게 다는 아닙니다. 각각의 입자들은 모두 반물질을 가지니 실제로는 12개가 아니라 24개의 기본입자가 있는 셈입니다.

그리고 힘을 매개하는 입자들이 있지요. 앞서 살펴봤던 광자,

W/Z보손, 글루온 그리고 아직 확인되지 않은 중력자가 그것입니다. 또 이 입자들에게 정지질량*을 부여하는, 힉스장에서 파생된 힉스보손도 있습니다. 여기까지가 현재로선 더 이상 나뉘지 않는다고 여겨지는 입자입니다.

자 그리고 이런 기본입자 중 쿼크들이 모여 만드는 강입자**가 있지요. 앞서 살펴본 것만 해도 양성자, 중성자, 델타입자, 람다입자, 파이온, 오메가, 케이온 등 무지하게 많았습니다. 더구나 아직 관측되지 않은 입자들도 꽤 있지요. 게이지노, 엑시온, 중력자, 테트라쿼크, 글루볼 등이 그것입니다. 입자들이 이렇게나 많으니 처음 입자 물리학이나 표준모형을 접하는 사람들은 헷갈릴 수밖에 없습니다. 이제 이들을 몇 가지 기준으로 구분해보도록 하지요.

그 구분을 조금 이해하기 쉽게 먼저 업쿼크 하나가 가지는 여러 가지 특징을 살펴보겠습니다. 업쿼크는 페르미온이며 1세대이고 질량은 약 $2.3Mev/c^2$이며 전하는 $+\frac{2}{3}$이고 스핀은 $\frac{1}{2}$입니다. 또한 색전하를 가지고 있으며 강한 상호작용과 약한 상호작용 그리고

----

* 아인슈타인의 상대성이론에 따르면 에너지와 질량은 등가입니다. 에너지를 많이 가진 물체는 질량이 늘어난다는 것이죠. 움직이는 물체는 그 속도의 제곱에 질량을 곱한 만큼의 운동에너지를 가지니 가만히 있는 물체에 비해 질량이 커집니다. 따라서 우리가 흔히 말하는 질량은 정확히는 움직이지 않을 때의 질량을 말합니다. 이때 '정지질량'이라는 말을 쓰는데 무엇이 물체에게 이 질량을 부여하는가는 오랜 동안 수수께끼였지요. 그런데 힉스메커니즘이 이 질량을 부여한다는 것이 20세기 양자역학을 연구하는 과정에서 밝혀진 것입니다.
** 강입자는 하드론이라는 말의 번역어로, 전자 등의 렙톤에 비해 질량이 크고, 강한 상호작용을 하는 입자라는 뜻입니다.

전자기력과 중력 네 가지 상호작용을 합니다. 약한 아이소스핀은 LH$^{left\ hand}$가 +1/2, RH$^{right\ hand}$는 0이고, 약한 초전하는 LH가 +1/3이고 RH는 +4/3입니다. 뭐가 이렇게 많냐고요? 사람도 구분을 그런 식으로 할 수 있지요. 젠더는 무엇이냐, 나이는 얼마냐, 피부색은 어떠냐, 국적은 어디냐, 재산은 얼마냐 등등으로 구분할 수 있듯이 입자들도 이런 여러 가지 구분이 있습니다.

저 특징들 중 먼저 상호작용에 대해서 알아보지요. 모든 입자들은 최소한 한 가지 이상의 상호작용을 합니다. 먼저 질량을 가지고 있다는 것은 중력에 의한 상호작용을 한다는 뜻이지요. 질량이 없다면, 그럼 중력에 의한 상호작용을 하지 않는 것이냐고 물으면 그렇지는 않습니다. 질량이 없어도 에너지를 가지고 있으면 중력에 의한 상호작용을 하지요. 광자는 정지질량은 없지만 에너지를 가지고 있어서 앞서 상대성이론에서 살펴본 것처럼 중력에 의한 상호작용을 합니다. 사실 중력에 의한 상호작용을 하지 않는 입자들은 일단 현재까지 우리가 확인한 입자들 중에는 없지요.

두 번째로 전하를 가지고 있으니 전자기력에 의한 상호작용을 합니다. 만약 전하를 가지고 있지 않다면 전자기력에 의한 상호작용은 하지 않습니다. 대표적으로 광자나 중성미자 등이 여기에 해당합니다. 합성입자 중에서도 중성자처럼 내부 구성 입자의 전하의 합이 0이 되면 전자기력에 의한 상호작용은 하지 않지요.

세 번째로 약한 상호작용을 합니다. 앞서 살펴본 것처럼 모든 쿼크들은 같은 세대의 짝 쿼크들과 서로 바뀔 수 있고 이 과정에서 같은 세대의 렙톤이 들락날락하지요. 따라서 렙톤과 쿼크들은 모두 약한 상호작용을 하는 입자들입니다. 네 번째로 강한 상호작용입니다. 앞서 말씀드린 것처럼 쿼크들은 글루온을 매개로 강한 상호작용을 하지요.

업쿼크는 페르미온이라고 분류합니다. 이는 스핀을 가지고 구분하는 거지요. 앞서 우리가 살펴본 것처럼 전자나 쿼크 등은 스핀이 모두 $\frac{1}{2}$이거나 $-\frac{1}{2}$이었지요. 이렇게 스핀이 분수로 나타나는 것을 반정수half integer라고 하고, 이런 스핀을 가지고 있는 입자들을 페르미온fermion이라고 합니다. 물리학자 페르미의 이름에서 따온 것으로 페르미-디렉 통계를 따르는 입자들이지요. 쿼크나 렙톤은 모두 페르미온입니다. 그리고 3개, 5개 등 홀수개의 쿼크로 이루어진 입자들도 모두 페르미온이 됩니다. 양성자나 중성자들은 모두 페르미온인 것이지요. 페르미온 입자들은 파울리의 배타원리를 지킵니다. 앞서 전자의 궤도함수 이야기를 하면서 파울리의 배타원리 이야기를 한 번 했습니다. 간단히 말해서 같은 종류의 두 페르미온은 동일한 양자 상태를 가질 수 없습니다.

스핀을 0, 1, 2, 3.. 같이 정수로 가지는 입자는 보손boson이라고 합니다. 인도 물리학자 사티엔드라 나트 보스의 이름을 따서 붙인 겁니다. 이들은 페르미의 배타원리를 따르지 않습니다. 이들은 보스-아인슈타인 통계를 따르지요. 즉 동일한 종류의 여러 입자가

페르미온		보손	
렙톤과 쿼크	Spin = $\frac{1}{2}$	Spin = 1*	힘의 매개입자
중입자(qqq)	Spin $= \frac{1}{2}, \frac{3}{2}, \frac{5}{2}\cdots$	Spin $= 0, 1, 2\cdots$	중간자($\bar{q}$q)

페르미온과 보손

동일한 상태에 있을 수 있습니다. 대표적으로 광자는 스핀이 1입니다. 강한 상호작용을 매개하는 글루온도 스핀이 1이고, 약한 상호작용을 매개하는 W/Z보손도 마찬가지입니다. 이들 매개입자를 게이지보손이라고도 합니다. 힉스보손은 스핀이 0입니다. 아직 발견되지 않았지만 중력자의 경우 스핀 2의 입자이지요. 이들은 기본입자 중 보손인 녀석들입니다. 이 외에도 짝수개의 페르미온으로 구성된 입자도 보손이 됩니다. 중간자들은 모두 쿼크와 반쿼크로 구성된 합성 보손이지요. $\frac{1}{2}$과 $\frac{1}{2}$이 만나 1이 되거나 $\frac{1}{2}$과 $-\frac{1}{2}$이 만나 0이 되는 겁니다.

하지만 이렇게 말씀드려도 사실 잘 와닿지 않지요. 약간의 무리를 감수하고 설명하자면 간단히 말해서 페르미온은 우리가 아는 물질입니다. 한 장소에 동시에 두 물질이 존재할 수 없지요. 흔히 한 장소를 배타적으로 독점한다고도 합니다. 마치 두 연인이 아무리 사랑하는 사이라도 문자 그대로 한 몸이 될 수 없는 거랑 같은

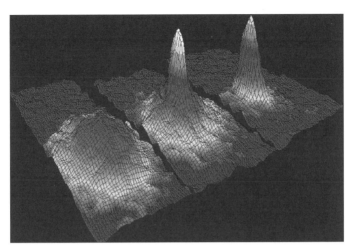

새로운 물질의 상인 보스-아인슈타인 응축의 발견을 보여주는 루비듐 원자 기체의 속도 분포 데이터. 색깔은 각 속도에 분포하는 원자 개수를 보여준다. 빨강이 가장 적고 흰색이 가장 많다. 흰색과 하늘색으로 나타난 부분이 가장 낮은 속도를 갖고 있다. 좌측: 보스-아인슈타인 응축 직전의 상태. 가운데: 응축 직후의 상태. 오른쪽: 증발이 진행된 후 순수한 응축물만 남은 상태. 봉우리는 불확정성 원리 때문에 특정 공간에 갇힌 원자들의 속도를 측정할 수 없어 무한히 좁아지지는 않는다.

이치지요. 하지만 보손은 한 장소에 겹쳐질 수 있습니다. 말 그대로 한 몸이 되는 거지요. 그래서 여러 곳에서 한 곳으로 빛을 쪼이면 모이는 장소의 빛이 더 밝아지게 됩니다. 파동으로 치면 진폭이 커지는 거지요. 하지만 이를 입자로 해석하면 여러 개의 광자가 한 장소를 공유하기 때문에 나타나는 현상으로 이야기할 수도 있습니다. 물론 이런 설명에는 한계가 있습니다. 페르미온도 서로 종류가 다르면 양자상태가 중첩될 수 있으니까요.

그리고 보스-아인슈타인 응축을 가지고도 말할 수 있는데요. 보손들은 동일한 양자 상태를 가질 수 있다고 했지요. 그래서 아주 낮은 온도로 만들면 이들 보손들은 모두 바닥상태의 에너지를 가지게 됩니다. 물질의 에너지 상태는 가장 낮은 상태와 그 다음 낮은 상태, 그리고 그 다음 낮은 상태 등의 계층이 있습니다. 그런데 페르미온의 경우 한 입자가 가장 낮은 상태를 차지하면 다른 입자는 그 상태를 가질 수 없어 차례로 조금씩 더 높은 에너지 상태를 가지지요.

하지만 보손의 경우 모두가 가장 낮은 에너지 상태를 가질 수 있습니다. 입자들은 가장 낮은 에너지 상태로 있을 때 가장 안정적이지요. 그래서 여러 개의 동일한 입자가 마치 하나의 입자인 것처럼 움직이지요. 대표적인 보스-아인슈타인 응축의 예로 루비튬87 원자를 절대 0도 가까이 냉각시켜 만들어 낸 예가 있습니다.

업쿼크는 또 약한 아이소스핀이란 것도 가지고 있습니다. 기묘한 이름이지요. 먼저 아이소스핀을 알아보고 다시 약한 아이소스핀에 대해 살펴보겠습니다. 아이소스핀은 강한 상호작용의 입장에서 입자들을 살펴본 것입니다. 예를 들어 양성자와 중성자는 전자기력에서는 완전히 다른 모습을 보이지만 강한 상호작용의 입장에선 사실 구분이 되지 않습니다. 가령 어떤 원자핵에 외부에서 중성자가 들어오면 그 중성자는 핵 내의 양성자와 중성자 양쪽과 거의 같은 강한 상호작용을 하게 됩니다.

그러나 우린 이 두 입자가 다른 걸 알고 있지요. 하이젠베르크는 이를 전자의 스핀과 비슷한 것으로 생각했지요. 그래서 이름도 아이소스핀^{isospin}이라 짓습니다. 앞에서 가장 낮은 에너지 상태에 두 개의 전자가 배치되는데 이는 사실 파울리의 배타원리를 어기는 것이 되었던 것 기억하시지요. 즉 같은 양자 상태에는 동일한 종류의 두 입자가 들어갈 수 없다는 원리를 어긴 것이죠. 그러나 스핀이 이를 해결해주었습니다. 가장 낮은 상태에 있는 전자 두 개는 서로 반대 방향의 스핀양자수를 가지고 있기 때문에 같은 양자 상태가 아니었던 것이지요. 양성자와 중성자도 이렇게 서로 다른 스핀을 가지고 있다고 한다면 핵 내의 가장 낮은 에너지 상태에 양성자 하나와 중성자 하나 이렇게 둘이 같이 있을 수 있게 됩니다. 스핀이란 개념이 강한 상호작용으로 확장된 것이라고나 할까요?

이후 양성자나 중성자가 기본입자가 아니고 그 안에 쿼크들이 있다는 사실을 알게 되면서 자연스레 아이소스핀도 쿼크의 특징이 되었습니다. 아니 스핀이란 개념도 힘든데 아이소스핀이라니 나보고 죽으란 말이냐고 푸념하는 독자들도 있겠지요. 그러나 어쩌겠습니까? 그런 걸 가지고 있는데 말이죠. 어찌되었건 업쿼크와 다운쿼크는 아이소스핀을 가지고 있지요. 쿼크의 아이소스핀이 분수인 것도 전하와 마찬가지 이유입니다. 처음 하이젠베르크가 아이소스핀 개념을 도입할 때 전자의 스핀과 마찬가지로 양성자는 $\frac{1}{2}$ 중성자는 $-\frac{1}{2}$의 아이소스핀을 가진다고 정했습니다.

강한 상호작용과 마찬가지로 약한 상호작용에 대해서도 이러한 특징이 나타나는데요. 그걸 약한 아이소스핀이라고 합니다. 쿼크들도 약한 상호작용을 하니 당연히 약한 아이소스핀을 가지는 거지요. 약한 초전하도 바로 이 약한 상호작용에 대한 이야기입니다. 전자기력에 대해 전자가 −1의 전하를 가지고 양성자가 1의 전하를 가지듯, 그리고 쿼크들이 $-\frac{1}{2}$이나 $\frac{1}{2}$의 전하를 가지는 것처럼 약한 상호작용에 대해서도 기본입자들과 이들의 합성입자들은 약한 초전하를 가집니다.

자 이제 정리를 좀 해볼까요? 양자역학에서는 입자들이 각각의 힘에 대해 일종의 각운동량이란 걸 가집니다. 전자기력에 대해선 스핀을 가지고, 약한 상호작용에 대해선 약한 아이소스핀을 가지는 거지요. 그리고 강한 상호작용에 대해서는 그 힘이 작용하는 쿼크들만 아이소스핀을 가지게 됩니다.

그리고 기본입자들을 나누는 또 하나의 방법으로는 그 세대를 보는 것입니다. 우리가 알고 있는 물질은 모두 원자로 이루어져 있습니다. 이 원자를 이루는 기본입자들을 1세대라고 합니다. 우선 양성자와 중성자를 구성하는 업쿼크와 다운쿼크, 그리고 전자가 있습니다. 그리고 1세대의 약한 상호작용에서 발견되는 전자중성미자가 있지요. 이들 네 입자와 이들의 반입자 이렇게 8개의 입자가 1세대를 이룹니다. 사실 우주 전체의 물질들을 구성하는 기본입자들이지요.

그리고 2세대가 있습니다. 이들은 1세대에 비해 질량이 크고, 질량이 큰 만큼 수명도 짧습니다. 쉽게 다른 물질로 변하지요. 쿼

	1세대	2세대	3세대	힘 매개입자	
쿼크	u 업	c 참	t 톱	γ 광자	힉스 (Higgs)
	d 다운	s 스트레인지	b 보텀	g 글루온	
경입자	e 전자	μ 뮤온	τ 타우	Z Z보손	
	ν_e 전자중성미자	ν_μ 뮤온중성미자	ν_τ 타우중성미자	$W^\pm$ W보손	

세대별로 나눈 기본입자

크로는 참쿼크와 스트레인지쿼크가 있고 렙톤으로는 뮤온과 뮤온중성미자가 있습니다. 물론 이들의 반입자도 있지요. 스트레인지쿼크는 겔만에 의해 쿼크 모형이 제시될 때부터 예측되었던 쿼크입니다. 이 쿼크들에 의해 만들어지는 강입자로는 케이온(K), 기묘 디 중간자(Ds), 시그마 중입자(Σ) 그리고 다른 기묘입자들이 있습니다. 기묘strange라는 이름이 붙은 이유는 이들이 질량이 큰 데도 불구하고 매우 느리게 붕괴하기 때문이지요.

2차 대전 이후 수십 개의 입자들이 발견됩니다. 대부분 강한 상호작용에 의해 붕괴되는데 평균 수명이 대략 10^{-23}초 정도 되지요. 하지만 이 과정에서 평균 수명이 '기묘'하게 긴 입자들이 발견되고 이들을 기묘입자strange particle라 부르게 됩니다. 결국 이들은 기묘(스트레인지)쿼크를 가지고 있는 것으로 밝혀지고, 이 스트레인지쿼크와 반스트레인지쿼크의 수를 기묘도strangeness라고 부르게 되었지요. 어찌 되었건 이렇게 스트레인지쿼크가 먼저 발견이 되고 같은 세대의 참^{charm}쿼크도 한참 뒤에 발견됩니다.

이제 3세대입니다. 이들은 2세대에 비해서도 질량이 아주 큰 편입니다. 그리고 또 그만큼 수명도 짧지요. 쿼크로는 톱쿼크와 보톰쿼크가 있고 렙톤으로는 타우와 타우중성미자가 있습니다. 물론 반입자도 있고요.

이렇게 각 세대가 있는데 왜 우린 1세대의 입자만 일상생활에서 접하게 되는 걸까요? 이유는 2세대와 3세대 입자들은 아주 짧은 시간에 붕괴되어 버리기 때문입니다. 톱쿼크는 눈 깜짝할 사이보다 짧은 시간 내에 보톰쿼크나 스트레인지쿼크, 다운쿼크로 붕괴되어 버립니다. 정확하게는 5×10^{-25}초만에 붕괴해버리지요. 보톰쿼크는 맵시쿼크나 업쿼크로, 참쿼크는 스트레인지쿼크나 다운쿼크로, 스트레인지쿼크는 업쿼크로 붕괴해버리고 맙니다.

3세대 렙톤인 타우도 금방 붕괴해서 타우중성미자를 내놓고 뮤온이나 전자 혹은 강입자가 되어 버립니다. 뮤온도 마찬가지로 1세대 렙톤인 전자로 붕괴합니다. 그래서 2세대와 3세대 입자는 일상생활에서 볼 가능성이 거의 없습니다.

원소의 마술사 중성자, 그 배후엔?

약력, 즉 약한 상호작용은 상당히 독특합니다. 다른 상호작용들은 서로 밀어내거나 당기는 힘으로 나타나는데 약한 상호작용은 그런 힘이 없습니다. 그래서 이게 무슨 힘이냐고 생각할 수도 있지요. 그러나 물질의 운동 상태나 성질을 변화시키는 원인을 힘이라고 한다면 약한 상호작용도 충분히 훌륭한 힘이 될 수 있습니다. 다만 약한 상호작용은 밀거나 당기지 않고 아예 물질을 바꿔버리는 힘입니다. 그리고 이 약한 상호작용 덕분에 이 우주에는 다양한 원소들이 존재합니다.

앞서 수소 원자핵이 모여 헬륨의 원자핵이 되는 핵융합을 이야기했는데 슬쩍 넘어간 부분이 있습니다. 수소 원자핵은 모두 양성자입니다. 그런데 헬륨의 원자핵은 양성자 두 개와 중성자 두 개로 이루어집니다. 어찌된 걸까요? 바로 약한 상호작용에 의해 양성자가 중성자로 바뀌어서 가능한 겁니다.

약한 상호작용에 대해 좀 더 알아보기 전에 이 부분을 조금 더 생각해보도록 합시다. 앞서 강한 상호작용이 전자기력보다 세기 때문에 원자핵에 양성자나 중성자가 모여 있을 수 있다고 했습니다. 그러나 강한 상호작용은 워낙 좁은 곳에서 기능하는 힘이라 원자핵 내에서도 조금만 떨어지면 그 힘의 크기가 아주 약해집니다. 하지만 양성자끼리의 서로 밀어내는 힘은 여전히 작용하지요. 그래서 양성자끼리만 모여 있으면 대단히 불안정한 상태가 됩니다.

여기에 하나 더 파울리의 배타원리가 원자핵 내에도 존재합니다. 즉 원자핵 내의 양성자나 중성자들도 최대한 낮은 에너지 상태를 가지려고 하는데 파울리의 배타원리에 따르면 두 개의 입자가 동일한 에너지 상태를 가질 수 없는 거지요. 그럼 나머지 하나는 울며 겨자 먹기로 더 높은 에너지 상태에 놓일 수밖에 없습니다. 그런데 양성자와 중성자는 서로 반대의 스핀을 가지고 있기 때문에 같이 낮은 에너지 상태에 놓일 수가 있습니다. 그러니 양성자와 중성자가 같이 섞여 있으면 평균적으로 더 낮은 에너지 상태가 되어 원자핵이 안정되는 거지요.

실제로 주기율표를 살펴보면 이를 알 수 있습니다. 수소는 양성자 하나이지만 헬륨부터 리튬, 붕소, 베릴륨, 탄소, 질소, 산소, 염소, 네온에 이르기까지 안정된 상태를 유지하는 원자핵의 양성자와 중성자 비율은 모두 1:1입니다. 그러니 중성자가 없었으면 이런 원자들이 존재할 수가 없었겠지요. 더구나 원자번호가 높아지면 양성자에 대한 중성자의 비율이 점점 더 커집니다. 앞서 말한 강한 상호작용과 전자기력 사이 차이가 줄어들기 때문이지요.

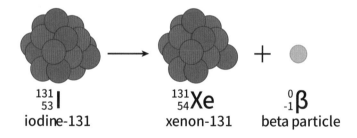

$$^{131}_{53}\text{I} \longrightarrow {}^{131}_{54}\text{Xe} + {}^{0}_{-1}\beta$$

iodine-131   xenon-131   beta particle

아이오딘의 베타붕괴

이렇듯 중성자는 전하도 가지지 않고 별반 하는 일도 없는 것처럼 보이지만 우리의 우주가 90개도 넘는 종류의 원소를 가지게 되는 데 혁혁한 공로를 세우고 있는 거지요. 결국 약한 상호작용이 중성자를 만드는 거니 이 또한 약한 상호작용의 공이 아닐 수 없습니다.

이런 약한 상호작용은 흔히 베타붕괴ᵇᵉᵗᵃ ᵈᵉᶜᵃʸ라고 말하는 현상으로 우리에게 모습을 드러냅니다. 베타붕괴라는 이름은 원래 전자나 양전자가 나오는 현상을 일컫는 말입니다. 19세기 말에 베크렐과 퀴리 등에 의해 방사선이 관찰되었습니다. 그리고 러더퍼드가 물질에 침투하는 정도와 원자를 이온으로 만드는 능력에 따라 이 방사선을 각기 알파선과 베타선으로 나눕니다. 몇 년 뒤 다시 감마선이라는 새로운 방사선도 있다는 걸 폴 빌라드가 발견해서 총 세 가지 종류의 방사선으로 정리되었죠. 이 중 베타선을 내는 반응을 베타붕괴라고 이야기합니다.

그리고 베크렐이 베타선이 사실은 전자라는 것을 밝혀냅니다. 그런데 이 베타붕괴 과정에서 좀 이상한 일이 나타납니다. 1911년 리즈 마이트너와 오토한이 베타붕괴 현상을 관측하는데 베타 입자, 즉 전자의 운동에너지가 한 가지가 아니라 여러 가지라는 걸 발견한 겁니다. 간단하게 예를 들어보자면 만 원짜리 지폐를 주고 9,800원짜리 물건을 사면 정확히 200원의 거스름을 받아야 하는데 거스름돈이 199원에서 100원까지 물건을 살 때마다 다르게 나타난다는 거지요.

처음에 과학자들은 베타붕괴에서 에너지 보존의 법칙이 깨지는 게 아닌가라고 생각하기도 했습니다. 물리학자들로선 생각도 하기 싫은 일이지요. 물리학자들은 이 우주가 몇 가지 보존 법칙 위에 존재한다고 생각하고 있고 그중에서도 에너지 보존 법칙은 그야말로 절대 깨지면 안 되는 것이었거든요. 그런데 아무리 실험을 해도 전자가 가지는 에너지가 들쑥날쑥한데 그 이유를 찾을 수가 없었던 겁니다.

더구나 또 다른 보존법칙도 붕괴될 위험에 처했습니다. 앞서 여러 번 거론했던 스핀입니다. 양성자와 중성자는 스핀이 모두 $\frac{1}{2}$입니다. 전자도 $\frac{1}{2}$이지요. 그러니 양성자가 중성자가 되면서 전자를 내놓으면 반응 전에는 총 스핀이 $\frac{1}{2}$인데 반응 후에는 1이 되어버리니 스핀값도 보존이 되지 않는 거죠.

이 문제는 당시 여러 물리학자들의 골머리를 썩게 했는데, 결국

1930년 볼프강 파울리가 베타붕괴 과정에서 새로운 입자가 하나 더 나온다고 생각하면 이 문제를 해결할 수 있다고 제안했지요. 즉 질량이 없거나 거의 0에 가깝고 전하도 없으며 스핀이 $\frac{1}{2}$인 입자가 같이 나오면 에너지 보존도 스핀 보존도 해결될 수 있다는 거지요. 파울리는 처음 이 입자의 이름으로 '중성자'를 제안했지만 1933년 엔리코 페르미가 베타붕괴에 대한 보다 정확한 설명을 담은 이론을 발표하면서 이름도 중성미자^{neutrino}로 수정합니다.

페르미에 따르면 중성미자와 양전자는 원래 양성자에 포함되어 있던 입자가 아니라 베타붕괴 과정에서, 즉 약한 상호작용이 일어나는 과정에서 생성되는 것으로 주장했지요. 하지만 쉽게 발견할 수 없었습니다. 일단 질량이 거의 없으니 중력에 의한 상호작용도 거의 하지 않고, 전하가 없으니 전자기력에 의한 상호작용도 거의 하지 않는 유령과 같은 입자이기 때문이지요. 실제로 태양에서 핵융합이 일어날 때마다 중성미자가 나오니 매초 당 엄청난 양의 중성미자가 지구로 쏟아지는데 그 대부분은 그냥 지구를 통과해 버립니다. 이 중성미자가 1956년 발견되면서 베타붕괴를 둘러싼 고민은 일단락이 되었습니다.

베타붕괴는 총 세 종류가 있습니다. 양성자가 중성자로 변하면서 양전자를 내놓는 반응을 양의 베타붕괴라고 하고 중성자가 양성자로 변하면서 전자를 내놓는 반응은 음의 베타붕괴라고 합니다. 그리고 마지막으로 양성자가 전자를 흡수해서 중성자가 되는

$$\beta^- \;:\quad n^0 \to p^+ + e^- + \bar{\nu}_e$$
$$\beta^+ \;:\quad Energy + p^+ \;\to\; n^0 + e^+ + \nu_e$$
$$EC \;:\quad Energy + p^+ + e^- \;\to\; n^0 + e^+ + \nu_e$$

세 종류의 베타붕괴: 음의 베타붕괴(위), 양의 베타붕괴(가운데), 전자 포획(아래)

반응을 전자 포획이라고 하지요.

이 반응들이 사실은 양성자나 중성자의 반응이라기보다는 쿼크의 반응이라는 점을 이해하는 것이 중요합니다. 앞서 강한 상호작용을 이야기하면서 양성자는 업쿼크 2개와 다운쿼크 1개로 구성되어 있다고 했고, 중성자는 업쿼크 1개와 다운쿼크 2개로 구성되었다고 했습니다. 따라서 양성자가 중성자가 된다는 건 결국 업쿼크 1개가 다운쿼크로 바뀌는 거죠. 반대로 다운쿼크가 업쿼크로 바뀌면 중성자가 양성자가 되기도 합니다. 업쿼크와 다운쿼크는 이렇게 서로 짝을 이루며 한 세대가 됩니다.

마찬가지로 베타붕괴 과정에서 만들어지는 전자와 전자뉴트리노, 양전자와 전자반중성미자가 렙톤으로서의 1세대를 이룹니다. 그리고 자연에서는 자주 볼 수 없지만 참쿼크와 스트레인지쿼크도 서로 짝을 이루고 이에 대응해서 뮤온과 뮤온중성미자가 또 렙톤으로서의 한 세대를 이루지요. 톱쿼크와 보톰쿼크도 마찬가지로 타우와 타우중성미자와 같이 쿼크 한 세대와 렙톤 한 세대를 이룹니다.

그런데 이 약한 상호작용이 다른 힘들과 다른 점이 또 하나 있습니다. 바로 대칭성이 깨지는 건데요. 1956년 양전닝과 리정다오라는 중국계 물리학자들에 의해서 밝혀진 사실이지요. 당시 물리학자들은 약한 상호작용을 연구하면서 여러 이상한 현상에 골머리를 썩고 있었는데, 약력에서는 좌우 대칭성이 깨져있다고 가정하면 이런 문제들이 아주 쉽게 풀린다는 걸 알아냈죠. 이 이론을 양-리 이론이라고 합니다.

그리고 이 이론을 다른 중국계 물리학자인 우젠슝이 실험을 통해 확인합니다. 방사능 물질인 코발트-60은 전자와 반중성미자를 내놓고 니켈-60으로 붕괴하는데 이는 약한 상호작용에 의한 베타붕괴입니다. 이 때 원자핵의 자전 방향과 전자가 튀어나오는 방향 사이의 관계에 대해서 분석해 봤더니 아니 아주 밀접한 관계가 있는 것입니다. 원자핵이 오른쪽으로 회전하는 경우 전자는 대부분 아래쪽으로 튀어나오더란 것이죠.

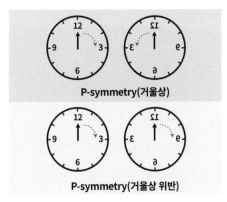

좌우대칭성 붕괴

자 그런데 이를 거울에 비춰보면 어떻게 될까요? 여러분이 거울을 보면 여러분의 위쪽은 거울에도 위쪽입니다. 여러분의 아래쪽은 거울에도 아래쪽이지요. 하지만 왼쪽과 오른쪽은 바뀝니다. 거울 속의 우린 왼쪽이 오른쪽이고, 오른쪽이 왼쪽이지요. 이제 코발트-60을 거울에 비춰보면 전자가 나오는 방향은 여전히 아래쪽인데 원자핵이 도는 방향은 반대로 보입니다. 이런 것을 좌우대칭성 깨짐이라고 합니다. 물리학의 모든 법칙은 좌우대칭이 항상 성립합니다. 그런데 약한 상호작용에서만 이 좌우대칭성이 깨진 것이지요.

지금 이 글을 읽고 있는 분들 중 일부는 심드렁할 것입니다. 아니 그럴 수도 있지 뭐. 그런데 이런 걸 생각해보세요. 공이 앞으로 날아가고 있습니다. 물론 자전을 하면서요. 공이 날아가는 방향 쪽으로 오른쪽 엄지를 내밀고 나머지 손가락이 감싸 쥐는 방향을 오른쪽 자전방향이라고 정합니다. 반대로 왼쪽 엄지를 내밀고 나머지 손가락이 감싸 쥐는 방향을 왼쪽 자전방향이라고 정하고요. 만약 공이 이 두 자전 방향 중 하나를 가지고 있어야 하고, 미리 누군가 정하지 않았다고 합시다. 이런 공이 수백 개 던져지면 어떻게 되어야 할까요? 한두 개라면 한쪽 회전만 나타날 수 있지만 수백 개의 공이라면 두 방향이 얼추 비슷하게 나와야 할 것입니다. 그런데 수백 개 중 대부분이 한쪽 방향으로만 회전한다면? 당연히 애초에 그렇게 세팅되어 있어야 한다는 것입니다.

그런데 그 일이 베타붕괴에서 일어난 것입니다. 더구나 전자와 함께 베타붕괴의 핵심 요소인 중성미자는 더 했습니다. 모든 중성미자가 한쪽 방향만 나타난 것이죠. 당시 물리학계의 대표적 인물이자 중성미자의 존재를 예언한 파울리는 '신이 왼손잡이일 리 없다'고 했을 정도지요. 좀 더 정확히 말씀드리자면 이렇습니다. 앞서 입자들은 스핀이라는 고유한 성질을 가지고 있다고 했습니다. 입자가 가질 수 있는 스핀은 종류에 따라 다르지만 쿼크나 렙톤은 모두 $\frac{1}{2}$과 $-\frac{1}{2}$이라는 두 가지 스핀을 가지고 있습니다. 그런데 왼쪽 스핀을 가진 입자들은 약한 상호작용을 하지만 오른쪽으로 회전하는 입자들은 약한 상호작용을 하지 않는 것이지요. 그런데 우리가 관측할 수 있는 중성미자는 모두 약한 상호작용의 결과에 따라 만들어집니다. 따라서 오른손잡이 중성미자는 관측할 수가 없습니다. 우리가 아는 중성미자들은 모두 왼손잡이인 것이지요.

물리학자들은 보존 법칙도 좋아하지만 대칭성도 좋아합니다. 그런데 약한 상호작용에서 이것이 깨졌으니 어쩌면 좋단 말입니까? 고민을 하던 물리학자들 중 한 명이 멋진 제안을 합니다. 앞서 모든 입자는 반입자를 가진다고 했습니다. 중성미자도 당연히 반입자를 가지지요. 중성미자가 모두 왼손잡이라면, 반중성미자는 모두 오른손잡이면 되지 않을까? 실제로 관측해보았더니 정말 그러했습니다. 반중성미자는 모두 오른손잡이였던 거지요.

물리학자들은 이를 CP대칭성이라고 합니다. C는 물질을 반물질로 바꾸는 것의 기호이고 P는 좌우를 바꾸는 것을 표현합니다. 두 가지가 동시에 바뀌니 CP변환인 거지요. 이래서 우주의 대칭성이 조금 (사실은 아주 크게) 바뀌었습니다. 이전에는 물리학자들이 우주가 좌우대칭성이 있다고 말했지만, 이제는 그 대신 우주가 CP대칭성이 있다고 말하면 되게 되었습니다.

그러나 이 대칭성마저 깨진다는 사실이 밝혀집니다. 1964년 피치$^{Val\ Fitch}$와 제임스 크로닌$^{James\ Cronin}$은 K-Long중간자(K_L^0)가 베타붕괴를 할 때 CP대칭성이 깨진다는 사실을 발견합니다. K-Long중간자는 두 가지 방식으로 붕괴될 수 있습니다. 하나는 양전자와 파이온 그리고 중성미자를 내놓으며 붕괴하는 것이고 다른 하나는 전자와 반파이온 그리고 반중성미자를 내놓으며 붕괴하는 것이죠.* 이 둘이 내놓는 세 입자는 서로 반물질이며 스핀 또한 서로 반대입니다. 즉 CP대칭인 거지요. 따라서 두 형태의 붕괴는 서로 비슷한 확률로 나타나야 합니다.

그런데 실제 관측 결과 첫 번째 반응이 0.65% 정도 더 많이 나타나는 겁니다. 1%도 되지 않는 비율이 뭐 중요하냐고 하겠지만 그렇지 않습니다. 바로 저 CP대칭성 깨짐이 있기에 우리 우주가 지금의 모습일 수 있습니다. 붕괴의 두 과정에서 서로의 반물질이

---

* 첫 번째 붕괴와 두 번째 붕괴를 식으로 나타내면 다음과 같습니다.
$$K_L^0 = e^+ + \pi^- + \nu \qquad K_L^0 = e^- + \pi^+ + \bar{\nu}$$

만들어집니다. 전자와 양전자, 파이온과 반파이온, 중성미자와 반중성미자가 그것이죠. 그런데 물질과 반물질은 서로 만나면 쌍소멸을 하고 대신 빛이 나옵니다. 즉 우주가 만들어질 때 물질과 반물질(쿼크와 반쿼크 그리고 렙톤과 반렙톤이었겠지요)이 같은 비율로 나왔다면 서로 쌍소멸해서 사라지고 우주에 물질이란 거의 없었을 것입니다. 그저 빛만 가득 찬 우주가 되었겠지요.

그러나 관측 가능한 우주에는 익숙한 물질(우린 이걸 물질이라 하지요)이 대부분이고 반물질은 대단히 보기 드뭅니다. CP대칭성이 깨졌기 때문에 가능한 일이지요. 초기 물질과 반물질이 만들어질 당시 CP대칭이 깨지면서 우리에게 익숙한 물질이 반물질에 비해 조금 더 많이 만들어졌던 겁니다. 물질과 반물질은 생성되면서 다시 서로 만나 소멸되었지만 우주 전체에 조금 더 많이 생성되었던 물질이 그나마 남아 현재의 우주를 형성할 수 있었던 거지요.

현재는 강한 상호작용도 CP대칭이 깨진다는 데 대부분 동의하며 그 깨짐의 정도는 약한 상호작용보다 훨씬 더 작을 것으로 생각하고 있습니다. 다만 깨진 정도가 너무 작아 그 현상을 실제 관측하기는 매우 어렵습니다. 그리고 깨진 정도가 얼마나 작은지, 그리고 왜 작은지에 대해서도 아직 확정된 이론은 없습니다. 이 중 우리나라 김진의 교수의 '보이지 않는 액시온invisible axion 이론'도 유력한 후보 중 하나입니다. 또한 액시온은 암흑물질의 유력한 후보기도 해서 이를 검출하려는 실험이 다양하게 시도 중입니다.

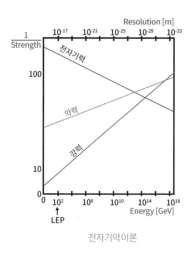

전자기약이론

　어찌되었건 약한 상호작용이 이렇게 자발적으로 대칭성이 깨진 것은 일정한 온도보다 낮은 상태에서의 일입니다. 따라서 그보다 온도가 훨씬 높았을 우주 극초기에는 이런 깨짐이 나타나지 않았을 터이죠. 그 과정을 정리해서 이론화한 것이 전자기약이론입니다. 위의 그림을 보면 약한 상호작용의 연두색 선과 전자기력의 파란색 선이 만나는 교차점이 보입니다. 아주 높은 에너지 차원에서죠. 즉 아주 높은 온도에서는 이 둘이 같은 힘이었다는 것입니다. 그러나 온도가 내려가자 대칭성이 깨진 거지요.*

* 온도가 낮아지면 힉스장의 하나가 진공기대치를 얻게 되는데 이는 마치 가운데가 가장 낮은 접시가 갑자기 가운데가 불룩 솟은 모양이 되는 것과 비슷합니다. 그래서 다시 에너지가 낮은 상태로 돌아가려면 옆으로 내려가야 하는데 이 때 가운데가 아닌 한쪽으로 내려가면서 대칭성이 깨지는 것입니다(뒤에 이어지는 '힉스 입자와 질량'에 삽입된 '자발적 대칭성 깨짐' 그림이 이 이야기입니다).

셜던 글래쇼와 스티븐 와인버그, 그리고 압두스 살람의 약전자기이론에 따르면 처음 전자기력을 매개하는 광자처럼 약력의 매개입자들도 질량을 가지고 있지 않았다는 겁니다. 그러면 전자기력과 약력의 차이가 사라지지요. 그런데 자발적 대칭성 깨짐에 의해 약력의 매개입자인 W/Z보손이 질량을 가지게 되고, 전자기력과 약력은 서로 다른 길을 가게 된 것이죠. 이 부분은 뒤에 이어지는 '힉스 입자와 질량' 편에서 더 자세히 알아보겠습니다.

쿼크가 홀로 존재할 수 없는 이유

2차 대전이 끝나고 물리학자들은 끊임없이 발견되는 입자들에 치입니다. 1950년에 미국 시카고대학의 사이클로트론과 카네기멜론대학의 싱크로사이클로트론에서 델타입자가 발견되고 1951년에 우주선^{cosmic rays}에서 람다입자가 발견되지요. 그 뒤를 이어 파이온, 에타, 델타, 시그마, 크사이, 오메가입자와 같은 입자들이 연이어 발견됩니다. 보통 입자들의 이름으로는 그리스 문자를 쓰는데 더 이상 쓸 그리스 문자가 동나서 a입자 b입자처럼 영어 알파벳도 동원되어야 할 지경으로 새로운 입자들이 늘어만 갑니다.

물리학자들은 지쳐갑니다. '이 많은 입자들은 다 무엇이지', '어디서 이런 입자들이 자꾸만 생겨나는 거지' 뭐 이런 것이었죠. 이들 대부분은 하드론^{hadron}입니다. 무겁다는 뜻의 그리스어 하드로스^{hadros}에서 유래한 말이지요. 전자보다 훨씬 무거운 입자들이란 뜻입니다. 우리말로는 강입자라고 합니다만 좀 이상하지요? 무거운 중重자를 써서 중입자도 아니고 강입자라니요. 아마 하드를 영어 hard로 생각해서 '강하고 단단한'이라고 번역한 것일까요? 사실은 이들이 강한 상호작용을 하는 입자란 뜻입니다. 어찌되었건 강입자들이 이렇게나 많다는 건 문제였습니다. 더구나 대부분 우리의 일상을 지배하는 원자와는 아주 무관했고, 존재하는 시간조차도 찰나처럼 짧았지요. 이런 입자들이 왜 존재해야 하지? 물리학자들의 속이 타들어갔습니다.

이 때 머리 겔만이 대답을 내놓았습니다. '이 수많은 강입자들은 기본입자가 아니다. 이들은 쿼크라는 기본입자들의 다양한 조합에 불과하다'라고 말이지요. 이렇게 쿼크가 등장했습니다. 겔만에 따르면 쿼크는 세 종류로 이들이 둘씩 혹은 셋씩 모여서 다양한 강입자를 만든다고 주장했지요. 그러면서 쿼크들의 조합으로 만들어지는 아직 발견되지 않은 강입자를 예측했습니다. 그리고 발견되었지요. 겔만은 노벨 물리학상을 받습니다. 그런데 이 강한 상호작용이라는 힘은 기존의 중력이나 전자기력과는 꽤 다른 측면이 있습니다. 중력과 전자기력은 힘의 크기가 거리의 제곱에 반비례합니다. 즉 거리가 멀어지면 멀어질수록 그 힘이 약해지는 것이지요. 그러나 강한 상호작용은 점근적 자유성이라 해서 멀어지면 멀어질수록 힘이 강해집니다. 마치 고무줄을 늘이면 늘일수록 원래대로 돌아가려는 힘이 강해지는 것과 같이요. 이런 특성으로 인해 쿼크는 독자적으로 존재할 수가 없습니다.

예를 들어 아주 강력한 자석 두 개가 서로 붙어있는 상황을 상상해봅시다. 힘 센 사람 둘이 젖 먹던 힘까지 들여 자석 두 개를 겨우 떼어냅니다. 하지만 일단 떼어내면 조금씩 거리를 멀리할수록 두 자석 사이의 힘이 약해져서 옮기기가 편하지요. 하지만 쿼크는 반대입니다. 쿼크 두 개를 엄청난 힘을 들여 떼어내면, 떼어낸 거리만큼 힘이 더 커지는 거지요. 그래서 떼어낸 힘보다 더 큰 힘을 주어야만 그 거리를 유지할 수 있습니다.

그런데 이 세상에 강한 상호작용보다 강한 힘은 없습니다. 그리고 쿼크를 양성자나 중성자에서부터 떼어내려면 무지막지한 에너지가 들어가야 합니다. 그래서 우주의 아주 초기를 제외하곤 자유롭게 돌아다니는 쿼크를 발견할 수 없지요. 그래서 우리도 쿼크를 양성자나 중성자 혹은 보손에서 떼어낼 수 없는 겁니다.

물론 쿼크가 자유롭게 다닐 수 없는 데는 다른 이유도 있습니다. 이유가 강력의 특징 때문만이라면 강입자에 아주 강력한 에너지를 주면 쿼크는 당연히 빠져나올 수도 있습니다. 그러나 강입자에 아주 강력한 에너지를 주면, 즉 감마선을 강하게 쏘아주면 쿼크간의 결합이 깨지는 것이 아니라 과잉에너지가 쿼크-반쿼크 쌍을 생성해버리게 됩니다. 결국 강입자 안에서 중간자가 튀어나와버리는 거지요. 예를 들어 업쿼크(u) 하나와 다운쿼크(d) 두 개로 구성된 중성자(udd)에 감마선을 쏘여주면 업쿼크(u)와 반 업쿼크($\bar{u}$) 쌍이 생깁니다. 그리고 이들은 다시 양성자(uud)와 음성 파이온($\bar{u}$d)으로 나눠지지요.

현재 쿼크는 세 종류로 구분됩니다. 각 종류마다 빨강, 초록, 파랑의 색이름을 붙였지요. 그래서 강력을 다루는 역학을 양자색역학Quantum Chromo-Dynamics, QCD이라고 부릅니다. 약력과 전자기력을 다루는 역학은 양자전기역학Quantum Electro-Dynamics, QED이라고 하고요. 이렇게 쿼크들은 인간이 자기 멋대로 부여한 색을 가지게 되는데 이 색이 중요한 역할을 합니다. 쿼크들은 단독으로 존재할 수 없다고 앞서 말씀드렸습니다. 항상 두세 개씩 모여 있어야 하는데 이때 규칙이 다 모여서 전체가 백색광이 되어야 한다는 것이지요. 이를 색전하가 상쇄되었다고 이야기하기도 합니다.

쿼크에는 색깔 말고 맛깔flavor이란 구분도 있습니다. 처음 겔만이 쿼크를 제안했을 때는 업쿼크와 다운쿼크 그리고 스트레인지쿼크 세 가지였습니다. 그런데 업쿼크와 다운쿼크는 베타붕괴를 통해 서로 바뀔 수가 있습니다. 이 때 렙톤의 짝은 전자와 전자중성미자, 양전자와 반전자중성미자지요. 그렇다면 스트레인지쿼크도 렙톤과 이런 일을 할 수 있을 터입니다. 렙톤의 짝은 뮤온과 뮤온중성미자 등으로 뮤온은 이미 발견되었지요. 그렇다면 스트레인지쿼크도 베타붕괴를 통해 다른 쿼크 짝으로 변하는 것이 가능해야겠지요. 그 짝에는 참charm이란 이름을 붙여주었습니다.

그리고 세 번째 세대의 렙톤인 타우와 타우중성미자 등이 있습니다. 당연히 여기에 대응하는 쿼크 짝도 있어야 하는 거지요. 그래서 발견도 되지 않은 상태에서 이들에게 톱쿼크와 보톰쿼크라는 이름을 붙여주었습니다. 가장 늦게 발견된 건 톱쿼크로 1995년에서야 겨우 발견할 수 있었지요.

쿼크들 간의 강한 상호작용도 매개하는 입자가 있어야겠지요. 이 매개입자의 이름은 글루온^{gluon}입니다. 그러나 글루온을 직접 볼 순 없습니다. 쿼크를 직접 볼 수 없는 것과 비슷한 이유인데요. 항상 쿼크와 함께 속박되어 강입자 안에 갇혀있기 때문입니다. 그런데 이 글루온은 총 8가지가 됩니다. 약한 상호작용을 매개하는 보손이 하나가 아니라 W+, W−, Z 세 개였던 것처럼 글루온도 하나가 아니라 경우에 따라 8개가 되는 거지요.

약전자기이론과 양자색역학을 합쳐서 우리는 표준모형^{standard} ^{model}이라고 부릅니다. 이 이론은 물질의 구조를 10^{-18}m까지 기술하지요. 또한 렙톤 6가지와 쿼크 6가지 그리고 중력을 제외한 나머지 세 가지 근본적 상호작용을 아우르고 있습니다. 대단한 성공을 거두었지요. 이 분야에서 20개가 넘는 노벨상이 나왔습니다. 이제 표준모형에 대해 한번 살펴보도록 하겠습니다. 그전에 역학^{Dynamics}이라는 것 자체에 대해 먼저 잠깐 고민해보지요.

역학이라는 개념이 도입된 것이 언제인지를 놓고 갑론을박이 있습니다만 '물체의 운동'이라는 개념만으로 보았을 때 시작은 아리스토텔레스의 '피직스^{physics}'라고 봐야할 것입니다. 아리스토텔레스는 사물의 운동을 사물에 내재된 속성에 의한 자연스러운 운동과 외부의 힘에 의해 이루어지는 부자연스러운 운동으로 나누었습니다. 그리고 외부의 힘이 작용하는 건 대상 물체에 직접 접촉할 때만 가능하다고 주장합니다. 앞서 말씀드린 것처럼 이런 아리스토텔레스의 주장은 실제 물체의 운동에 대한 세심한 관찰을 통해서 이루어진 것이지요. 그리고 신의 간섭을 배제하는 목적이기도 했습니다.

하지만 이런 주장은 윌리엄 길버트가 지구는 자석이라고 주장하면서 균열이 갔고, 뉴턴이 만유인력은 원격으로 작용한다고 선언하면서 완전히 깨져버립니다. 그리고 전자기학의 발달에 의해 전기력도 원격으로 작용하는 힘이라는 사실이 밝혀지지요. 하지만 이 원격으로 작용한다는 개념은 물리학자들에게 대단히 불편한 것이기도 합니다.

예를 들어 볼까요? 전자가 하나 있습니다. 그 주변에 다른 전자를 하나 놓으면 이 둘은 서로를 밀쳐내는 힘을 발휘합니다. 그 옆에 중성자를 하나 놓으면 이번엔 아무런 힘도 발휘하지 않습니다. 전자는 어떻게 자신의 옆에 놓인 두 물질이 하나는 전자고 다른 하나는 중성자임을 알고 밀치거나 가만히 있을 수 있는 걸까요? 사람처럼 감각기관이 있거나 뇌가 있는 것도 아닌데 말이죠. 중력도 이는 마찬가지입니다. 두 물체가 서로 각자의 질량이 얼마인지 또 둘 사이의 거리는 어떤지 어떻게 알고 딱 그에 맞는 힘을 주고받을 수 있는 걸까요? 그래서 뉴턴도 그냥 선언을 해버리고 만 겁니다. 질량을 가진 물체 둘은 무조건 잡아당겨! 거리의 제곱에 반비례하고 질량의 곱에 비례하는 힘으로 말야! 이런 거죠. 왜 그런지에 대해선 일절 말하지 않습니다. 신의 영역으로 남긴 거죠.

그러나 독실한 신앙인이었던 건 마찬가지지만 패러데이는 그러질 못했습니다. 어떻게든 설명을 하고 싶었지요. 다른 이유도 있겠지만 패러데이가 장^{field}이란 개념을 차용하게 된 것은 그 때문이기도 할 겁니다. 전하를 가진 물체는 주변 공간에 일종의 그물을 치죠. 그 그물에 전하를 다진 다른 물체가 접촉을 하면 전기력이 발생한다고 여긴 겁니다. 물론 처음의 장 개념은 전기력이나 자기력의 상호작용을 설명하기 위한 관념에 불과했습니다. 그러나 전자기 유도와 같은 현상을 장으로 설명하면서 장이 그저 관념이 아니라 실재하는 것으로 발전합니다.

이를 방정식으로 정리한 사람이 맥스웰이지요. 맥스웰은 방정식을 통해 전기장과 자기장의 상호작용을 통해 전자기력이라는 힘을 완벽하게 설명해 냅니다. 동시에 이 전기장과 자기장의 변화가 공간을 통해 퍼져나가는 것이 전자기파, 즉 빛이라는 사실도 확인되었지요.

이제 힘(전자기력)은 장을 매개로 서로 상호작용을 주고받는 것으로 이야기할 수 있게 되었지요. 그런데 양자역학을 통해 이 빛이 물질과 파동의 이중성을 가지고 있다는 사실이 밝혀집니다. 그럼 이제 생각을 살짝 바꿔볼 여지가 생깁니다. 두 전하는 서로 광자라는 입자를 서로 주고받음으로써 척력이라는 힘을 발생시킨다고요. 광자가 힘의 매개입자가 되는 것이지요. 2,000년을 돌고 돌아

이제 힘들은 다시 서로 매개입자라는 것을 통해서 상호 접촉하고, 이 접촉을 통해서 상호작용을 하는 것으로 돌아왔습니다. 어찌 보면 20세기에 다시 아리스토텔레스의 주장이 수용된 것으로 볼 수도 있지요.

자 그렇다면 이 매개입자라는 것이 전자기력 말고 다른 힘에도 있지 않을까요? 물리학자들이 연구를 통해 내놓은 것이 중력의 매개입자로서의 중력자, 약력의 매개입자로서의 W보손과 Z보손, 강력의 매개입자로서의 글루온입니다. 물론 아직 중력자는 발견되지 않았지만 나머지 입자들은 실험을 통해 확인되었지요.

앞서 약한 상호작용에 대해서 말씀드렸는데 이제 이 약한 상호작용을 W보손에 의한 과정으로 설명할 수 있게 됩니다. 즉 다운쿼크(d)가 W-보손을 방출하면서 업쿼크(u)가 되는 과정으로 이야기할 수 있는 거지요. W-는 곧 붕괴하여 전자(e)와 전자반중성미자($\overline{\nu}_e$)가 됩니다. 이를 식으로 써보면 다음과 같습니다.

$$d \rightarrow u + W^- \, , \; W^- \rightarrow e + \overline{\nu}_e$$
$$d \rightarrow u + e + \overline{\nu}_e$$

그런데 재미있는 사실은 이들 매개입자들에 대해 이론 물리학자들이 먼저 이들의 질량과 각종 특징을 예측하고, 실험 물리학자들이 이를 확인했다는 겁니다. 그럼 이론 물리학자들은 매개입자들의 각종 특징을 어떻게 예측할 수 있었을까요? 우선 이들이 매개하는 상호작용의 성질을 파악하는 것을 통해서입니다. 강한 상호작용과 약한 상호작용이라는 힘의 여러 성질을 파악하면 이를 매개하는 입자의 성질이 도출될 수 있는 것이지요. 물론 아쉽게도 그 과정은 굉장히 복잡해서 이 책에서 다룰 만한 것은 아니지만 말입니다.

우주에 질량이 생기다

힉스보손의 발견은 21세기 현대 물리학의 빛나는 성과 중 하나입니다. 앞서 약전자기이론에서 전자기력과 약력은 동일한 기원을 가진다고 말씀드렸습니다. 그런데 어떻게 둘은 다른 힘이 되었을까요? 원래 약전자기이론에 따르면, 좀 더 정확하게 양전닝과 로버트 밀스가 도입한 양-밀스이론Yang–Mills theory에 따르면 약력과 전자기력을 포괄하는 전자기약력은 그 힘을 매개하는 보손을 4개 가지고 있어야 합니다. 그리고 이들 보손은 모두 질량이 0이어야 하지요.

그러나 광자를 제외한 나머지 3개의 보손 W+, W-, Z는 모두 질량을 가지고 있습니다. 그리고 우리가 아는 기본입자들도 모두 질량을 가지고 있지요. 이들이 질량을 가지게 된 이유를 보통 '자발적 대칭성 깨짐'이란 것으로 이야기합니다. 그리고 이 대칭성 깨짐은 힉스장과 깊은 관련이 있습니다.

이 우주 모든 공간에는 힉스장이 존재합니다. 힉스장은 애초에 진공 에너지가 0이라 여겨지는 장이었는데 어떤 이유로 0이 아닌 상수값을 가지게 됩니다. 그러면서 대칭성이 깨지게 되지요. 이 과정을 자발적 대칭성 깨짐spontaneous symmetry breaking이라 합니다. 그리고 이제 힉스장은 주변의 입자들과 상호작용을 하게 되지요. 1964년 에든버러대학의 피터 힉스Peter W. Higgs가 발표한 내용입니다.

우측 위의 그림을 보시죠. 가운데가 진공 기댓값이 0인 곳입니다. 그런데 볼록 솟아있지요. 이곳에 뭔가를 두면 어떻게 될까요? 어느 쪽으로든 굴러 떨어질 수밖에 없습니다. 바로 이렇게 굴러 떨어진 것을 자발적 대칭성 깨짐이라고 합니다. 볼록 솟아난 가운데 있을 때는 어느 쪽이고 모두 대칭적입니다. 그러나 한쪽으로 굴러 떨어진 순간 왼쪽과 오른쪽은 다른 모양을 하고 있습니다. 이 모습을 좀 더 입체적으로 보면 아래의 삼차원 그림처럼 보이게 되지요. 애초의 모습은 가운데가 볼록 솟아오른 모습이 아니었지만 빅뱅의 어떤 시기를 지나면서 우리 우주는 가운데가 볼록 솟은 모양의 멕시코 모자처럼 됩니다. 가운데 볼록 솟은 곳은 워낙에 불안하니 금방 주변의 낮은 곳으로 굴러 떨어지고 만 것이죠. 그리고 우주에 질량이 생겼습니다. 이렇게 물질들이 질량을 가지는 이유를 설명할 수 있게 되자 약전자기이론은 좀 더 엄밀하고 정확해졌습니다. 그리고 빅뱅 초기의 전자기력과 약력이 하나의 힘이었던 시절도 아주 멋지게 설명할 수 있게 되고 말이죠.

흔히 잘못 생각하는 것이 힉스장이 만드는 질량이 우리가 아는 질량 그 자체라고 여기는 겁니다. 힉스장이 입자에게 부여하는 질량은 사실 아주 작습니다. 예를 들어 쿼크를 보지요. 업쿼크는 전

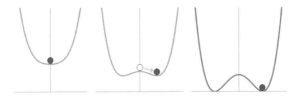

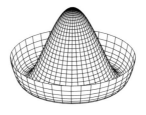

자발적 대칭성 깨짐(위)과 자발적 대칭성 깨짐의 삼차원 모습(아래)

자 질량($0.511\text{MeV}/c^2$)의 약 다섯 배($2.4\text{MeV}/c^2$)이고 다운쿼크는 약 열 배($4.8\text{MeV}/c^2$) 조금 안 됩니다. 양성자는 업쿼크 두 개와 다운쿼크 한 개로 이루어져 있으니 업쿼크 두 개가 전자의 열 배, 다운쿼크 하나가 전자의 열배로 합해서 전자 질량의 스무 배 정도 되어야 합니다. 중성자는 업쿼크 한 개와 다운쿼크 두 개로 이루어져 있으니 전자 질량의 스물다섯 배 정도 되는 거지요.

그런데 양성자의 질량은 대략 $938\text{MeV}/c^2$로 전자 질량의 대략 2,000배 가까이 됩니다. 중성자의 질량도 양성자와 별 차이가 없고요. 아니 뭐 이런 경우가 다 있지요? 양성자를 이루는 쿼크 질량을 다 해봐야 전자의 스무 배인데 양성자의 질량은 2,000배이니 나머지 1,980배에 달하는 질량은 어디서 생긴 걸까요?

양성자 질량의 대부분을 차지하는 것은 사실은 쿼크들 간의 상호작용에서 만들어지는 에너지입니다. 앞서 물체는 다른 물체와의 상호작용 과정에서 퍼텐셜에너지potential energy*를 가지고 자신의 속도에 의해 운동에너지를 가진다고 했습니다. 그리고 아인슈타인의 특수상대성이론에 따라 에너지와 질량은 등가라고 했지요. 우리는 양성자를 파고들어 그 속을 볼 수 없으니 양성자 자체의 질량만 측정 가능한데 겉으로 드러나는 양성자의 질량은 사실 대부분 쿼크의 질량이 아니라 그들이 가진 퍼텐셜에너지와 운동에너지였던 거죠. 물론 중성자 질량도 마찬가지입니다.

암흑에너지나 암흑물질 등 아직 우리가 모르는 영역을 빼고 나면 이 우주는 물질과 에너지로 이루어져 있습니다. 그리고 물질들 대부분은 원자이고 원자는 전자와 양성자, 중성자로 이루어져 있지요. 전자는 워낙 질량이 작으니 제쳐두면 결국 이 우주의 물질 질량 대부분은 양성자와 중성자 몫이 됩니다. 그런데 그 중성자와 양성자 질량의 대부분은 결국 쿼크의 정지질량이 아니라 그들이 가지고 있는 에너지가 되는 셈이니 이 우주를 구성하는 대부분은 결국 에너지인 셈입니다.

---

* 가령 지표에서 100미터 높은 위치에 있는 물체는 지구와의 중력에 의한 위치에너지(포텐셜에너지)를 가지게 됩니다. 그리고 아래로 낙하하면 이 에너지가 운동에너지로 바뀌게 되지요. 중력만 예로 들었지만 전자기력에 대해서도, 강한 상호작용에 대해서도 마찬가지로 서로 간의 거리에 따라 포텐셜에너지를 가집니다.

표준모형은 완전하지 않다?

그런데 이런 표준모형의 한계에 대해 이야기하는 물리학자들이 꽤 많이 있습니다. 뭔가 궁극의 이론이라기엔 너무 복잡하고, 허술하다는 거지요.

먼저 중력의 문제입니다. 사실 가장 큰 문제이기도 합니다. 현재 중력에 대한 최고의 이론은 아인슈타인의 일반상대성이론입니다. 그런데 이 일반상대성이론과 표준모형은 서로 합쳐지질 않습니다. 양자역학에 기초를 둔 표준모형이론은 아주 작은 범위의 공간과 아주 짧은 시간에 대해 가장 정확하게 묘사하는 이론입니다. 그리고 일반상대성이론은 아주 큰 에너지를 가진 그리고 굉장히 빠른 물체와 그 주변의 시공간에 대한 가장 정확한 이론이지요.

그런데 이 둘이 모두 필요한 경우가 있습니다. 블랙홀이나 우주가 처음 만들어질 때지요. 아주 작고 또 짧은 시간에 엄청나게 많은 에너지가 존재하고 변화합니다. 두 이론이 모두 필요하지요. 그러나 표준모형에는 중력이 빠져있고, 일반상대성이론에서는 중력만 다룹니다. 일반상대성이론은 에너지와 시공간의 곡률의 관계를 설명합니다. 즉 미분기하학입니다. 그런데 아주 좁고 아주 짧은 시공간에서의 양자역학에 따르면 에너지가 요동을 칩니다. 이 요동에 따라 시공간의 곡률도 요동을 치지요. 이를 처리할 방법이 현재의 이론에선 없습니다.

두 번째는 강한 상호작용과 약전자기력 사이의 관계입니다. 현재 전자기력과 약력은 약전자기이론^{QED}로 통합이 되었습니다만 아직 강력의 이론인 QCD와 QED는 통합되지 못하고 있습니다. 물리학자들의 꿈인 이 둘의 통합이론에는 대통일이론$^{Great\ Unification}$ $^{Theory,\ GUT}$이라는 멋진 이름도 붙여져 있는데 이게 생각만큼 쉽게 이루어지지 않고 있습니다. 약력과 전자기력이 아주 높은 에너지 차원에선 하나였다가, 즉 네 개의 질량이 0인 보손으로 매개되는 하나의 힘이었다가 에너지가 낮아지면서 자발적 대칭성 깨짐에 의해 서로 나뉘었듯이 약전자기력과 강력도 더 높은 에너지 수준에서 하나의 힘이었다가 낮아지면서 서로 분리되었다는 아이디어인데 잘 맞아떨어지지 않는 것이죠. 우측 페이지의 오른쪽 그림처럼 되면 좋겠다고 생각하는데 사실은 왼쪽 그림처럼 되고 있습니다. 셋이 한 점에서 만나야 하는데 살짝 어긋나 버린 거죠.

세 번째는 암흑물질의 문제입니다. 우리가 알고 있는 물질과 에너지는 전 우주의 구성성분 중 극히 일부에 지나지 않습니다. 암흑에너지가 전체의 73%이고 암흑물질이 23%, 나머지 4%만이 우리가 아는 물질입니다. 암흑물질은 천문학에 따르면 모든 은하에 분

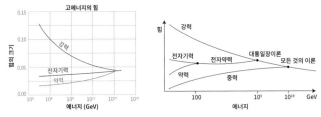

물리학자들이 원하는 그림(우)과 현실(좌)의 모습

포해있고, 우주의 거대 구조인 초은하단을 연결하는 필라멘트의 생성과 유지에 핵심적인 역할을 하는 물질인데 그 정체를 알 수가 없는 거지요. 암흑물질이란 말 자체가 중력 이외의 다른 상호작용을 하지 않아서 붙여진 이름입니다. 그러니 전자기적 상호작용으로는 도저히 그 정체를 밝히기가 어려운 겁니다. 그런데 표준모형에는 이 물질을 구성할 만한 후보가 없습니다. 표준모형의 입자 중 중력 외의 다른 상호작용을 하지 않는 입자가 없으니까요. 물론 엑시온이라는 후보가 있긴 하지만 아직 확인되지 않고 있습니다.

네 번째는 질량의 문제입니다. 질량이 힉스 메커니즘에 의해 대칭성이 자발적으로 깨지면서 생겼다는 딱 그 정도까지가 우리가 아는 것의 전부라고도 볼 수 있습니다. 더구나 페르미온들의 질량이 천차만별인 것도 이해하기 어려운 부분입니다. 전자의 1백만 분의 1 정도로 예상되는 질량의 중성미자에서 전자의 1,800배 쯤 되는 양성자, 그리고 양성자 질량의 170배가 넘는 톱쿼크에 이르기까지 기본입자들의 질량이 왜 이리 차이가 나는지에 대해서도 우린 아직 정확히 모르고 있지요. 앞서 우리가 살펴보았던 페르미온과 보손의 세대를 보면 1세대는 아주 작은 질량을 가지고 세대가 올라갈수록 질량이 급증합니다. 왜 그런 것인지는 아직 아무도 모르지요. 더구나 세대가 왜 세 개여야 하는지도 모르고 있고, 더 있을지도 모릅니다.

다섯 번째는 너무 상수가 많다는 것이죠. 이미 정해져 있는 매개 변수의 문제도 있습니다. 19개의 매개 변수들은 이론을 통해서 예측하는 것이 아니라 모두 측정을 통해서 확인하는 것인데요, 왜 그런 값을 갖는지는 표준모형을 통해서 설명할 수 없는 그저 주어진 값인 거지요. 예를 들어보자면 뉴턴의 만유인력 이론에서 상수는 중력 상수 하나뿐이고, 맥스웰 방정식에선 기본 전하의 크기 하나밖에는 없지요. 그런데 이렇게 측정을 통해 확인해야 할 값이 19개나 되는 것도 문제고, 그 값이 왜 하필이면 그런 크기인지를 모르는 것도 문제죠.

여섯 번째로 물질 반물질의 비대칭성입니다. 앞서 약한 상호작용을 이야기하면서 CP대칭성 깨짐에 대해 이야기했습니다. 그 과정에서 물질과 반물질의 생성 비율에 차이가 생길 수 있다고 말씀드렸지요. 하지만 물질과 반물질이 비대칭적으로 만들어지는 과정이 열적 평형 상태에 놓이면 비대칭성이 사라집니다. 다행스럽게도 우리가 사는 우주는 팽창속도가 물질들의 생성속도보다 빨라서 그런 끔찍한 상황은 피할 수 있었지요. 그러나 여전히 관측 가능한 우주에서 물질이 반물질에 비해 압도적으로 많은 이유를 우리가 완전히 아는 것은 아닙니다. 여러 가설들이 있지만 검증이 되지 않았지요.

이 외에도 진공에너지, 중성미자의 질량 등이 표준모형의 약점으로 지적되고 있습니다. 그래서 표준모형을 지지하는 분들도 현재로서 현상을 가장 정확히 설명하는 모델로서 지지하는 것이지, 이 이론이 궁극의 이론이라고는 말하지 않습니다. 어떤 물리학자들은 과연 자연이 우리가 바라는 대로 멋지고 우아한 이론을 내포하고 있는지에 대해서 의문을 가지고 있기도 합니다. 그저 우리가 그걸 바라는 것일 뿐 자연에는 애초에 그런 이론 따위 없을 수도 있다는 거지요. 하지만 대부분의 물리학자들은 우주의 모든 현상을 설명하는 궁극의 이론이 있을 것으로 믿고 있지요. 초끈이론이나 초대칭이론 등 다양한 가설들이 그 대안으로 제시되고 있습니다. 그러나 아직까지도 이들 이론은 증명되지 못하고 있지요.

불확정성의 원리, 오해는 금물!

양자역학의 여러 가지 식과 원리 중 가장 잘 알려진 것이 아마 하이젠베르크의 불확정성의 원리일 듯합니다. 이 원리는 과학 이외의 분야에도 꽤나 많은 영향을 끼쳤지요. 사실 과학 이외의 분야에서 양자역학을 가져다 쓸 때 가장 많이 다루는 것이 불확정성의 원리입니다. 그리고 많은 경우 물리학에서 불확정성이 가지는 의미가 곡해되고 뭔가 대단히 이상한 쪽으로 변형되어 사용되기도 합니다. '세상은 확률이야 정해진 건 아무 것도 없어. 이럴 수도 있고 저럴 수도 있어 뭐가 정답이라고 이야기할 수 없어' 뭐 이런 식의 불가지론으로 주로 사용되지요.

물론 불확정성의 원리에 저런 측면이 전혀 없다고 할 순 없지만 반대로 불확정성의 원리가 불가지론을 지지하는 이론은 또 아닙니다. 진화론이 인간 사회를 설명하면

베르너 하이젠베르크

서 요상하게 변질되는 것처럼 참 잘못 쓰이는 대표적인 원리지요.

하이젠베르크의 식

불확정성의 원리에서 드러나는 하이젠베르크의 물리학과 세상, 사물을 대하는 태도는 아주 일관됩니다. 아주 실용적이라고나 할까요? 그리고 이런 태도는 많은 양자역학 전공자들에게서도 나타나지요. '현상을 설명하는 데 이것(양자역학)보다 더 나은 이론이 있으면 언제든지 갈아탈 수 있다. 그러나 실험은 이 세상에서 가장 정교한 이론이 양자역학이라고 말하지 않는가? 당신이 말하는 양자역학의 한계에 대해선 다 동의한다. 하지만 그렇다고 양자역학이 틀린 것은 아니다. 말 그대로 한계가 있을 뿐이다. 한계가 있다는 것이 틀리다와 동일한 의미를 가지지 않는다.' 뭐 이런 주장이라고나 할까요? 식을 한번 보겠습니다.

$$\Delta x \Delta \rho \geq \frac{\hbar}{2}$$

아주 간단합니다. 좌측의 델타엑스(Δx)는 위치의 표준편차이고 델타로우($\Delta \rho$)는 운동량의 표준편차입니다. 우측은 플랑크 상수를 2π로 나눈 값, 즉 에이치 바를 다시 2로 나눈 값 상수지요.

바로 위치의 표준편차와 운동량의 표준편차의 곱은 아주 작지만 0은 아닌 일정한 수($\frac{\hbar}{2}$)보다 작을 수 없다는 것이죠. 여기서 중요한 것은 식의 우변이 0이 아니라는 점입니다. 따라서 좌변도 0이 될 수 없습니다. 작아지고 싶어도 그 작아지는 양에 한계가 있다는 것이지요. 이 뜻은 우리가 위치를 측정하거나 운동량을 측정할 때 표준편차를 어쩔 수 없이 가진다는 뜻입니다. 좀 더 풀어서 말하자면 Δx는 그 정도의 범위 안에서 전자가 발견될 것이라는 뜻이고 Δp는 입자가 가진 운동량의 범위가 그 정도라는 뜻이지요. 둘 다 적으면 적을수록 정확한 값이라 볼 수 있습니다.

여기서 표준편차를 먼저 좀 이해하고 넘어가면 좋을 듯 싶습니다. 주사위를 600번 던지는 실험을 하기로 합니다. 그중 몇 번이나 1의 눈이 나올 수 있을까요? 당장 답이 나오지요. 확률은 1/6이니 100번 정도 될 것입니다. 하지만 여러분은 실제 실험에서 딱 100번이 나온다고 확신할 순 없지요. 경우에 따라 101번일 수도 98번일 수도 하다못해 아주 재수가 없으면 50번이 나올 수도 있을 겁니다. 하지만 600번 씩 던지는 실험을 수도 없이 많이 한다면 각각의 실험에서 1이 나온 실제 결과의 평균값은 100으로 수렴될 것입니다. 이 때 실제 실험 결과가 우리가 예상한 평균 100과 얼마나 많은 차이가 나는가를 '표준편차'라고 합니다.

가끔 뉴스에서 여론 조사를 할 때 '여론 조사에 따르면 홍길동에 대한 지지도는 57%였습니다. 이 조사의 결과는 국민 00명을 대상으로 실시하였으며 95%의 신뢰수준에서 오차 범위는 2.5%이다'는 식의 문구를 본적이 있으시지요? 원래 가장 좋은 여론조사는 대상 전체에게 물어보는 것이지만 전 국민을 대상으로 그런 여론조사를 할 수 없지요. 그래서 표본 추출을 통해 일부 사람들에게 물어보고 이를 처리하여 발표하는데 이 때 결과가 전체를 대상으로 한 경우와 당연히 차이가 날 수 있습니다. 하지만 수학적 처리를 통해 실제 결과와 같을 확률이 95%인 것은 오차 범위가 2.5%라는 것을 밝힌 것입니다. 즉 홍길동에 대한 실제 지지도가 54.5~59.5% 안에 있을 확률이 95%라는 이야기지요. 이런 계산을 할 때 가장 중요한 것이 바로 표준편차를 구하는 것입니다. 실제와 예상 값 사이의 차이 정도라고 할 수 있지요.

어찌되었건 표준편차가 크다는 것은 실제 존재하는 곳(전자를 입자라고 봤을 때의 말이 되겠지요)과 관측했을 때의 장소의 차이가 크다는 뜻이 됩니다. 표준편차가 0이면 존재하는 바로 그곳에서 전자를 관측할 수 있지요. 운동량의 경우도 마찬가지입니다. 표준편차가 크다는 것은 전자의 실제 운동량과 우리가 관측했을 때의 운동량의 차이가 큰 것입니다. 상대성이론의 효과를 무시한다면 결국 전자의 실제 속도와 관측 속도의 차이가 크다는 것이지요. 이 경우도 표준편차가 0이라면 실제 속도와 관측 속도의 차가 0이 됩니다.

그런데 저 식에서는 어떠한 경우도 둘의 곱이 0이 되면 안 됩니다. 결국 운동량도 위치도 표준편차가 0이 되질 않는다는 것이니 원래 존재하는 곳 혹은 속도와 우리의 관측 위치 혹은 속도가 차이가 날 수밖에 없다는 뜻이지요.

하나 더 저 식에서 고려할 부분은 좌변과 우변이 같을 경우입니다. 우변의 값은 이미 정해졌으니 좌변의 값도 마찬가지로 정해집니다. 그런데 둘의 곱이 항상 같아야 하니 한쪽이 커지면 다른 한쪽은 작아져야겠지요. 그래서 위치의 표준편차가 작아지면 작아질수록 속도의 표준편차는 커집니다. 즉 위치를 정확하게 측정하려고 하면 할수록 속도의 관측치 오차가 점점 더 커지는 거지요. 반대의 상황도 마찬가지입니다. 전자의 속도를 정확하게 측정하려고 하면 할수록 전자가 어디 있는지를 관측하기가 힘들어집니다.

더 나아가 전자의 위치를 완벽하게 측정하려면, 즉 전자의 위치 표준편차가 0에 무한히 가깝게 가면 갈수록 운동량의 표준편차는 무한히 커진다는 거지요. 반대로 운동량의 표준편차를 0에 아주 가깝게 가져가면 이번엔 위치의 표준편차가 무한히 커집니다. 결국 속도를 정확하게 측정하려다 보면 전자의 위치가 우주 전체에 펼쳐지게 되는 것이죠. 반대로 위치를 정확하게 측정하려고 하면 전자의 속도가 빛의 속도에서 0까지 중구난방이 된다는 뜻입니다.

결국 불확정성의 원리가 맞는다면 우리는 위치와 운동량 둘 다를 정확하게 측정할 수 없다는 첫 번째 사실과, 위치와 운동량 중 한쪽을 정확히 측정할수록 다른 하나의 물리량은 그만큼 오차가 나는 걸 감수해야 한다는 결론에 이릅니다.

흔히 이 불확정성의 원리에 대해 빛의 파장과 관측 대상과의 관계를 통해 설명하는 경우를 종종 보는데 다음과 같습니다.

우리가 아주 작은 물체를 관측하기 위해서는 주로 빛을 이용합니다. 이때 빛의 파장이 작으면 작을수록 관측 대상의 위치를 정밀하게 측정할 수 있습니다. 그런데 이 때 빛이 물체를 때리게 됩니다. 빛에게 얻어맞은 물체는 자신의 속도를 바꿀 수밖에 없지요. 따라서 우리가 물체의 (빛에 얻어맞기 전의) 속도를 정확히 알려면 아주 에너지가 작은 빛을 쏘아줘야 합니다. 빛의 에너지가 작다는 것은 진동수 혹은 진폭이 작다는 뜻이지요. 하지만 빛을 입자라고 생각한다면 같은 진동수의 빛 중 가장 진폭이 작은 것은 빛 입자 한 개에 해당하는 것입니다(아인슈타인의 광양자가설을 생각해 주세요!).

그렇다면 에너지를 더 줄일 수 있는 건 진동수를 감소시키는 방법뿐입니다. 그러나 진동수가 줄어들면 당연히 파장이 길어지지요. 따라서 우리가 운동량 혹은 속도를 정확히 측정하려면 파장이 긴 빛을 쏠 수밖에 없고, 파장이 긴 빛은 물체의 위치 오차를 크게 하게 됩니다. 반대로 빛의 파장이 짧은 빛을 쏘면 위치는 정확히 알 수 있겠지만 얻어맞기 전의 운동량 혹은 속도는 정확히 알 수 없다는 것이죠.

혹은 이렇게도 설명합니다. 우리가 물체를 볼 수 없게 눈을 가린 상태라고 가정합시다. 한쪽 벽에 물체가 고정되어 있다고 생각되는 곳을 향해 비비탄을 쏩니다. 수백 발 정도를 쏘고 나서 눈을 가린 안대를 떼고 봅니다. 물체 뒤의 벽에는 물체가 있던 장소를 제외하고는 비비탄이 촘촘히 박혀 있습니다. 비비탄이 작으면 작을수록 물체가 있던 곳의 경계가 선명할 것이고 비비탄이 크면 경계가 불분명하게 보일 것입니다. 이 비비탄을 빛이라고 생각하고 크기를 파장이라고 생각하면 위와 같은 설명이 됩니다.

불확정성의 원리는 '물질 자체의 특성'

이런 두 가지 설명은 그 자체로 틀리지 않습니다. 그러나 이 두 가지 설명이 하이젠베르크의 불확정성 원리를 정확히 설명한 것은 아닙니다. 위의 설명에서는 우리가 관측에 사용하는 도구의 한계에 대해서 말하고 있지만 불확정성 원리는 이런 도구를 논하기 전에 '물질 자체의 특성'이기 때문입니다. 이를 이해하기 위해 다음과 같은 실험을 상상해봅시다.

우측 페이지의 그림은 전자를 이용한 이중슬릿 실험이었지요. 전자를 S1의 좁은 틈으로 하나씩 보내면 일정한 시간이 흐른 뒤에 F의 스크린에 물결 무늬가 나타납니다. 전자가 파동의 성질을 가

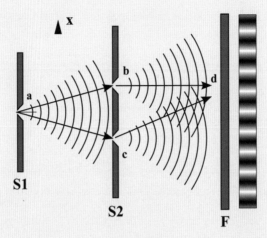

이중슬릿 실험

지고 있다는 증거지요. 이 실험을 조금 바꿔봅니다. S2의 좁은 틈 b와 c에 꼬마전구를 연결한 전기 회로를 엮습니다. 전자가 슬릿을 통과할 때 전자기 유도 현상에 의해 꼬마전구에 불이 들어오게 한 겁니다. 그럼 이제 우리는 b와 c중 어느 슬릿으로 전자가 통과했는지 알게 됩니다. 실제로 이와 비슷한 실험을 물리학자들이 여러 번 했습니다.

그런데 이런 장치를 하고 실험을 하면 F에 전자의 간섭무늬가 나타나지 않습니다. 어찌 된 일일까요? 앞서 하이젠베르크의 불확정성 원리를 생각해봅시다. 전자의 위치를 안다는 것은 Δx값이 아주 작아진다는 의미가 됩니다. 그렇게 되면 $\Delta \rho$값이 무한히 커진다는 것도 동일하다고 앞서 말씀드렸습니다. $\Delta \rho$, 즉 운동량의 표준편차가 무한히 커진다는 것은 전자의 운동량을 전혀 가늠할 수 없다는 뜻과 같은 것이지요. 원래 파동에서 운동량은 파장에 반비례합니다.

또, 운동량이 제멋대로라는 이야기는 파장이 제멋대로라는 것과 동일한 의미입니다. 즉 파동으로서의 역할을 하지 못한다는 거지요. 물결무늬가 나타나는 것은 서로 같은 파장을 가진 파동끼리 간섭을 일으켜서인데 파장이 서로 맞지 않으면 간섭현상도 일어날 수 없는 거지요. 전자는 원래 파동이면서 입자였지만 이제 전자는 입자로서의 역할만 할 수 있게 된 거죠. 그러니 파동의 성질인 간섭이 나타나지 않게 되는 겁니다.

여기까지 실험을 면밀히 관찰한 아주 현명한 독자 한 분이 질문을 합니다. "하지만 전자가 회로와 상호작용을 했기 때문에 나타난 결과 아닌가요? 만약 상호작용을 전제로 하지 않으면 원래의 간섭무늬가 나타나야 하는 것 아닙니까? 그렇다면 앞서 말씀하신 하이젠베르크의 불확정성의 원리가 관찰자가 보낸 빛과 상호작용을 하는 것을 전제로 하지 않아도 성립한다는 말과 모순인 것 같습니다만."

그렇습니다. 여기까지의 실험만 본다면 이 실험은 관측자의 관찰도구와의 상호작용 결과가 나타나는 불가피한 현상이라고 이야기할 수 있습니다. 하지만! 실험을 살짝 바꾸어봅시다.

이번에는 회로를 b에만 설치하고 c에는 설치하지 않습니다. 하지만 우리는 여전히 전자가 b와 c중 어디를 지나갔는지 '항상' 알 수 있습니다. b에 설치한 회로에 불이 들어오면 b를 지나간 것이고 불이 들어오지 않으면 c를 지나간 것이 되니까요. 하지만 전자가 c를 지나갈 때는 회로와 어떠한 상호작용도 하지 않는다는 사실을 명심합시다.

실제 실험 결과는 어떨까요? c를 지나갈 때조차도 전자는 간섭무늬를 만들지 않습니다. 이 결과는 하이젠베르크의 불확정성 식에 의해 완전히 예상된 결과입니다. 앞서 말씀드린 것처럼 전자와의 상호작용이 없다고 하더라도 그 위치를 아는 것만으로 전자는 파동으로서의 성질을 잃어버리고 입자로서만 행동하게 되는 거지요. 더구나 우리가 b에 설치된 회로의 불을 보지 않더라도 결과는 마찬가지입니다. b에 회로를 설치하기만 하면 일어나는 일이지요. 실험의 순서를 바꿔 저 전체를 까만 상자 안에 넣어 b의 불이 바깥에 있는 우리에게 드러나지 않게 하고 실험을 진행한 뒤, F판만을 먼저 꺼내 봐도 동일하게 간섭무늬가 나타나지 않는 것이지요. 이래서 하이젠베르크의 불확정성의 원리는 관찰자와의 상호작용이 있을 때만 성립하는 것이 아니라 독립적으로 성립한다는 말씀을 드린 것입니다.

불확정성의 원리가 실제 실험을 통해 기가 막히게 들어맞는다는 건 좋지만 그렇다고 물리학자들이 모두 이 상황에 축배를 든 것은 아니었습니다. 가만히 생각해보면 웃기지도 않는 거지요. 아니 전자가 회로가 설치되었는지 아닌지를 어떻게 알고 파동이었다가 입자가 되고, 입자였다가 파동이 되느냐는 거죠. '관측할 때는 입자고 관측하지 않을 때는 파동이라니 뭐 이따구야!'라는 말이 절로 나옵니다.

이들의 만남엔 뭔가 특별한 것이 있다

이제부터는 양자역학과 관련한 흥미로운 사실들에 대해 함께 살펴보고자 합니다. 앞서 1부의 '암을 찾는 반물질 - 양전자 단층 촬영장치'에서 반물질에 대해 이야기했지요. 이번에는 반물질을 양자역학의 관점에서 한번 살펴보도록 하겠습니다.

우선 전자와 양전자가 만나 쌍소멸하면서 전자기파, 즉 에너지로 변화되는 과정입니다. 양전자는 대표적인 반물질^{antimatter}입니다. 반물질이란 물질과 모든 게 똑같지만 전하가 반대인 물질이지요. 양전자는 따라서 플러스 전기를 띠고 있습니다. 반양성자는 반대로 마이너스 전기를 띠고 있지요.

반물질은 폴 디랙이 이론으로 먼저 제시하고 나중에 관측이 됩니다. 폴 디랙이 반물질이란 개념을 발견하게 된 건 양자역학의 시금석이라고 할 만한 슈뢰딩거 방정식과 아인슈타인의 특수상대성이론을 합해보려고 했던 과정에서였습니다. 광전효과나 빛과 물질의 이중성, 그리고 물질파 등 다양한 양자역학적 효과들이 나름대로 규명되던 20세기 초 이런 현상을 하나의 식으로 정리해 낸 이가 슈뢰딩거였습니다. 비슷한 시기에 하이젠베르크도 마찬가지의 일을 했습니다. 그러나 하이젠베르크의 식은 행렬역학이라는 당시로선 낯선 수학적 기법으로 표현되어 물리학자들이 힘들어했지요. 반면 슈뢰딩거의 방정식은 물리학자들에게 익숙한 파동방정식의 형식을 띠고 있어서 다들 선호하는 터였습니다. 물론 두 식을 어떻게 계산하든 결과는 같았지요.

하지만 이 식에는 한 가지 한계가 있었는데 당시 양자역학과 함께 새로운 물리학 이론으로 각광받고 있던 특수상대성이론에 의한 효과가 빠진 식이었다는 점입니다. 일상적인 속도에서는 기존의 뉴턴역학에 기초한 슈뢰딩거 방정식이 크게 틀릴 일이 없지만 전자가 아주 빠르게 움직이는 등의 조건에서 특수상대성이론은 반드시 고려되어야 할 부분이었지요. 그리고 전자는 보통 분자 안에서 광속의 십분지 일의 속도로 다니는 경우가 아주 많습니다. 디랙은 이를 어떻게든 해결하려 했고, 그 결과로 특수상대성이론을 포함한 디랙 방정식을 내놓습니다.

그런데 이 디랙 방정식을 풀어보니 뭔가 이상한 점이 있는 겁니다. 전자가 가질 수 있는 에너지가 두 가지 종류로 나오는데 하나가 마이너스 값을 가졌던 거죠. 아니 마이너스의 에너지를 가지는 전자라니. 그렇다면 방정식이 틀린 게 아닐까? 디랙 스스로 그런 의문을 품었지만 자신의 방정식이 이렇게 우아하고 멋진데 틀린 건 아닐 거라는 이상한 확신이 더 컸습니다. 물리학자들이 자주

폴 디랙

괴짜 취급을 받는 일이 많은데 디랙이 바로 그런 사람이었죠. 그는 자신의 식을 의심하는 대신 마이너스 에너지가 어떤 의미를 가지는지에 대해 고민합니다. 그 고민의 결과가 바로 반물질이었죠.

그의 주장은 '디랙의 바다' 이론이라고 합니다. 우주의 모든 진공이 사실은 음의 에너지를 가진 전자로 꽉 찬 상태라고 생각하는 거죠. 그 음의 전자에 빛을 비추면 빛에너지를 받아 자신의 마이너스 에너지를 상쇄하고 양의 에너지를 가진 전자가 될 수 있습니다. 그렇다면 원래 진공이었던 곳, 즉 디랙의 주장에 따르면 음의 에너지를 가졌던 곳은 어떻게 될까요? 그곳은 이제 진공이 아니게 되지요. 우리 눈에는 입자처럼 보입니다. 음의 에너지를 가진 전자도 마이너스 전기를 가지고 있는데 그게 사라지고 새로운 입자가 있는 것처럼 보이니 그게 우리 눈에는 플러스 전기를 가진 전자처럼 보일 거라는 거죠. 디랙 방정식에서 나타나는 마이너스 에너지를 가진 입자에 대해선 다른 설명도 가능합니다.

원래 특수상대성이론에 따르면 시간은 미래에서 과거로도 흐를 수 있습니다. 이를 전자에 대입해보면 우리가 아는 전자가 과거에서 미래로 가는 대신 미래에서 과거로 가는 모습을 상정하면 그게 플러스 전기를 띠는 입자로 보인다는 거죠.

하지만 이런 두 이야기 모두 처음에는 말도 되지 않는 억지라고 생각했지요. 그런데 1932년 앤더슨이란 과학자가 외부 우주에서 지구로 날아오는 우주선cosmic ray을 관측하다 양전자를 발견하고 맙니다. 이후 전자 말고도 반양성자, 반쿼크 등 모든 기본입자마다 반입자가 있다는 사실이 확인되었죠. 그리고 나중에 밝혀졌지만 반입자가 그리 드문 것도 아닌 게 우리 인체에서도 매 시간 180개 정도의 반물질, 즉 양전자가 생겨납니다. 다만 생겨나자마자 주변의 전자와 쌍소멸을 하기 때문에 모르고 있었던 거지요.

어찌되었건 반물질이 물질과 만나면 막대한 에너지를 내면서 사라집니다. 우리가 아는 가장 위력적인 폭탄이 우라늄이나 플루토늄을 원료로 한 원자탄인데요. 이 원자탄의 경우 물질의 일부가 사라지면서 생긴 에너지를 이용하는 거지요. 그런데 원자탄의 경우 사라지는 물질의 질량은 전체 반응 질량의 0.1%입니다. 나머지는 사라지지 않는 거지요. 그런데 반물질은 모든 질량이 에너지로 변하니 약 1,000배의 위력을 내게 되지요.

이런 이유로 다양한 SF 작품에서 반물질과 물질을 쌍소멸시키는 과정에서 나오는 에너지를 이용하여 우주를 비행하는 우주선이 자주 나옵니다. 또 가공할 최후 무기로도 등장합니다. 댄 브라운의 소설 『천사와 악마』에선 유럽입자물리연구소CERN에서 만들어진 반물질을 가지고 테러를 일으키려 한다는 설정이 있기도 하고요. 특이하게는 SF의 거장 아이작 아시모프의 소설에서 로봇들이 양전자 두뇌를 가지고 있다고 설정되기도 했습니다.

그러면 양전자 단층촬영 중에 폭발을 하면 어쩌냐구요? 실제로 전자와 양전자가 만나 폭발하긴 하는데 둘 다 질량이 너무너무 작아서 그 효과가 그저 감마선이란 빛 두 개 나오는 걸로 끝나버리는 거지요. 하지만 이를 어떻게든 무기로 사용하려 생각해 본 사람들이 있겠지요? 그런데 실제 무기로 등장하지 못하는 것은 간단하게 너무 비싸기 때문입니다. 미국 항공우주국NASA의 경우 반물질 가격을 1그램 당 610억 달러, 우리 돈으로 약 66조 원으로 추산합니다. 반물질 1g이면 히로시마 원폭의 약 3배 정도로 막강한 위력이긴 합니다만 그를 위해 66조 원을 쓸 순 없는 거지요.

또 이를 무시하더라도 관리가 너무 힘듭니다. 가장 쉽게 구할 수 있는 반물질은 양전자인데 이걸 만들어서 실제로 사용하는 폭탄만큼의 양을 모으는 것도 일단 힘들 뿐더러 모았다고 하더라도 사용할 때까지 보관하기가 힘든 거죠. 양전자는 전자와 만나기만 하면 쌍소멸해서 사라지는데 우리 주변의 모든 물질은 전자를 가지고 있지요. 그러니 진공상태의 용기 안에 넣어선 그것도 용기에 닿지 않게 자기장을 이용해 허공에 떠 있게 만들어야 합니다. 더구나 이렇게 폭발력이 있을 만큼의 양이면 이 양전자들이 가지는 전하량도 어마어마해서 보관이 굉장히 힘든 거지요.

원자들은 어떻게 개성을 갖게 될까?

이번에는 조금 더 깊이 들어가, 수소 원자의 양성자가 가지고 있는 스핀과 공명에 대해서 살펴보고 뒤이어 초전도체에 대해서도 알아보겠습니다.

먼저 공명에 대해서 알아보지요. 공명이란 말은 일상적으로도 많이 쓰이는 말이지요. 가장 간단한 공명의 예로는 그네를 들 수 있습니다. 한 명이 그네를 타고 뒤에서 다른 한 명이 그네를 밀어주는 걸 생각해보죠. 그네를 밀어주는 이는 그네가 뒤로 왔다가 다시 앞으로 가려고 하는 바로 그 때 그네를 밀어줍니다. 뒤로 오는 중간에 밀거나 앞으로 가고 있는데 밀면 오히려 그네가 제대로 움직이지 않지요. 대신 정확히 타이밍을 맞춰 밀어주면 그네가 이전보다 더 높이 올라갑니다.

이를 과학적으로 이야기하면 그네의 고유 진동수에 맞춰서 밀어준다고 볼 수 있습니다. 이렇게 어떤 물체가 운동할 때 그 진동수에 맞춰 힘을 보태면 진폭이 커지는 현상을 공명이라고 합니다. 또 성량이 아주 큰 성악가가 노래를 할 때 바로 앞에 유리잔을 놔

두면 깨지는 경우가 있습니다. 아무 유리잔이나 깨지는 건 아니고 성악가의 노래가 가지는 진동수와 유리잔의 진동수가 같을 때 큰 진폭이 만들어져 나타나는 현상이지요.

어찌되었건 모든 물체는 자체의 고유진동수를 가지고 있습니다. 수소의 원자핵, 즉 양성자도 마찬가지지요. 이 진동수에 맞는 전자기파를 보내주면 수소의 원자핵이 공명해서 진폭이 커집니다. 즉 에너지가 높아지는 거지요. 그러다 다시 에너지를 전자기파의 형태로 내놓고 안정된 상태로 돌아가는데 이를 측정하는 것이 앞서 이야기한 MRI의 원리가 되겠습니다.

다음으로 스핀을 알아보죠. 스핀은 영어로 공이 회전하거나 피겨 스케이팅에서 외발로 서서 몸을 회전하는 걸 의미합니다. 하지만 물리학에서는 입자의 고유한 각운동량을 뜻하지요. 하지만 그렇다고 실제로 회전을 하는 건 아닙니다. 물리학자들은 스핀이라는 입자들의 고유한 양을 어떻게 알아냈을까요?

19세기 말 네덜란드의 물리학자 피터르 제이만은 분광학 실험 도중에 희한한 현상을 발견합니다. 원래 원자들은 에너지를 흡수했다가 방출할 때 전자기파 형태로 방출합니다. 이 때 내놓는 전자기파는 원자들의 종류에 따라 딱 정해져 있지요. 이를 프리즘과 회절격자를 이용해서 스펙트럼으로 펼쳐보면 정해진 자리에만 선이 나타나는 선스펙트럼이 됩니다. 피터르 제이만은 이 실험을 하면서 주변에 자기장을 걸어줍니다. 전자기파는 원래 자기장과 전기장의 연속된 변화가 표현되는 것이니 그중 자기장을 걸어주면 선 스펙트럼에서 뭔가 흥미로운 결과가 나타나지 않을까 했던 거지요. 제이만은 로렌츠의 제자였는데 전자기학의 권위자였던 로렌츠의 조언이 실험에 큰 영향을 끼친 거죠.

어찌되었건 실험을 해봤더니 과연 그 때까지 생각지도 못했던 현상이 나타납니다. 그 전에는 분명히 선이 하나였던 곳에 자기장을 걸어주니 갈라져 여러 개가 나타난 거지요. 당시는 양자역학이라는 말도 없을 때였으니 이 결과를 고전물리학으로 설명해야 했지요. 제이만의 스승인 로렌츠가 고전 전자기학을 가지고 이를 해석해서 이론적 해결책을 내놓습니다. 그런데 일부 실험에서는 이 해석과 맞지 않는 결론이 나옵니다. 당시에는 이를 해결할 뾰족한 방법이 없어 이를 그저 비제이만효과非zeeman effect라고만 했지요.

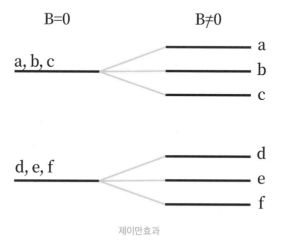

제이만효과

이 비제이만효과는 파울리에 의해 해결됩니다. 그를 살펴보려면 스핀양자수라는 것과 파울리의 배타원리를 알아야 합니다. 앞서 양자수quantum number에 대해 살펴보았지요. 파울리가 이 문제에 대해 연구할 당시 원자핵 주위의 전자는 세 가지 양자수가 있다고 알려졌습니다. 먼저 가지고 있는 에너지에 따라 첫 번째 양자수인 주양자수가 결정되지요. 가장 작은 에너지를 가지고 있는 상태는 1궤도라고 하고 그 다음은 2궤도 그 다음은 3궤도 이렇게 숫자로 표시합니다.

두 번째 양자수는 방위양자수 또는 궤도양자수입니다. 전자가 어떤 모양으로 분포하고 있는지를 나타내지요. 보통 s, p, d, f 이렇게 영어 소문자로 표현합니다. s는 공모양의 분포를 p는 아령모양의 분포를 보여줍니다.

세 번째로는 자기양자수로 전자의 분포 방향을 나타냅니다. 여기까지가 파울리 이전까지 알려져 있던 양자수지요.

이게 제이만효과와 어떤 관련이 있냐고요? 가령 주양자수가 2이고 방위양자수가 p인 전자는 자기양자수에 의해 x, y, z 방향의 세 가지 상태를 가집니다. 이들이 에너지를 전자기파 형태로 내놓고 1궤도의 s로 내려앉을 때 분광기로 관찰하면 셋 다 스펙트럼의 똑같은 부분에 선이 그어집니다. 하지만 자기장을 걸어주면 자기장의 방향에 따라 서로 약간씩 다른 전자기파를 내놓기 때문에 세 가지 선이 그어질 것이라 예상할 수 있습니다. 그런데 실제 자기장을 걸어

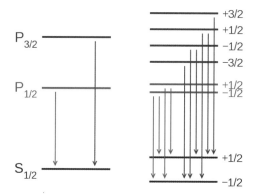

그림에서 보이는 것처럼 같은 $P_{3/2}$ 궤도에 있던 입자들도 방향에 따라 즉 자기양자수에 따라 조금씩 다른 에너지를 가지고 있다. 이들이 $S_{1/2}$ 궤도로 내려갈 때 내놓는 에너지가 조금씩 다르니 그에 따라 내놓은 전자기파의 파장이 달라진다. $S_{1/2}$ 궤도도 자기 양자수에 따라 에너지 상태를 두 가지 가진다.

주니 세 가지가 아니라 더 많은 선들이 그어졌다는 겁니다.

파울리가 생각하기에 이게 가능하려면 2p 궤도에 서로 다른 세 상태가 아니라 서로 다른 여섯 상태가 있으면 되겠다 싶었던 거지요. 그래서 파울리는 2p 궤도의 x, y, z 각각에 다시 두 가지 스핀 상태를 넣어줍니다. 이를 스핀양자수라고 합니다. 그래서 같은 2pz 궤도에 $+\frac{1}{2}$과 $-\frac{1}{2}$의 스핀을 가진 두 전자가 들어갈 수 있게 되었습니다. 그리고 이 두 전자는 자기장이 걸리면 그에 따라 조금 다른 진동수의 전자기파를 내게 된다는 건데 실험 결과와 아주 정확히 들어맞게 되었죠.

스핀이란 말의 뜻이 돈다는 의미이듯 이 전자의 스핀 또한 전자가 자전한다고들 오해하는 경우가 많습니다만 자전을 하는 건 아닙니다. 가장 비슷하게 말씀드리자면 전자가 일종의 아주 작은 자석이라고 생각해보지요. 그러면 N극과 S극이 있어야겠지요. 이 N극과 S극을 잇는 방향, 즉 전자라는 자석의 축을 스핀이라 할 수 있습니다. 따라서 자기장이 걸리면 서로 반대 방향의 스핀을 가진 전자는 다르게 행동할 수밖에 없는 거지요. 실제로 우리가 보는 자석이 자석의 성질을 가지는 것은 자석을 구성하는 원자들의 스핀이 일정한 방향으로 배열되어 있기 때문입니다. 그리고 전자만이 아니라 양성자나 중성자도 이런 스핀을 가지고 있는 거지요.

어찌되었건 비제이만효과에 대한 해석을 하는 과정에서 파울리는 스핀이라는 입자들의 새로운 양자수를 발견하게 됩니다. 스핀을 포함한 네 가지 양자수는 원자들이 가지는 각기 고유의 성질을 결정하는 중요한 성질이기도 합니다. 금이나 은, 구리는 전기가 아주 잘 통하지요. 하지만 산소나 질소 요오드 등은 전기가 잘 통하지 않습니다. 또 규소나 저마늄 등은 그 중간 정도의 성질을 가지지요.

전기뿐만 아니라 잘 펴지는가, 다른 원자와 반응은 잘 하는가, 끓는점이나 녹는점은 높은지 낮은지 등의 다양한 성질은 사실 원자가 가지는 전자의 개수에 따라 정해지는데 이 전자들이 차곡차곡 들어가는 방식이 파울리의 배타원리와 네 가지 양자수에 의해서 결정되기 때문이지요.

초전도체 또한 양자역학적 현상에 의해 나타납니다. 18세기와 19세기 전기에 대한 본격적인 연구가 진행되면서 저항과 온도와의 관계가 조금씩 드러났습니다. 온도가 낮으면 낮을수록 같은 물질이라도 저항이 점점 줄어드는 현상이 밝혀진 것이지요. 그리고 한편 온도는 위로는 한 없이 올라갈 수 있지만 아래로는 영하 273.15도가 최저점임이 밝혀집니다. 이를 절대 영도라고 하지요. 과학자들의 관심은 이 절대 영도 근처까지 온도를 떨어트리면 저항이 어떻게 될 것인가에 쏠렸습니다. 어떤 이들은 저항이 0이 될 거라고 했고, 또 다른 이들은 0이 되진 않을 거라고들 했지요.

그 과정에서 실제 실험을 통해 절대 영도에 가깝게 온도를 낮추려는 노력이 이어졌습니다. 기술적 제약으로 계속 실패하던 가운데 1911년 드디어 그 결실이 맺어집니다. 네덜란드의 헤이커 카메를링 오네스 Heike Kamerlingh Onnes가 헬륨이 액체가 되는 4.2K(약 −269℃)까지 온도를 내리는 데 성공한 거죠. 그는 수은을 액체 질소에 담그고 저항을 측정합니다.

초전도 현상을 최초로 발견한 헤이커 케메를링 오네스

순식간에 고체가 된 수은의 저항은 0이었습니다. 최초로 초전도체를 만드는 데 성공한 거지요. 이후 수은뿐만 아니라 납이나 니오븀 같은 금속들도 일정 온도 아래서는 초전도체가 되었습니다.

하지만 당시만 해도 왜 초전도성을 띠는지는 모르고 있었지요.

일반적인 상황에서 온도가 내려갈수록 저항이 줄어드는 것은 금속 이온의 움직임 때문입니다. 원래 금속 원자들은 자신이 가진 전자를 내놓기 쉬운 특징을 가지고 있습니다. 같은 종류의 금속끼리 결정을 만들 때 금속 원자들은 전자를 내놓고 양이온이 됩니다. 풀려난 전자는 자유전자라 부르지요. 전도체, 즉 금속에서 전류가 흐른다는 것은 이 자유전자가 일정한 방향으로 움직이기 때문입니다. 그런데 전자는 −전기를 띠고 금속이온은 +이온을 띱니다. 전기적으로 서로 잡아끄는 힘이 생기지요. 이 힘에 의해 금속은 자신의 결정 형태를 유지합니다.

그렇다고 금속 이온이 가만히 있는 건 아닙니다. 조금씩 계속 움직이지요. 따라서 전자가 같은 방향으로 가다가도 이런 금속 이온의 움직임 때문에 부딪치는 경우가 생기는데 이 과정에서 에너지가 감소하게 됩니다. 이를 저항이라고 하는 거지요. 온도가 올라가면 이런 움직임은 더 커지고 내려가면 줄어듭니다. 따라서 온도가 내려갈수록 저항이 줄어드는 건 당연합니다.

그런데 초전도체가 되는 과정은 이렇지 않습니다. 마치 산비탈을 타고 아래로 내려가던 물이 갑자기 절벽에서 뚝 떨어지듯이 임계온도가 지나면 바로 0이 되는 겁니다. 이에 대한 설명이 가능해진 것은 1957년이 되어서였습니다. 미국의 물리학자인 존 바딘John Bardeen, 리언 쿠퍼Leon Cooper, 존 슈리퍼John Schrieffer가 자신들의 이름 첫 글자를 딴 BCS 이론을 발표한 것이지요.

금속에서 금속이온들은 결정을 이루고 있는데 이를 결정격자라고 합니다. 임계온도가 되어도 전자와 결정격자를 이루는 금속이온 사이에는 서로 잡아당기는 인력이 작용합니다. 금속결정의 이온은 이미 낮은 온도에서 자체적인 진동이 굉장히 작기 때문에 전자와의 인력에 의한 운동이 두드러지게 되지요. 이 때 금속 이온은 전자보다 훨씬 무겁기 때문에 이동 속도가 아주 느립니다. 이 금속 이온의 움직임에 따라 이웃한 다른 전자가 금속이온이 움직이는 방향을 따라 이동합니다. 이 전자의 속도는 금속이온보다 더 빠르고요. 그래서 원래 움직이던 전자와 나중에 따라온 전자가 마치 한 쌍을 이룬 것처럼 움직이는 거지요.

이렇게 이룬 쌍을 쿠퍼쌍Cooper pair이라 합니다. 이 둘은 파울리의 배타원리에 따라 반대 방향의 운동량을 가지게 되는데 결국 둘이 함께 움직이면 그 운동량이 0이 됩니다. 운동량이 0이 된다는 것은 스핀이 0인 보손처럼 보이는 걸 의미하지요. 이 상태에서 전자들은 아주 작은 에너지만 가지게 됩니다. 전자가 결정격자의 금속이온과 충돌을 하려고 하더라도 일정한 에너지가 필요합니다. 이를 에너지 갭이라고 하지요. 그러나 임계 온도 이하의 전자들이 가지는 에너지는 이보다 적기 때문에 충돌할래야 할 수가 없는 겁니다. 결국 충돌이 없으니 저항도 없는 셈입니다. 하지만 온도가 올라가 전자가 충분한 에너지를 얻게 되면 전자들끼리의 결합이 끊어지면서 초전도성이 깨진다는 겁니다.

하지만 이런 BCS 이론은 아주 낮은 절대 영도 부근의 초전도체는 설명할 수 있지만 고온 초전도체에서는 적용할 수가 없습니다. 쿠퍼쌍 자체가 온도가 높아지면 깨지게 되니까요. 현재 여러 가지 이론이 상온 초전도 현상을 설명하기 위해 제안되고 있지만 아직 명확히 밝혀지진 않고 있습니다.

전자가 홀로 있어야 자석이 된다

초전도체를 살펴보다보면 자석에 대해 궁금해지지 않나요? 다들 어려서 자석을 가지고 놀던 경험이 한번쯤 있을 겁니다. 그 호기심이 이어져 어떤 이는 물리학자가 되기도 하지요. 인류가 자석을 발견하고 그 신기한 성질에 대해 감탄한 것은 꽤 오래되었습니다. 고대 그리스에서도 이미 자석의 성질을 알고 있었으니까요. 그러나 당시에는 자석으로 실생활에 쓸모 있는 무엇인가를 만들거나 하진 않았지요.

그저 신기함의 대상이었던 자석이 현대에는 굉장히 많은 분야에서 쓰이고 있습니다. 일단 선풍기나 전동 드릴 등 모터가 쓰이는 곳에는 모두 자석이 들어가지요. 스피커에도 자석이 있고요. 전기로 자석을 만드는 전자석도 폐차장에서부터 병원의 MRI에 이르기까지 많이들 쓰고 있습니다. 이렇게 자석이 실생활에 사용되기 시작한 건 어찌 보면 패러데이의 공이 큽니다.

하지만 패러데이를 비롯해 19세기까지의 과학자들은 왜 자석이 다른 금속을 끌어당기고 서로 인력과 척력을 가지게 되는지에

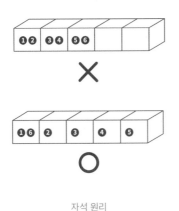

자석 원리

대해 아무도 모르고 있었습니다. 이를 알게 된 건 양자역학이 발전하면서 가능해졌지요. 앞서 스핀에 대해 이야기하면서 스핀의 방향이 곧 자기장의 방향이라고 말씀드렸습니다. 즉 양성자나 전자처럼 전하를 띠는 입자들은 모두 스핀을 가지고 있는데 이는 곧 이들이 작은 자석과 같다는 말이었지요. 이걸 기억하면서 자석의 비밀에 대해 살펴봅시다.

보통 우리가 아는 자석은 대부분 철로 만들어집니다. 물론 요사이는 철이 아닌 다른 금속으로도 만들지요. 일단 철이 가지는 자석이 될 수 있는 자질을 살펴보도록 하지요. 철은 원자 번호가 26번입니다. 즉 원자핵에 양성자가 26개 있다는 거지요. 따라서 전자도 26개를 가지고 있습니다. 이 전자들은 주양자수 1부터 차례대로 차곡차곡 들어가 있지요. 전자들이 채우는 마지막 궤도는 주양자수 세 번째의 d 방위양자수 자리입니다. 이 곳에는 전자가 두 개씩 다섯 쌍, 총 열 개가 들어갈 수 있습니다만 철의 남은 전자는 6개뿐입니다.

이 곳에 전자가 들어갈 때도 규칙이 있습니다. 한 곳에 전자 한 쌍이 먼저 들어가지 못하고 다섯 곳에 먼저 전자 하나씩이 들어가야 합니다. 그 이유는 따로 하나씩 들어갈 때가 한 곳에 두 개가 들어가는 것보다 전체 에너지가 낮기 때문입니다. 항상 전자를 채울 때는 전체 에너지가 가장 낮아지는 순서로 들어가는 거지요. 그렇게 다섯 곳에 하나씩 들어가고 남은 전자 하나

막대자석

가 먼저 들어간 전자 옆 자리로 들어갑니다. 따라서 철 원자 전체로 보면 쌍이 아니라 솔로로 있는 전자가 네 개가 됩니다. 여기에 비밀이 있습니다. 이 네 개의 전자는 모두 같은 방향의 스핀을 가지게 됩니다.* 그러니 철 원자 자체가 하나의 작은 자석처럼 일정한 자기장을 가지게 되는 거지요.

그런데 원래 막대자석 두 개를 서로 옆으로 붙이려고 하면 같은 극끼리 밀치는 힘 때문에 서로 반대 방향으로 놓은 것이 가까이 두기 편합니다. 인접한 두 철 원자 사이에도 그런 경향이 있지요. 이를 자기 쌍극자들의 상호작용이라고 이야기합니다. 그래서 고전 전자기학에 따르면 이웃한 철 원자들은 서로 반대 방향으로

---

* d 궤도는 총 다섯 가지 자기양자수를 가집니다. 그리고 각각의 자기양자수는 다시 두 개씩의 스핀양자수를 가지지요. 그런데 각각의 자기양자수에 전자가 들어갈 때는 에너지 상태가 더 낮은 방향의 스핀양자수를 먼저 가집니다. 따라서 각각의 자기양자수마다 하나씩 들어가는 전자는 모두 에너지 상태가 낮은 같은 종류의 스핀을 가지게 되지요.

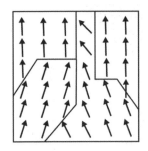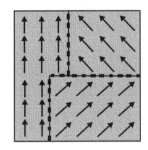

자구 상태

배열되어야 하고 따라서 전체적으로는 자기장이 상쇄되어 자성을 띠지 않아야 합니다.

하지만 양자역학을 고려하면 오히려 반대입니다. 한쪽 방향의 스핀을 가지는 철 원자들 사이에서는 교환 상호작용이라는 것이 있습니다. 간단히 말해서 이웃한 철 원자들의 스핀 방향이 서로 같은 경우가 반대의 경우보다 두 철 원자가 가지는 에너지가 적습니다. 스핀 방향이 같을 경우 마치 두 자석의 같은 극이 밀어내는 것과 비슷한 이유로 전자들의 분포가 더 멀어지기 때문이지요. 이렇게 되면 정전기적 에너지가 낮아지기 때문에 더 안정적인 상태가 됩니다. 철의 경우 이 교환 상호작용에 의한 힘이 자기 쌍극자의 힘보다 1,000배가 더 강하지요. 이렇게 서로 이웃한 철 원자들이 같은 방향으로 스핀을 정렬한 상태를 자구$^{\text{Magnetic domain}}$라고 합니다.

하지만 그렇다고 바로 자석이 탄생하는 것은 아닙니다. 만약 이 조건만으로 자석이 된다면 세상의 모든 철이 자석이 되어야겠지요. 대부분의 철이 자석이 아닌 이유는 자구들마다 가지는 스핀의 방향이 제각기 달라서입니다. 이 또한 이유가 있지요. 앞서 이야기했던 것처럼 막대 자석 하나를 탁자 위에 두고 그 바로 옆에 또 다른 자석을 붙여봅시다. N극이 같이 되도록 놓으면 잘 되질 않습니다. 서로 밀어내는 힘이 있어서입니다. 그래서 바로 옆에 붙이자면 N극 옆에 S극이 오도록 서로 방향을 바꿔서 갖다 대야 하지요.

이렇게 자석을 서로 반대방향으로 놓으면 서로의 자기장이 상쇄되어 자석으로서의 힘이 사라진 것처럼 보입니다. 자구들끼리도 마찬가지입니다. 하나의 자구 옆에 또 다른 자구가 놓일 때 이들은 서로의 자기장 방향이 어긋나도록 배열이 됩니다. 그러니 자구들이 서로 다른 방향으로 배열되어 있으면 전체적으로는 자기장이 사라진 것처럼 보여 자석이 되질 않는 거지요.

그럼 어떤 경우에 자석이 되는 걸까요? 집에서 자석을 만드는 간단한 실험을 할 수 있습니다. 먼저 쇠못을 가스레인지에서 뻘겋게 달굽니다. 나침판을 보면서 달궈진 쇠못을 남북 방향으로 놓습니다. 이 쇠못을 망치 등으로 가볍게 두들겨줍니다. 철이 식을 때까지 조금 여유를 가지고 계속 두들겨 주면 자석이 완성됩니다. 또 다르게는 달궈진 쇠못을 자석 옆에 가만히 두어도 됩니다. 물론 온도를 높이지 않아도 그냥 자석 옆에 가만히 오래 놔두면 못이 자석의 성질을 띠긴 합니다만 이 때는 오래 가지 못하고 또 세기도 약합니다.

바로 이 실험에 비밀이 있습니다. 두 실험은 모두 동일한 원리를 이용합니다. 달궈진 못의 자구들은 온도가 아주 높지요. 온도가 높은 상태에서는 자구들의 움직임이 훨씬 자유로워지는데 온도가 내려가면서 다시 안정된 결정 상태로 돌아가는 과정에서 외부 자기장의 방향에 맞춰 스핀이 정리가 되는 거지요. 천연 자석의 경우도 마찬가지입니다. 마그마 상태에서 식으면서 지구 자기장에 의해 자연스럽게 스핀이 정렬되면서 자석이 된 것이지요. 이런 행성 자기장이 없는 경우에는 마그마가 식어도 자석이 되질 못합니다.

그리고 이런 원리는 자석이 될 자질을 타고난 금속들이 무엇인지를 알려줍니다. 제일 바깥의, 가능한 쌍을 이루지 않고 솔로로 있는 전자들이 많이 있는 경우지요. 반대로 전체 전자가 쌍을 이루고 있는 헬륨, 네온, 아르곤이나 전자 한두 개만 솔로로 있는 나트륨, 칼륨, 염소, 산소 등은 자석의 성질을 띠기 힘든 겁니다.

핵분열에서 핵융합으로

태양이 빛나는 이유를 설명하면서 강력에 대한 이야기를 했는데요, 이 기회에 근본적인 네 가지 힘을 한번 정리해보면 좋을 듯합니다. 중력과 전자기력은 워낙 잘 알려진 힘이지요. 19세기까지만 하더라도 이 두 가지 힘이 우주를 지배하는 근본적인 힘이라고 생각했습니다. 그러나 19세기 말에서 20세기 초에 이르는 시기에 원자의 내부구조가 밝혀지면서 사정이 달라집니다. 당시 사람들은 양성자와 중성자가 모여 원자핵을 이루고 전자가 그 주변을 돈다고 생각했지요. 물론 나중에 양자역학이 발전하면서 전자가 돈다는 개념이 틀렸다는 걸 알았지만요.

그런데 양성자는 +전기를 띠는 입자고 서로 밀어내는 힘이 작용합니다. 그런 양성자들과 중성자가 모여 있으려면 전자기력보다 훨씬 강한 힘이 작용해야 합니다. 그런데 중력은 워낙 약한 힘이라서 애초에 그럴 수 없다는 것도 알고 있었지요. 따라서 이 원자핵을 유지하는 새로운 힘이 있다는 걸 알게 되었습니다. 그 힘은 전자기력보다 훨씬 강해야 하니 이름도 강력strong force이라고 붙였지요.

그리고 원자핵을 벗어나서는 이 힘이 작용하지 않는다는 사실도 알고 있었습니다. 만약 강력이 원자핵 너머까지 작용한다면 다른 원자의 양성자도 끌어당겨야 하는데 실제로 그렇지 않았으니까요. 그리고 양성자나 헬륨의 원자핵을 다른 원자의 원자핵과 부딪쳐보기도 했지만 강력이 작용하는 현상을 발견할 수 없었지요. 그러니 이 강력은 바로 옆의 원자핵이나 양성자와의 관계에서도 작용하지 못하는 거죠. 결국 강력은 원자핵 내부에만 작용하는 아주 좁은 범위의 힘이라는 걸 당시도 알고 있었습니다. 하지만 그보다 더 자세한 사실은 밝혀지지 못한 상태였죠.

그러다 앞서 살펴본 것처럼 1964년 머리 겔만이 양성자와 중성자는 사실 기본입자가 아니라는 기막힌 사실을 발표합니다. 양성자랑 중성자 안에는 쿼크라는 놈들이 숨어 있었던 거지요. 처음 머리 겔만이 쿼크라는 입자를 인류에게 소개한 뒤 여러 과학자들이 이를 발전시켜 현재는 쿼크들이 여섯 종류가 있고, 이들이 색color라는 특징을 하나 더 가지고 있다는 사실도 드러났습니다. 어찌되었건 이 쿼크들이 강력을 행사하는 배후인물이었던 거죠.

그런데 이 쿼크들이 강력(이제는 강한 상호작용이라고 더 많이 지칭합니다)에 작용하는 방식이 좀 특이합니다. 매개입자 글루온을 주고받으면서 서로를 끌어오기 때문이지요. 그런데 이 글루온도 사실은 쿼크 두 개로 이루어진 입자더란 말이죠. 광자나 약한 상호작용을 매개하는 W/Z보손에 비해 굉장히 질량이 큽니다. 그러다보니 멀리까지 가지 못하는 거지요. 그래서 쿼크들끼리의 작용인 강한 상호작용은 아주 좁은 범위에서만 일어납니다. 쉽게 말해서 투포환 용으로 쓰는 아주 무거운 쇠공을 가지고 캐치볼을 하자면 둘 사이가 가깝지 않으면 안 되는 거나 마찬가지입니다.

그런데 강력이 이렇게 좁은 범위에서만 작용하기 때문에 나타나는 현상이 있습니다. 원소들은 저마다 가진 원자량이 서로 다릅니다. 일종의 질량이라고 볼 수 있지요. 원자를 이루는 물질 중 전자는 워낙 질량이 작아 별 의미가 없고 양성자와 중성자의 개수에 따라 이 원자량이 정해지지요. 가장 가벼운 원소는 양성자 하나뿐인 수소이고 자연에서 발견되는 가장 무거운 원소는 우라늄입니다. 양성자와 중성자를 합한 개수가 거의 240에 가깝지요.

그런데 이들이 철 원소를 중심으로 서로 다른 반응을 합니다. 철보다 가벼운 원소들은 주로 핵융합을 하고 철보다 무거운 원소들은 핵분열을 하지요. 그 이유가 바로 강한 상호작용의 좁은 범위 때문입니다. 양성자와 중성자들이 무서운 속도로 충돌해서 강한 상호작용이 작동하는 아주 좁은 범위까지 접근하면 둘은 이제 그 인력으로 뭉쳐져 있게 됩니다.

그런데 만약 이렇게 뭉친 것이 따로 떨어진 것보다 더 많은 에너지를 가진 상태라면 어떻게 될까요? 이런 반응은 일어나긴 하겠지만 연속성을 가질 수가 없습니다. 누군가가 계속 에너지를 공급해야만 일어날 수 있는 반응이기 때문이지요. 우리 일상에서도 비

강한 상호작용을 보여주는 파인만 다이어그램

숫한 예를 찾아볼 수가 있습니다. 가령 광합성의 경우가 대표적입니다. 이산화탄소와 수소들이 모여 포도당을 만드는데 만들어진 포도당은 재료인 이산화탄소와 수소가 가지고 있던 에너지보다 더 큰 에너지를 가지고 있지요. 따라서 이런 광합성은 자연스럽게 일어날 수 없고 외부 에너지가 공급되어야 합니다. 다행히 햇빛이 지속적으로 에너지를 공급하기 때문에 가능하지요. 그러나 밤이 되면 외부 에너지 공급이 중단되니 광합성도 그치게 됩니다.

핵융합에서도 이런 현상이 철부터 나타납니다. 철보다 원자량이 작은 원자들은 서로 합해서 더 큰 원자핵이 될 때 가지고 있는 에너지가 더 적습니다. 수소가 모여 헬륨이 되고, 헬륨이 모여 탄소가 될 때 에너지를 내놓는 거지요. 이유는 원자핵의 크기가 작아 대부분 강력이 범위 안에 존재하기 때문입니다. 양성자들은 전자기적으로 서로 척력을 띠기 때문에 멀리 떨어져 있을수록 에너지가 적습니다. 하지만 강력의 범위 안에서는 서로 가까이 있는 것이 강한 상호작용에 의한 인력 때문에 더 작은 에너지를 가지게 되지요. 강한 상호작용에 의해 감소하는 에너지가 전자기적 척력 때문에 발생하는 에너지보다 더 크기 때문에 전체적으로 에너지가 줄어드는 효과가 나타납니다. 그럼 이 때 외부로 빠져 나오는 에너지가 다시 주변 원자들의 핵융합을 촉진시키는 역할을 하는 거지요. 마치 종이나 석탄에 불을 붙이면 연소과정에서 나오는 열에너지가 주변의 종이나 석탄의 연소를 촉진하는 것과 같습니다. 그래서 별에서는 수소부터 시작해서 차근차근 핵융합이 일어나는 거지요.

하지만 강력의 범위가 좁기 때문에 원자핵의 크기가 커지면 전체적으로 강력에 의한 에너지 감소에 대해 양성자들의 전자기적 척력에 의한 에너지 증가분이 상대적으로 조금씩 커집니다. 그래서 원자량이 커질수록 핵융합을 하는 데 더 큰 에너지가 들어가게 되지요. 그러다가 철 원자가 되면 이제 이 둘 사이가 역전이 됩니다. 전자기적 척력에 의한 에너지 증가가 강한 상호작용에 의한 에너지 감소를 넘어서 버리게 되는 거지요.

그래서 철부터는 일반적인 상황에서는 핵융합이 일어나지 않습니다. 반대로 이제는 핵이 분열되는 것이 오히려 에너지가 줄어드는 결과가 됩니다. 하지만 이런 핵분열이 내놓는 에너지는 전반적으로 원자량이 클수록 더 많기 때문에 철 정도의 원자에서는 핵분열이 자연스럽게 일어나지는 않고 우라늄 정도 되는 거대 원자핵에서 주로 일어나는 거지요.

핵에너지의 이용은 양자역학의 발전과 함께 시작되었습니다. 먼저는 핵분열이었죠. 20세기는 우라늄의 핵분열에 의한 에너지를 사용했던 시대였습니다. 그러나 그 위험성이 체르노빌과 후쿠시마 원전 사고로 드러났고 원자력 발전의 시대는 저물고 있습니다. 그리고 그를 대체할 가장 유력한 에너지는 이제 핵융합에너지가 되었죠. 지금 과학자들이 핵융합 발전의 상용화를 위해 열심히 연구를 진행하고 있습니다. 21세기 후반에는 핵융합에너지가 상용화될 것으로 예상되지요. 지구 위에 인간에 의한 작은 태양이 만들어지는 겁니다.

매질에 따라 정해지는 색

이번에는 레이저의 원리에 대해 좀 더 구체적으로 살펴볼까요? 뒷 페이지의 그림처럼 긴 원통에 레이저 빛을 만들 매질을 넣어줍니다. 그리고 양쪽 끝에 거울을 설치합니다. 그리고 외부에서 매질에 에너지를 넣어줍니다. 매질을 이루는 물질이 에너지를 받아 들뜬상태가 됩니다. 들뜬상태의 매질은 곧 다시 에너지를 빛의 형태로 내놓고 안정된 상태로 내려갑니다. 이 때 내놓은 빛은 여러 방향으로 뻗어나갑니다. 이를 '자연 방출'이라 합니다. 그중 양쪽 거울을 향한 빛만 반사되어 다시 매질을 향합니다.

매질은 빛을 내놓으면 다시 안정된 상태가 되지만 외부에서 계속 에너지를 집어넣어 다시금 들뜬상태가 되도록 유지합니다. 이 들뜬상태의 매질에 거울에서 반사된 빛이 부딪치게 되면 매질은 다시 빛의 형태로 에너지를 내놓습니다. 이를 '유도 방출'이라고 합니다. 아인슈타인이 보어의 가설에서 아이디어를 얻어 자발적인 방출 외에 유도 방출이 나타날 수 있다는 사실을 알아냈지요.

그런데 여기에 중요한 두 가지 조건이 있습니다. 먼저 이렇게 들

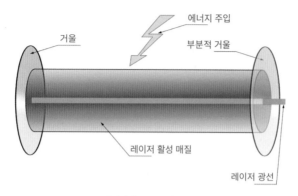

거울

부분적 거울

레이저 활성 매질

레이저 광선

레이저의 주요 구성 요소

뜬상태의 매질에 특정한 파장의 빛이 충돌하면 매질은 똑같은 파장의 빛을 내놓는 성질이 있습니다. 이제 빛이 두 개가 됩니다. 그리고 이 두 개의 빛이 다시 서로 다른 매질의 전자에 부딪치면 동일한 현상이 일어나서 빛이 네 개가 되고, 네 개의 빛이 또 다른 매질의 전자에 부딪치면 8개의 빛이 되는 식으로 빛의 개수가 기하급수적으로 늘어납니다.

두 번째로 이 때 처음에 거울에 반사된 빛에는 여러 파장이 섞여있습니다만 그중 매질이 흡수해서 같은 파장의 빛을 낼 수 있는 건, 즉 유도 방출을 할 수 있는 건 매질에 따라 정해진 파장의 빛뿐입니다. 따라서 유도 방출을 통해 기하급수적으로 늘어나는 빛은 매질에 의해서 정해진 딱 하나의 파장뿐입니다. 그래서 매질을 무엇으로 쓰느냐에 따라 레이저의 색깔이 정해지는 것이지요.

이렇게 늘어난 빛들은 다시 여러 방향으로 흩어지지만 그중 양

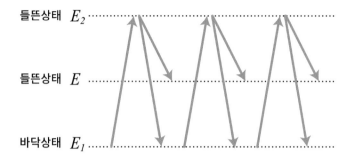

레이저의 원리

쪽 거울에 의해 반사된 빛들만 모여 한쪽 거울 안쪽의 틈새로 나가게 되면 우리가 아는 레이저가 되는 거지요.

그런데 여기 한 가지 제약사항이 있습니다. 에너지를 받은 매질이 들뜬상태가 되었다가 바로 빛을 내놓고 안정된 상태가 되어버리면 반사된 빛이 와서 부딪쳐도 소용이 없겠지요. 그래서 들뜬상태를 유지하는 특별한 경우를 만들어야 합니다. 이렇게 들뜬상태가 바닥상태보다 더 많은 것을 '점유자수 역전'이라고 합니다.

이를 위해선 들뜬상태와 바닥상태 말고 다른 상태가 더 필요합니다. 위의 그림처럼 바닥상태 E1에 있던 물질이 에너지를 받아 들뜬상태 E2가 된다고 가정하고요. 이 E2상태에서 내려갈 수 있는 방법은 바로 바닥상태로 가는 것과 들뜬상태 ΔE를 거쳤다가 가는 두 가지가 있다고 합시다.

그런데 들뜬상태 ΔE에서 '자발적으로' 바닥상태로 가는 것이 양자역학적으로 거의 0에 가깝다면 물질들은 모두 들뜬상태 ΔE에 머물 확률이 높아집니다. 외부에서 계속 에너지를 공급하면 바닥상태 E1의 매질들은 다시 E2가 되겠지요. 그중 일부는 E1이 되고 나머지는 ΔE가 됩니다. 다시 E1이 된 매질들은 에너지를 받아 그중 일부가 다시 E2를 거쳐 ΔE의 상태가 됩니다. 이게 반복되면 E1의 상태는 줄어들고 ΔE의 상태는 계속 늘어나는 거지요.

이제 들뜬상태 ΔE와 바닥상태 E1 사이의 에너지 값에 해당하는 파장의 빛이 와서 부딪치면 들뜬상태 ΔE의 물질은 동일한 파장의 빛을 내면서 다시 바닥상태로 가게 되는 것이지요.

그런데 왜 물질들은 정해진 파장의 빛만 받아들이고 또 내놓는 것일까요? 그 이유를 처음 밝힌 것은 양자역학의 아버지 닐스 보어입니다. 닐스 보어는 전자가 원자 주변을 돌 때 정해진 몇 가지 궤도만 돌지 아무 궤도나 돌진 않는다는 사실을 발견했지요. 제일 안쪽 궤도를 돌 때가 에너지가 가장 낮은 상태인 바닥상태이고 나머지 궤도들은 들뜬상태가 됩니다. 제일 안쪽 궤도를 도는 전자는 더 이상 에너지를 내놓을 수 없어서 원래의 궤도대로 계속 돌 수밖에 없습니다.

그리고 전자가 받을 수 있는 에너지나 내놓을 수 있는 에너지는 전자가 가질 수 있는 궤도들 사이의 에너지 차이만큼만 가능합니다. 보어의 이론은 수소 원자를 가지고 행한 실험에서 정확히 관측결과와 들어맞습니다. 보어의 이런 연구 결과를 들은 아인슈타

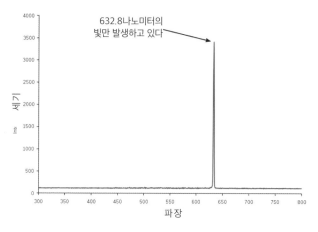

인은 앞서 설명한 레이저의 원리를 정리해서 발표하지요. 하지만 당시에는 기술적 한계로 레이저를 실제로 만들지는 못했고 2차 대전이 끝난 뒤에야 실제 레이저가 만들어졌습니다.

그런데 레이저마다 색이 다른 이유는 뭘까요? 앞서 이야기한 바닥상태와 들뜬상태의 에너지 차이가 원자의 종류에 따라 그리고 원자들이 결합한 화합물의 종류에 따라 서로 다르기 때문이지요. 그래서 각각의 물질들은 자신들만의 고유한 빛을 내놓게 되는 것이죠.

'대담한 전환, 새로운 시작', 상보성 원리

양자역학이 등장하면서 사람들이 빠진 혼란 중 하나는 '빛은 도대체 입자인가 파동인가'와 '전자는 도대체 입자인가 파동인가' 입니다. 답은 물론 당연히 둘 다라는 것이지만 이런 애매모호한 답에 만족할 수는 없지요. 양자역학의 주인공인 보어가 이런 상황을 모를 리 없습니다. 그 자신도 이에 대한 답을 내야 한다면 가장 적합한 사람은 자기라고 여기고 있었지요. 앞서 하이젠베르크의 불확정성 원리가 만들어 내는 불가해한 상황에 대해서도 설명을 해야 했고요.

그의 대답은 상보성 원리complementarity principle였습니다. "상호 배타적인 것들은 상보적이다Contraria sunt complementa"라는 명제로도 잘 알려져 있지요. 상호 배타적인 물리량으로는 위치와 운동량, 입자와 파동, 에너지와 시간 등이 대표적입니다. 보어의 생각을 좇아보면 이렇습니다.

'기존의 물리 용어들은 거시세계를 다루는 과정에서 생겨난 것이다. 하지만 우리가 보는 양자역학은 미시세계를 다루는 것이라 한계가 있을 수밖에 없다. 즉 원자 현상을 설명하는 데 있어 용어의 무모순성*은 정의 가능성과 관찰 가능성의 상보적 관계 때문에 제한을 받게 된다'라는 것이지요.

이리 써 보아도 뭔가 잘 이해되지 않습니다. 이 말은 예를 들면 빛과 물질 사이의 상호작용 같은 아주 좁은 영역에서 발생하는 현상을 기존의 거시세계를 다루며 썼던 입자나 파동이라는 말로 정의내리다 보면 제한을 받게 된다는 뜻이지요. 그래서 전자나 빛에 있어서는 완전한 입자나 완전한 파동은 없다고 생각합니다.

거시세계에서는 서로 배타적 관계인 입자와 파동이 미시세계에선 상호 보완적이라는 것이지요. '우리가 파동을 보려고 관찰하면 파동이 나오고 입자를 보려고 관찰하면 입자가 나온다'는 뜻입니다. 입자와 파동이 대립되듯이 에너지와 시간의 경우도 둘 모두를 완전히 측정할 수는 없고 둘 중 무엇을 측정할 것인지를 결정해야 하며, 그 결정에 따라 둘 중 하나만 나타난다는 거지요. 위치와 운동량과의 관계도 마찬가지여서 하이젠베르크의 불확정성의 원리가 그리하여 나타나게 된다고 설명합니다.

---

* 파동이라든가 입자라는 용어는 거시세계를 다루는 과정에서 정의되었습니다. 하지만 미시세계에서는 그 용어를 거시세계에서만큼 엄밀하게 적용할 수 없습니다. 예를 들어 입자란 '거시세계에서 공간의 한 지점을 배타적으로 점유하는 존재'인데 미시세계에서의 입자는 이러한 정의로 설명할 수 없지요. 마찬가지로 거시세계에서의 파동은 '매질이 되는 입자와 입자 사이에서의 에너지의 전달'로 정의할 수 있는데 미시세계에서의 파동성은 이런 거시세계적 정의를 가지지 않습니다. 이처럼 미시세계에서는 이런 용어의 정의가 부분적으로 제한될 수밖에 없습니다.

닐스 보어가 귀족작위를 받을 때
스스로 만든 문장

보어는 1927년 9월 볼타 서거 100 주기 기념 국제물리학회에서 이 상보성 원리를 발표했습니다. 디랙이나 오펜하이머 같은 당시의 중요한 물리학자들은 이를 '대담한 전환, 새로운 시작'이라는 표현을 쓰면서 반깁니다. 닐스 보어도 이 원리가 아주 마음에 들었는지 나중에 정의와 사랑, 이성과 본능과 같은 과학을 넘어선 분야로도 확장시키려 했지요. 덴마크 정부로부터 기사 작위를 받게 되자 옆의 그림처럼 자신이 만든 개인 문장에도 라틴어로 된 문구를 새겨 넣고 상보성의 상징으로 태극 문양도 넣습니다. 제가 보기엔 좀 과합니다만 보어 정도의 업적을 가진 사람이니 이해하고 넘어가 줍니다.

막스 보른의 확률함수, 하이젠베르크의 불확정성의 원리와 보어의 상보성 원리는 묶여서 또 다르게 '코펜하겐 해석'이라고 합니다. 이들의 연구가 주로 보어가 코펜하겐에 세운 이론물리 연구소에서 이루어졌기 때문이지요. 이들은 1927년 무렵부터 코펜하겐에서 함께 양자역학을 연구하며 정기적인 과학 모임을 여는데 여기에서 논의된 내용을 통틀어 코펜하겐 해석이라고 부르게 된 것이죠. 결국 우리가 지금껏 머리 아프게 읽어왔던 것이 코펜하겐 해석이란 뜻입니다. 코펜하겐 해석을 음미해 보면 우리가 알고자 했던 양자역학이 뭔지 다시 정리할 수 있습니다. 한번 같이 해 볼까요? 코펜하겐 해석을 정리해보면 다음과 같습니다.

❶ 입자의 상태는 파동함수에 의해 결정되며, 파동함수의 제곱은 측정값의 확률밀도를 나타낸다.

❷ 모든 물리량은 관측이 가능할 때만 의미를 가진다. 물리적 대상이 가지는 물리량은 관측과 관계없는 객관적인 값이 아니라 관측 작용의 영향을 받는 값이다.

❸ 서로 관계를 가지는 물리량들은 하이젠베르크가 제안한 불확정성 원리에 따라 동시에 정확하게 측정하는 것이 불가능하다.

❹ 전자와 같은 입자들은 입자와 파동의 성질을 상보적으로 가진다.

❺ 양자 도약이 가능하다. 양자 물리학적으로 허용된 상태들은 불연속적인, 특정한 물리량만 가질 수 있다. 따라서 한 상태에서 다른 상태로 변하기 위해서는 한 상태에서 사라지고 동시에 다른 상태에서 나타나야 한다.

1번 항 '입자의 상태는 파동함수에 의해 결정되며'는 슈뢰딩거 방정식을 말하는 것이죠. 그 뒤의 '파동함수의 제곱은 측정값의 확률밀도…' 부분은 슈뢰딩거 방정식의 해가 확률밀도라는 보른의 해석을 뜻합니다.

2번 항 '모든 물리량은 관측 가능할 때만 의미를 가진다…'는 하이젠베르크와 보어의 철학을 대변하는 내용입니다. 아인슈타인, 슈뢰딩거 등과 가장 날 선 대립을 하는 부분 중 하나지요. '우리가 파동을 관측하고자 하면 파동을 보여줄 것이고 입자를 관측하고자 하면 입자를 보여줄 것이다. 우리가 관측하기 전에 그가 무엇이었는지에 대해선 알 필요도 없고 알 수도 없다'와 같은 말이지요.

3번 항은 말 그대로 불확정성의 원리에 대해 이야기하는 것입니다. 4번 항도 보어의 상보성 원리에 대한 이야기지요. 5번 항은 앞서 수소 원자의 전자 궤도에 대해서 말씀드렸던 내용을 일반화한 겁니다. 수소 원자의 전자는 한 궤도에서 다른 궤도로 전이할 때 중간 경로 없이 펄쩍 뛴다고 말씀드렸지요. 바로 그 이야기를 정리한 겁니다.

이 코펜하겐 해석은 현대 양자역학에서도 주류입니다. 양자역학을 전공한 사람 대부분이 이렇게 생각합니다. 그러나 '대부분'이란 말은 그렇지 않은 사람도 있다는 이야기지요. 코펜하겐 해석과 다른 방식의 해석 또한 엄연히 존재하고 현재도 제기되고 있습니다.

그중 가장 유명한 것은 '다세계 해석'입니다. 1957년 휴 에버렛 3세Hugh Everett III가 제창한 해석이지요. 코펜하겐 해석에서는 어떤 입자를 관측하는 순간 입자의 파동함수가 붕괴하여 한 지점에 위치하게 됩니다. 즉 전자의 확률함수가 넓게 퍼져 있다가 관측하는 순간 확률이 사라지고 한 지점으로 오므라든다는 거지요.

하지만 다세계 해석에서는 파동함수가 붕괴되지 않습니다. 그저 중첩된 상태로 존재하지요. 다만 중첩된 상태들이 결어긋나면서 decohere 세계가 분리됩니다. 앞서의 이중슬릿 실험을 예로 들자면 한쪽에 전기회로를 설치해 놓으면 전자가 두 슬릿 중 한 슬릿으로만 가는 것이 확인되고 이 순간 확률파동이 붕괴되면서 전자는 입자의 성질을 가져 간섭효과가 사라진다는 것이 코펜하겐 해석입니다. 하지만 다세계 해석에서는 위쪽으로 통과하는 전자가 있는 세계가 있고 동시에 아래쪽으로 통과하는 전자가 있는 세계가 있다는 것이지요. 즉 전자가 슬릿을 통과하는 순간 세계가 둘로 나뉘어 버립니다. 이 해석에서 사실 중첩되어 있는 것은 세계 그 자체입니다. 그래서 우리가 선택하는 것은 그중 어느 세계에서 살 것인가가 되지요.

이때 결어긋남을 만드는 것은 관측이 아니라 파동함수 자체입니다. 앞서 우리는 이중슬릿 실험에서 우리가 보지 않더라도 탐지기만 설치하면 확률함수가 붕괴한다는 사실을 알았습니다. 그렇다면 우연히 어떤 자유전자 하나가 마침 그 때 슬릿 주변을 지나다 상호작용을 했다고 가정하면 어떻게 될까요? 당연히 전자의 확률파동함수는 붕괴됩니다. 즉 시도때도 없이 세계가 나눠지는 거지요. 이상하지요? 우주가 생긴 이래 수도 없이 많은 확률함수 붕괴가 있었다는 이야기니 말입니다.

더구나 이중슬릿이 아니라 수소 원자에 속박된 전자라면 어떻게 될까요? 수소 원자핵을 중심으로 일정한 범위에 확률파동이 퍼져있습니다. 이 파동의 위치 중 어디든 전자가 있을 수 있지요. 그렇다면 외부의 다른 원자와 상호작용을 할 때 전자가 존재할 수 있는 위치가 무한히 많아집니다. 즉 하나의 사건에서 두 개의 세계만 만들어지는 것이 아니라 수없이 많은 세계들이 만들어지는 거지요.

이런 결론은 우리와 같은 일반인은 물론 과학자들에게도 곤혹스럽게 느껴집니다. 그런데도 이 다세계 해석은 물리학자들 사이에서 코펜하겐 해석 다음으로 많은 지지를 받고 있지요. 오히려 이 해석이 처음 제안되었을 때보다 지금 더 많은 지지를 받고 있는 듯도 합니다.

이 다세계 해석으로부터 평행우주이론이 나옵니다. 우주가 여러 개 있다는 다중우주론에는 다양한 종류가 있는데 '평행우주론'이라고 하면 바로 이 다세계 해석으로부터 나오는 다중우주이론입니다.

양자역학의 해석에는 이 외에도 앙상블 해석이나 숨은 변수 이론, 드브로이-봄 이론, 서울 해석, 결어긋남 이론 등 다양한 해석이 있습니다만 이 책에서는 그런 이론들이 있다는 정도만 말씀드립니다. 이런 해석에 대해 관심이 있는 물리학자들도 있지만 반대로 그런 해석이 무슨 소용이냐고 생각하는 물리학자들도 많습니다. 실

험할 때 어떤 결과가 나오는지를 예측할 수 있으면 그뿐이라는 것
이지요. 해석을 해도 실제 현실을 예측하는 데는 아무런 영향을
끼치지 못하니 그런 일은 과학이 아니라 철학 쪽에서 해야 할 거라
고 생각하는 것입니다. 물론 이에 대한 반론도 만만치는 않습니다.
실제 다른 해석을 증명할 방법을 강구하기도 하고요.

글을 맺으며

긴 여행이 마침내 끝났습니다.

양자역학은 완성된 학문은 아닙니다. 아직 비어있는 곳들이 있지요. 현재의 양자역학으로 설명할 수 없는 일들이 많이 있습니다. 암흑에너지나 암흑물질들이 대표적인 지점이고요, 일반 상대성이론과의 조화도 남은 과제입니다. 하지만 여기서 완성되지 않았다는 것이 허술하다는 의미는 아닙니다. 양자역학은 인류가 만들어 낸 어떤 과학 분야보다도 더 정확하게 실제 일어날 현상을 예측하고 있습니다. 그리고 살펴본 것처럼 실생활에서도 쓰이고 있고요. 그러니 '양자역학도 부정확한 거래. 틀릴 수 있는 거지'라고 이야기하면서 그와 비교도 되지 않는, 더구나 과학적이지도 않은 주장을 하는 건 제대로 알지 못하는 사람이 자기만 잘났다고 하는 것밖에 되질 않습니다.

또 양자역학은 물리학이 아닌 타 분야에서 많이 오해되고 왜곡되어 사용되는 학문 중 하나이기도 하지요. '양자역학적으로 보면 모두가 다 확률이래. 그러니 이럴 수도 있고 저럴 수도 있는 거야'

라든가, '양자역학적으로는 우리가 알 수 있는 것에 한계가 있어. 그러니 진실은 영원히 밝혀질 수 없는 거야'라는 식으로 말이지요. 그러나 양자역학을 정확히 이해해 나가다보면 그 확률을 적용하여 가장 정확한 예측을 해낼 수 있다는 걸 알게 됩니다.

이 책 한 권으로 양자역학의 깊고 넓은 학문 세계를 모두 온전히 소개할 수는 없습니다. 다만 이 책을 통해 양자역학에 대한 여러분의 이해를 도울 수 있고, 조금 더 깊은 내용을 담은 책으로의 가교 역할을 할 수만 있다면 아마 소임을 다하는 것이 아닐까 싶습니다.

세상 모든 학문이 그렇듯이 양자역학도 완성된 학문은 아닙니다. 이 책을 쓰는 동안에도 새로운 발견이 있었고 새로운 해석도 제시되었습니다. 전 세계의 양자물리학자들이 이 순간에도 연구를 계속하고 있으니 시간이 지나면 더 새로운 모습의 양자역학을 볼 수 있을 것입니다. 그리고 현재, 원리는 알고 있지만 기술적, 사회적 한계로 인해 개발하지 못하고 있는 새로운 기술과 새로운 장비들도 앞으로 등장하겠지요.

2019년 서울시립과학관에서 총 24회에 걸쳐 진행했던 '모두를 위한 모던 피직스' 강연은 이 책을 쓰는 데 많은 도움이 되었습니다. 강연을 준비하면서 살펴보았던 자료들도 도움이 되었고, 강연을 진행하는 동안 수강생들과 주고받았던 피드백도 많은 도움이 되었습니다.

이제 과천과학관장이 되신 전 서울시립과학관 이정모 관장님과 서울시립과학관 유정숙박사님 그리고 강연 진행을 세심히 관리해 준 서울시립과학관 과학교육과 최지훈님에게도 감사의 말씀을 전합니다.

이 책의 출판을 선뜻 맡아주고 좋은 편집으로 마무리해준 MID출판사 여러분께도 감사의 말씀을 전합니다. 그리고 이 책의 전문적인 내용에 대해 감수해주고 좋은 의견을 주신 김동출 박사님께도 마음으로부터 고마움을 전합니다. 그 모든 노력에도 불구하고 잘못된 부분이 있다면 의당 온전히 저의 책임일 것입니다.

가장 큰 감사는 끈기를 가지고 읽어준 독자 여러분께 전합니다. 또 집필기간 동안 집안일에 소홀했던 저를 참아주며 응원해 준 아내에게 고맙다는 말을 하고 싶습니다.

참고도서

| 물리화학 | 데이비드 W. 보울 지음, 물리화학교재연구회 옮김, 자유아카데미, 2005 |

양자역학이란 무엇인가 — 마이클 워커 지음, 조진혁 옮김, 처음북스, 2018

화학적 진화 — S. F. 메이슨 지음, 고문주 옮김, 민음사, 1996

생화학 — 매리 K. 캠벨, 숀 O. 페럴 지음, 곽한식 외 옮김, 라이프사이언스, 2019

우연에 가려진 세상 — 최강신 지음, MID, 2018

생명, 경계에 서다 — 짐 알칼릴리, 존조 맥패든 지음, 김정은 옮김, 글항아리사이언스, 2017

| 반물질 | 프랭크 클로우스 지음, 강석기 지음, |
| | MID, 2013 |

| 익숙한 일상의 낯선 양자물리 | 채드 오젤 지음, 하인해 옮김, |
| | 프리랙, 2019 |

| 대기광학과 복사학 | Kryotaka, Shibata 지음, 김영섭 옮김, |
| | 시그마프레스, 2002 |

| 양자 정보 이론 | 김경훈, 허재성 지음, |
| | 경문사, 2020 |

| 고체물리학 기초 | 스티븐 사이먼 지음, 정석민 옮김, |
| | 북스힐, 2020 |

| 양자물리학 | 스테판 가시오로비츠 지음, 서강대학교 물리학과 옮김, |
| | 한티에듀, 2020 |

| 현대물리학 | 아서 베이저 지음, 장준성 옮김, |
| | 교보문고, 2009 |

| 김상욱의 양자 공부 | 김상욱 지음, |
| | 사이언스북스, 2017 |

| 스핀 | 이강영 지음, |
| | 계단, 2018 |

물질의 물리학	한정훈 지음, 김영사, 2020
물리의 정석	레너드 서스킨드, 아트 프리드먼 지음, 이종필 옮김, 사이언스북스, 2018
퀀텀스토리	짐 배것 지음, 박병철 옮김, 반니, 2014
케네스 포드의 양자물리학 강의	케네스 W. 포드 지음, 김명남 옮김, 바다출판사, 2018
불멸의 원자	이강영 지음, 사이언스북스, 2016

냉장고를 여니
양자역학이 나왔다

읽을수록 쉬워지는 양자역학 이야기 ————

초판 1쇄 인쇄   2021년 6월 9일

초판 5쇄 발행   2023년 10월 13일

지은이   박재용
펴낸이   최종현
기획   김동출 김한나
편집   김한나 최종현
교정   김한나
경영지원   유정훈
디자인·표지 일러스트   김진희

펴낸곳   (주)엠아이디미디어
주소   서울특별시 마포구 신촌로 162 1202호
전화   (02) 704-3448   팩스   (02) 6351-3448
이메일   mid@bookmid.com   홈페이지   www.bookmid.com
등록   제2011 - 000250호

ISBN   979-11-90116-47-3 03420